Jenny Winter **Brandschutz in Schulen und Bildungseinrichtungen**

Brandschutz in Schulen und Bildungseinrichtungen

Leitfaden für Schulgebäude mit neuen pädagogischen Konzepten

mit 150 Abbildungen und 4 Tabellen

+ Online-Ergänzung

Dipl.-Ing. Univ. Architektin Jenny Winter
M. Eng. baulicher Brandschutz & Sicherheitstechnik
selbständige Fachplanerin für Brandschutz, München

FeuerTrutz

RM Rudolf Müller

Bibliografische Information der Deutschen Nationalbibliothek
Die Deutsche Nationalbibliothek verzeichnet diese Publikation in der Deutschen Nationalbibliografie; detaillierte bibliografische Daten sind im Internet über https://dnb.de abrufbar.

Alle Abbildungen und Zeichnungen ohne Quellenangabe stammen von der Autorin.

Maßgebend für das Anwenden von Normen ist deren Fassung mit dem neuesten Ausgabedatum, die bei der Beuth Verlag GmbH, Burggrafenstraße 6, 10787 Berlin, erhältlich ist. Maßgebend für das Anwenden von Regelwerken, Richtlinien, Merkblättern, Hinweisen, Verordnungen usw. ist deren Fassung mit dem neuesten Ausgabedatum, die bei der jeweiligen herausgebenden Institution erhältlich ist. Zitate aus Normen, Merkblättern usw. wurden, unabhängig von ihrem Ausgabedatum, in neuer deutscher Rechtschreibung abgedruckt.

Wir freuen uns, Ihre Meinung über dieses Fachbuch zu erfahren. Bitte teilen Sie uns Ihre Anregungen, Hinweise oder Fragen per E-Mail: lektorat@feuertrutz.de oder Telefax: 0221 5497-140 mit.

Lektorat: Mona Grosche, Bonn
Umschlaggestaltung: Satz+Layout Werkstatt Kluth GmbH, Erftstadt
Umschlagbild: Eberhard Waible, Köln
Satz: WMTP Wendt-Media Text-Processing GmbH, Birkenau
Druck und Bindearbeiten: Westermann Druck Zwickau GmbH, Zwickau
Printed in Germany

ISBN 978-3-86235-397-2 (Buch-Ausgabe)
ISBN 978-3-86235-398-9 (E-Book-Ausgabe als PDF)
ISBN 978-3-86235-399-6 (Buch + E-Book)

FSC www.fsc.org
MIX
Papier aus verantwortungsvollen Quellen
FSC® C110508

Vorwort

Kein Gebäude im öffentlichen Raum ist uns so vertraut wie das Schulhaus. Dieser Eindruck entsteht durch unsere individuellen Erlebnisse mit und in diesen Gebäuden. Jeder von uns hat seine eigene Schullaufbahn durchlebt und verbindet mit der Schule positive und negative Erfahrungen. Diese Eindrücke resultieren aus dem Erleben der Schule, sowohl als Gebäude als auch als Institution. Im persönlichen Rückblick betrachtet, kann man beides kaum mehr voneinander trennen.

Während meiner Tätigkeit in einer Unteren Bauaufsichtsbehörde beschäftigte ich mich erstmals mit den sich verändernden Rahmenbedingungen im Brandschutz, welche sich aus den mir – damals noch fremden – offenen Raumkonzepten für Schulen ergaben. Dieses Thema konnte ich 2016 im Rahmen meiner Masterarbeit „Brandschutztechnische Leitlinien für Schulgebäude mit neuen pädagogischen Konzepten" an der TU Kaiserslautern aufgreifen.

Die Idee zu diesem Buch entstand im Nachgang zu meinem Vortrag „Neue Konzepte bei Schulbauten" im Jahr 2017, den ich bei der Jahreshauptversammlung meiner Kollegen in der Vereinigung der Brandschutzplaner e. V. VdBP gehalten habe. Viele Kollegen fragten, warum der Titel nicht „Neue Brandschutzkonzepte bei Schulbauten" lautete. Mit meinem Vortrag hatte ich jedoch das Anliegen, meinen Fachkollegen zu vermitteln, dass Schulgebäude im Alltag nur funktionieren können, wenn das pädagogische Konzept und das brandschutztechnische Konzept verknüpft und zur Deckung gebracht werden.

In meinem Buch möchte ich zunächst einen kurzen Blick zurückwerfen auf Schulgebäude, die wir kennen und einige Gedanken zu deren pädagogischen Ansätzen aufzeigen. Dann erläutere ich die gegenwärtigen Entwicklungen in der Schulpädagogik mit den aktuell entstehenden Gebäudekonzeptionen. Daran schließen die baurechtlichen Grundlagen für die Brandschutzplanung von Schulen und Bildungseinrichtungen im Allgemeinen an sowie die brandschutztechnischen Richtlinien für Schulen, einschließlich der aktuellen Muster-Schulbaurichtlinie und der soeben bekannt gemachten Schulbaurichtlinie für Nordrhein-Westfalen.

Mein Buch soll zum schutzzielorientierten Denken anregen und Handlungsspielräume aufzeigen – es bietet keine fertigen Lösungen an. Der Brandschutzplaner muss in jedem Einzelfall die Rahmenbedingungen überprüfen. Um eine objektspezifische Abwägung vornehmen zu können, gehe ich deshalb auf brandschutztechnische Risiken von Schulgebäuden ein.

Mit welchen brandschutztechnischen Maßnahmen den festgestellten Risiken begegnet werden kann, um die bauaufsichtlichen Schutzziele zu erreichen, erläutere ich anhand von Beispielen. Ein Schwerpunkt liegt auf den Rettungswegen, da hier die Auswirkungen der neuen Schulkonzepte am gravierendsten sind. Um alle Gesichtspunkte des vorbeugenden Brandschutzes abzuwägen, werden auch die Überlegungen zu den technischen Anlagen und zu den organisatorischen Maßnahmen behandelt.

Die Anwendungsmöglichkeit des brandschutztechnischen Leitfadens in Kapitel 6 stelle ich zur Diskussion.

Das vorliegende Buch gliedert sich in 3 Bausteine:

- Einflüsse der Pädagogik auf Gebäudetypologien (Kapitel 1 und 2)
- baurechtliche Grundlagen und Risikobeurteilung (Kapitel 3, 4, 5 und 6)
- Risikoabwägungen anhand von Beispielen im Betrieb und in der Planung (Kapitel 7 und 8)

Für meine Arbeit habe ich die aktuellen Veröffentlichungen zum Thema Brandschutz in Schulen berücksichtigt. Es zeigt sich, dass unter Beachtung der Schutzziele viele Wege möglich sind, Schulen mit neuen pädagogischen Konzepten zu planen. Dieses Buch spiegelt meine persönliche Sichtweise wider, welche (auch von mir) im Arbeitsalltag immer wieder im Sinne eines schutzzielorientierten Denkens überprüft werden muss.

In diesem Buch meint die gewählte Formulierung bei personenbezogenen Bezeichnungen grundsätzlich alle Geschlechter, auch wenn aus Gründen der leichteren Lesbarkeit meist die männliche Form steht.

München, im Dezember 2020 Jenny Winter
www.winter-brandschutzplanung.de

Danksagung

Für die Unterstützung bei der Entstehung dieser Veröffentlichung geht mein herzlicher Dank an:

- Lutz Battran, auf dessen Initiative das nun vorliegende Buch möglich wurde;
- Christian Steinlehner für den großartigen fachlichen Dialog; seine enormen fachlichen Kenntnisse im Brandschutz und seine Bereitschaft zum Gedankenaustausch waren stets weiterführend und sind mir sehr wichtig;
- Jan Weber-Ebnet, bauwärts Architekten, der nicht nur als Profi in der „Phase 0“ arbeitet, sondern auch den Alltag an Schulen kennt und immer wieder Partizipationsprojekte zur Schulhausgestaltung begleitet. Die Zusammenarbeit mit ihm und den Schülerinnen und Schülern der Q12 sowie ihrem Lehrer Christian Dobmeier beim P-Seminar Schulhausarchitektur am Gymnasium Neubiberg hat mir sehr viel Freude bereitet.

Mein herzlicher Dank gilt allen Planern und deren Bauherren, die der Veröffentlichung ihrer Bauvorhaben zustimmten. Die Abbildungen in diesem Buch konnten durch die großzügige Unterstützung von karlundp Architekten mit ihrem Fotograf Jens Weber und den Beiträgen von vielen anderen so abwechslungsreich gestaltet werden.

Dieses Buch wäre nicht ohne die Bereitstellung der Praxisbeispiele von v-architekten, BKS & Partner Architekten, H4a Architekten, Code Unique Architekten und Kéré Architecture vollständig, die von meinen geschätzten Fachkollegen und mir betreut wurden: Kim Leiermann, Christian Steinlehner und Birgit Weldishofer.

Vielen Dank an alle, die meine Anliegen während der Recherche zu diesem Buch mit ihren Unterlagen so wohlwollend unterstützt haben, besonders an Sophia Fischer und Franziska Zielke vom Rudolf Müller Verlag und an Mona Grosche im Lektorat für die fortwährende Motivation und die angenehme und konstruktive Zusammenarbeit.

Ein besonderer Dank gilt meiner Familie, allen voran Ulrike, und meinen Freunden für die stete Begleitung, die wertvollen Anregungen und den Rückhalt den sie mir stets geben!

Widmung

Dieses Buch widme ich meiner Familie, ganz besonders Tankred und unseren Kindern Philippa und Matteo, die während des Corona-Lockdowns scherzten, dass Schulgebäude ohnehin völlig überbewertet seien und bald nicht mehr gebraucht würden.

+

Hinweise zur Online-Ergänzung

Die nachfolgend aufgeführten Richtlinien und Dokumente stehen zum kostenlosen Download bereit unter **www.feuertrutz.de/download-buch-brandschutz-in-schulen**.

Zum Öffnen der Seite ist ein Kennwort erforderlich. Ihr persönliches Kennwort lautet: SCB202en

- Bauaufsichtliche Richtlinien für Schulen (BASchulR), Fassung Juni 1976
- Muster-Richtlinie über bauaufsichtliche Anforderungen an Schulen (Muster-Schulbau-Richtlinie – MschulbauR), Stand 10. Juli 1998
- Muster-Richtlinie über bauaufsichtliche Anforderungen an Schulen (Muster-Schulbau-Richtlinie – MschulbauR), Fassung April 2009
- Erläuterungen zur Muster-Schulbau-Richtlinie von 2009
- TGL 10685-2, November 1965
- TGL 10734, Dezember 1968
- TGL 10685/04, April 1982
- TGL 10734, März 1985
- Nordrhein-Westfalen: Richtlinie über bauaufsichtliche Anforderungen an Schulen (Schulbaurichtlinie – SchulBauR), 22. Juli 2020
- Hamburg: Bauprüfdienst (BPD) 6/2011 – Anforderungen an den Bau und Betrieb von Schulen
- Hamburg: Merkblatt Kompartments in Schulen, Hinweise und Anforderungen

Inhalt

1 Planungsfaktoren für Schulen mit neuen pädagogischen Konzepten

Der Entwurf von Bildungseinrichtungen, insbesondere von Schulgebäuden, hat sich gravierend verändert. Der Grundriss der Korridorschule wurde von offenen Raumkonzepten mit hoher Transparenz abgelöst. Dadurch änderten sich aber auch grundlegend die brandschutztechnischen Fragestellungen zu diesem Gebäudetypus. Für Brandschutzplaner ist daher zu klären, inwiefern die neuen Ansätze der Pädagogik einen baulichen Einfluss auf das Gebäude haben und brandschutztechnische Belange unmittelbar berühren.

1.1 Planungsumfang

Unter Schlagworten wie z. B. „Schulbauoffensive“ werden derzeit viele Schulbauprojekte angestoßen. Dabei stehen Generalsanierungen und Neubauten gleichermaßen auf der Tagesordnung.

So teilte im März 2019 die Berliner Senatskanzlei in einer Pressekonferenz mit, dass bis Ende 2026 5,5 Milliarden Euro in den Schulbau investiert werden sollen. Ein Teil dieser beachtlichen Summe wird für die Sanierung und Erweiterung und den baulichen Unterhalt von bestehenden Schulen eingesetzt. Es sollen aber auch mehr als 60 neue Schulen in Berlin entstehen (vgl. Halbzeitbilanz des Senats, 2019).

Ebenso investiert die Stadt München seit geraumer Zeit verstärkt in den Schulbau. Die verschiedenen Aktionsprogramme zum Schulbau werden laufend aktualisiert. Bis zum Jahr 2030 ist ein Bauprogramm zum Bau von 49 neuen Schulen geplant (vgl. Aktionsprogramm Schul- und Kita-Bau, 2020). Allein für die Jahre 2019 bis 2022 sind Investitionen für Schule und Kinderbetreuung von mehr als 3 Milliarden Euro eingeplant. Auch wenn es sich hier nicht allein um Bauprojekte handelt, zeigt es den veränderten Stellenwert in den Haushalten der Kommunen.

Das Land Hamburg hat seit 2015 bereits 2 Milliarden Euro in Schulbauprojekte investiert. Hierfür wurde eigens ein GmbH-ähnlicher Landesbetrieb gegründet, die SBH – Schulbau Hamburg, welche alle Maßnahmen bündelt und direkt dem Finanzsenator unterstellt ist (vgl. Schulbau in Hamburg: Grundlageninformationen, 2019).

In Leipzig wurden – wie in vielen anderen Städten auch – Schulen, die zwischenzeitlich geschlossen waren, wieder reaktiviert oder bestehende Schulen mit Pavillons erweitert, um dem Platzmangel kurzfristig entgegenzuwirken und einen zeitlichen Puffer bis zur Fertigstellung neuer Einrichtungen zu schaffen (vgl. Schulbauprogramm, 2019).

Dies sind nur einige Beispiele für eine Entwicklung, die derzeit in fast allen Großstädten in Deutschland stattfindet. Die kleineren Kommunen stehen ebenfalls vor der gleichen großen Herausforderung, da auch sie gewaltige Schulbauprojekte realisieren müssen.

1.2 Planungsprozesse

Den ersten Schritt bei der Projektentwicklung bezeichnen Schulbauberater als „Phase 0", da dieser im Vorfeld der Leistungsphase 1 der Architekten, also noch vor der Grundlagenermittlung entsprechend der Honorarordnung für Architekten und Ingenieure stehen sollte. Ziel dieser „Phase 0" ist es, alle an der Planung beteiligten Personen mit ihren unterschiedlichen fachlichen Schwerpunkten in den Planungsprozess einzubinden.

Im Interesse der späteren Akzeptanz einer Schule durch ihre Nutzer sollen pädagogische Anforderungen an das Gebäude ebenso geklärt werden wie der räumliche Bedarf. Sofern noch kein pädagogisches Konzept vorliegt, wird dieses in der „Phase 0" erstellt; bestehende Konzepte können optimiert werden. Außerdem können zu diesem Zeitpunkt Möglichkeiten der räumlichen Gestaltung, auch anhand umgesetzter Projekte, aufgezeigt werden.

In diesem ersten Schritt eines Schulbauprojektes soll auch geklärt werden, welche weiteren Anforderungen berücksichtigt werden müssen, wie z. B. Inklusion mit spezifischen Förderschwerpunkten.

Um also den tatsächlichen Bedürfnissen von Schülern und Lehrern möglichst gerecht zu werden und die Umsetzung von neuen pädagogischen Konzepten zu verwirklichen, werden heute Neuplanungen für Schulen von Architekten und Pädagogen gemeinsam entwickelt (vgl. Leitlinien für leistungsfähige Schulbauten in Deutschland, 2013).

Besonders kleinere Kommunen ziehen oftmals externe Schulbauberater hinzu. Dies geschieht zum einen, um die Bedürfnisse der künftigen Nutzer möglichst genau zu ermitteln, zum anderen aber auch, um teure Fehlplanungen zu vermeiden und das Finanzbudget optimal auszuschöpfen.

Da es für Architekten bei der Planung von neuen Schulen oft noch keine Ansprechpartner für die pädagogischen Belange gibt, legen größere Kommunen in der „Phase 0" vielfach Standards mit Lernkonzepten und Raumkonfigurationen fest, welche von den Architekten zu berücksichtigen sind. In einer Pressemitteilung des Berliner Senats heißt es dazu: *„Die Schulen setzen mit ihrem Raumkonzept ein anderes Verständnis von Schule um: Lern- und Teamhäuser lösen die alte Flurschule ab. Schule wird von der reinen Lehranstalt zum Begegnungsort"* (Halbzeitbilanz des Senats, 2019).

Derzeit befassen sich auch die Berufsverbände und berufsständischen Vereinigungen, z. B. die Architektenkammern, verstärkt mit der Bauaufgabe von Bildungseinrichtungen, insbesondere der „Phase 0", um ihre Mitglieder bei dieser zusätzlichen Beratungstätigkeit zu unterstützen. Die Ergebnisse der „Phase 0" dienen oftmals als Basis für Realisierungswettbewerbe.

1.3 Brandschutzplaner als Planungsbeteiligte

Besonders bei Veränderungen im Bestand sollte ein Brandschutzplaner während der „Phase 0" als Ansprechpartner für die Nutzer und Betreiber einer Schule zur Verfügung stehen. In der Annahme „Da macht der Brandschutz nicht mit" werfen die Nutzer ihre Überlegungen oft vorschnell über Bord. Hier können Unsicherheiten ausgeräumt werden.

Der unmittelbare Kontakt zum Brandschutzplaner kann hier Klarheit verschaffen. Voraussetzung hierfür ist, dass der Brandschutzplaner das Gebäude kennt und aufgrund einer Bestandsaufnahme brandschutztechnische Defizite oder möglicherweise erforderliche Verbesserungsmaßnahmen bereits bekannt sind. Nicht immer sind Maßnahmen im Bestand genehmigungspflichtig. Dennoch sollte der Brandschutzplaner darauf Wert legen, dass auch diese baulichen Änderungen mit der Genehmigungsbehörde abgeklärt werden.

Im Vorfeld der Genehmigungsplanung ist eine Abstimmung mit der Unteren Bauaufsicht und/oder dem Prüfsachverständigen für Brandschutz dringend geboten, da es sich bei Schulen um nicht geregelte Sonderbauten handelt. Um die Planungssicherheit zu erhöhen und damit eine Verzögerung bei der Genehmigung zu vermeiden, sollten grundlegende Prämissen wie z. B. die Ausbildung von Teilbereichen oder die Bemessung von Rettungswegen bis zum nächsten Brandabschnitt bereits während der Entwurfsphase vorbesprochen werden. Dabei ist auch zu beachten, dass die Belange des abwehrenden Brandschutzes berücksichtigt und mit den zuständigen Brandschutzdienststellen abgeklärt werden.

Wird im Zuge der Neuplanung einer Schule ein Bebauungsplan oder ein Vorhaben- und Erschließungsplan aufgestellt, ist bereits zu einem sehr frühen Zeitpunkt zu klären, wie z. B. die Zugänglichkeit zum Grundstück, aber auch zu den meist sehr tiefen Baukörpern geregelt wird, oder ob die Lage und die Kapazität der Hydranten ausreichend ist. Bei engen Baufenstern kann bereits eine zusätzliche Außentreppe möglicherweise eine Befreiung vom Bebauungsplan erforderlich machen.

Eine Verschiebung des Baukörpers zugunsten einer Feuerwehrzufahrt oder aufgrund von Abständen zur Grundstücksgrenze ist oftmals schwierig und kann die Genehmigungsphase verzögern.

Immer häufiger werden bereits im Rahmen von Architektenwettbewerben Brandschutzplaner mit in den Entwurfsprozess einbezogen. Die Kenntnis der aktuellen Standards in der Schulbauarchitektur ist bereits zu diesem Zeitpunkt für den Brandschutzplaner wichtig, um eine gute Beratung durchzuführen, da die Wettbewerbsergebnisse auch unter dem Kriterium „Umsetzbarkeit der brandschutztechnischen Belange" geprüft werden.

Der Brandschutzplaner sollte stets die Zusammenstellung der Ergebnisse der „Phase 0" als Planungsgrundlage erhalten bzw. gezielt Fragen dazu stellen, falls diese Vorarbeit nicht durchgeführt wurde. So erlangt er Kenntnis über den pädagogischen Ansatz, welcher in dem Projekt realisiert werden soll und entwickelt Verständnis für die Abläufe des Schulalltags und die Besonderheiten des Schullebens. Nur so kann die Festlegung von brandschutztechnischen Anforderungen der pädagogischen Arbeit eine größtmögliche Freiheit bieten, ohne die Grundsätze der brandschutztechnischen Belange zu missachten, die als Schutzziele in § 14 der Musterbauordnung (MBO) definiert sind.

Der Einstieg in ein Schulbauprojekt erst kurz vor der Abgabe des Bauantrags, als Grundleistung für die Genehmigungsplanung nach „Leistungen für Brandschutz“ (2015), dem Heft 17 der Schriftenreihe des Ausschuss der Verbände und Kammern der Ingenieure und Architekten, AHO, ist zu spät. Ein Schulbauprojekt muss kontinuierlich durch alle Leitungsphasen betreut werden.

Schnittstellen zu Fachplanern ergeben sich insbesondere durch die Festlegungen, die hinsichtlich der technischen Gebäudeausrüstung und der sicherheitstechnischen Einrichtungen getroffen werden. Die Koordinationsaufgabe liegt hier im Regelfall bei den Architekten.

Vor der Nutzungsaufnahme kann es sinnvoll sein, den Brandschutznachweis einschließlich der Baugenehmigung, den darin enthaltenen Auflagen oder der Bescheinigung, dem Brandschutzbeauftragten, welcher die Brandschutzordnung erstellt, zu erläutern. Die Koordinationsaufgabe liegt hier im Regelfall bei dem Betreiber der Schule.

Fazit

Die frühzeitige Beratung des Planungsteams durch einen Brandschutzplaner kann also bereits in einer frühen Entwurfsphase die richtigen Weichen stellen. Der Brandschutzplaner sollte die Ergebnisse der „Phase 0“ nicht nur kennen, sondern auch das pädagogische Konzept verstehen, damit er im weiteren Planungsverlauf den Architekten und die Fachplaner bis zur Eingabeplanung – und bei Bedarf darüber hinaus – sinnvoll beraten kann.

2 Entwicklung des Schulbaus in Abhängigkeit von pädagogischen Konzepten

Ein pädagogisches Konzept ist zunächst eine Sammlung von Leitsätzen, die der Entwicklung und Erziehung von Kindern dienen soll. Diese Leitsätze entwickeln sich aus gesellschaftlichen Wertvorstellungen und Erziehungsnormen. Dadurch unterliegen pädagogischen Konzepte grundsätzlich einem zeitlichen Wandel und es bestehen heute unterschiedliche pädagogische Modelle nebeneinander.

„Pädagogik findet statt, wo Lernen absichtsvoll gesteuert, d. h. initiiert und angeleitet wird – sei es durch Steuerungen durch einen selbst, sei es durch eine andere Person, sei es in direkten Begegnungen oder durch vermittelnde Medien oder Strukturen" (Koerrenz et al., 2017, S. 12).

Pädagogische Konzepte dienen allen Mitarbeitern in Bildungseinrichtungen als Leitfaden für ihre Zusammenarbeit mit den Kindern und für die Gestaltung des Arbeitsalltags. Meist werden aus dem pädagogischen Konzept einzelne Aspekte als Leitidee herausgestellt, um einer Bildungseinrichtung ein identitätsstiftendes Wiedererkennungsmerkmal zu geben. Ein Beispiel dafür ist der Leitsatz der Montessori-Pädagogik „Hilf mir, es selbst zu tun".

Aus den unterschiedlichen pädagogischen Ansätzen können sich verschiedene bauliche Anforderungen an die Räume, deren Anordnung und deren Ausstattung ergeben. Das erklärt auch die unterschiedlichsten Gebäudetypologien von Schulen, welche sich bis heute – teilweise parallel – entwickelt haben. Dazu sind Beispiele schematisch in Abb. 2.1 dargestellt.

Um mit den richtigen brandschutztechnischen Maßnahmen auf moderne Schulbauplanungen zu reagieren, ist deshalb die Kenntnis der pädagogischen Konzepte notwendig. Nur so kann man das Nutzerverhalten verstehen und es vermeiden, die pädagogische Arbeit zu behindern. Das pädagogische Wissen können Brandschutzplaner bei der Beratung einsetzen und so z. B.

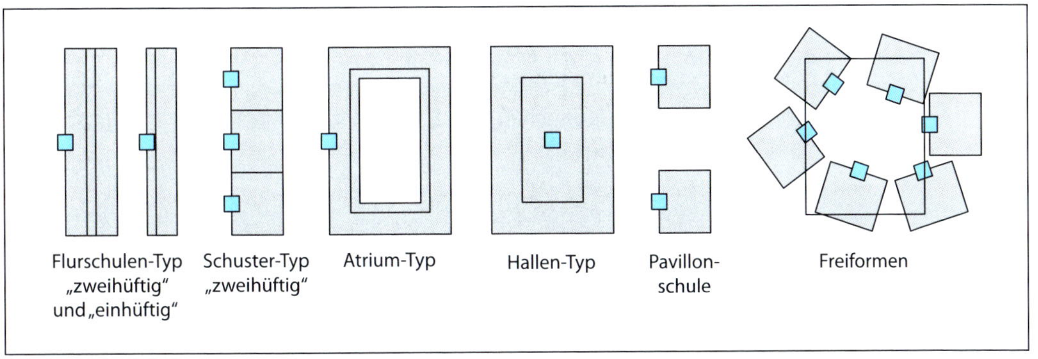

Abb. 2.1: Gebäudetypologien von Schulen mit Haupterschließung

Optionen für die Grundrissgestaltung und die jeweils damit verbundenen Auswirkungen auf die Pädagogik aufzeigen.

Im Folgenden soll verkürzt die Entwicklung der Schulbauten dargestellt werden. Ziel ist es, dadurch einen Einblick in den Wandel der Pädagogik in Vergangenheit und Gegenwart zu erhalten und dabei ein Verständnis für die räumlichen Bedürfnisse zu wecken. Unter diesem Aspekt sind die im Literaturverzeichnis aufgeführten Bücher zur Entwicklung der Pädagogik für die Vertiefung des Themas interessant.

2.1 Schulgebäude im Rückblick

Auch wenn architektonisch beispielhafte Neubauten mehr Aufmerksamkeit erregen, gehört die Sanierung von bestehenden Schulen zu den häufigeren Aufgabenstellungen für den Brandschutzplaner.

Im „Entwurfsatlas Schulen und Kindergärten" des englischen Architekten und Schulbauspezialisten Mark Dudek beschreibt dieser:

„Über einen langen Zeitraum betrachtet machte die Schularchitektur immer wieder große Entwicklungssprünge; auf Phasen des relativen Stillstands folgten Perioden ungestümer Investitionen, die rasch Neuentwicklungen nach sich zogen. Dies wiederholt sich in Zyklen von etwa 30 Jahren" (Dudek, 2015, S. 15).

Diese Beobachtung lässt sich auf die aktuelle Situation in Deutschland übertragen. Dies erklärt möglicherweise auch den derzeitigen Sanierungsstau an vielen Schulen.

Schon immer gab es Phasen erhöhter Bauaktivität bei Bildungseinrichtungen im deutschsprachigen Raum. Ausgangspunkt war zunächst die Einführung und Durchsetzung der allgemeinen Schulpflicht, später die regional sehr unterschiedliche Entwicklung des Bevölkerungs- und Wirtschaftswachstums.

2.1.1 Schulen im Mittelalter

Die älteste Schulform im deutschsprachigen Raum war die Klosterschule, die zunächst auf die Bildung und Ausbildung des religiösen Nachwuchses der Klöster ausgelegt war. Unter Karl dem Großen wurden Anfang des 7. Jahrhunderts die Kloster- und Domherren zur Einrichtung von Schulen verpflichtet, welche sich auch nach außen für weltliche Schüler öffnen sollten. Ziel war es, nicht nur die über die Religion hergeleiteten Herrschaftsansprüche zu festigen, sondern auch eine Einheit und Standardisierung durch den Erwerb von Latein in Wort und Schrift als gemeinsamer Sprache für das große Reich der Karolinger zu erreichen. Die Lerninhalte waren auf das Christentum als gesellschaftliche Norm ausgerichtet.

„Konkret ging es zunehmend um die Ausbildung kompetenter Persönlichkeiten, die an Kanzleien für die Frömmigkeits- und Rechtspflege zuständig waren oder als Diplomaten die Kommunikation mit anderen Herrschaftshäusern gewährleisten sollten" (Koerrenz et. al., 2017, S. 70).

Noch heute existieren einige Schulen, die ursprünglich als Domschulen gegründet worden waren, wie z. B. das Gymnasium Theodorianum in Pader-

Abb. 2.2: Gymnasium Theodorianum in Paderborn (Quelle: TheoPB on de.wikipedia – eigenes Werk, Wikimedia Commons, lizensiert unter CreativeCommons-Lizenz BY-SA-3.0, https://creativecommons.org/licenses/by-sa/3.0/deed.de)

Abb. 2.3: Das 1528 gegründete Ratsgymnasium in Goslar (Quelle: TheoPB on de.wikipedia – eigenes Werk, Wikimedia Commons, lizensiert unter CreativeCommons-Lizenz BY-SA-3.0, https://creativecommons.org/licenses/by-sa/3.0/deed.de)

born (siehe Abb. 2.2). Man geht davon aus, dass es unmittelbar auf eine Schenkung Karls des Großen an das Kloster um das Jahr 799 zurückgeht.

Die weite Verbreitung der lateinischen Sprache wurde für den aufblühenden Handel von immer größerer Bedeutung. Im 12. und 13. Jahrhundert entstanden in den Städten immer häufiger Schulen, wo in der Alltagssprache unterrichtet wurde. In ihnen wurde neben den für Handel und Handwerk wichtigen Grundlagen, wie Rechnen und Schreiben, auch Latein unterrichtet. Die Lerninhalte waren auf den Bedarf der verschiedenen weltlichen Berufe ausgerichtet und für ihre Zeit im Vergleich weit weniger christlich geprägt. Träger dieser Einrichtungen war häufig das aufstrebende Bürgertum in den Städten, welches sich in Zünften und Kammern organisierte und die Schulen finanzierte. Diese Schulen wurden auch als Ratsschulen und Ratsgymnasien bezeichnet, um sich von den kirchlichen Einrichtungen abzusetzen, so etwa das 1528 gegründete Ratsgymnasium in Goslar, das in Abb. 2.3 zu sehen ist.

Im Zuge der Reformation und der anschließenden Gegenreformation wurden, je nach religiöser Überzeugung, Schulen unter neue Trägerschaft gestellt oder neugegründet. Da Religionszugehörigkeit zu dieser Zeit durch die jeweiligen Landesherren bestimmt wurde, war ein wichtiger Grund für die Einführung der Schulpflicht, dass die Kinder vor allem die Unterweisung in der jeweiligen Konfession erhielten. Das wurde auch von Martin Luther für dringend erforderlich erachtet. Diese Zeit ist somit vielleicht der Auslöser für eine erste „Schulbauoffensive" in einigen Regionen des deutschsprachigen Raums um 1520.

Das Ende des Mittelalters ist der Ausgangspunkt für die Entwicklung der Schulformen bis in die Gegenwart. Die Schüler wurden zunächst dort unterrichtet, wo die Lehrer wohnten. Der Unterricht in Klosterschulen fand in Auditorien der Klosteranlage durch Ordensleute statt, wobei die weltlichen Schüler keinen Kontakt zum Klosterleben und zu den Klosterschülern hatten. Der weltlich ausgerichtete Unterricht des Bürgertums fand in den Privaträumen der Lehrer oder in auch in Zunfthäusern statt.

Eine Trennung der Schüler nach Alter und Wissensstand gab es zunächst nicht, sondern alle wurden gemeinsam unterrichtet. Je nach Anzahl der Schüler führte dieser sog. Simultanunterricht zu sehr unterschiedlichen Ergebnissen. Abhängig von der Größe der Schule begann allmählich eine Trennung von Wohnen und Lehrbereich. In einigen Klöstern wurden z. B. einzelne Gebäudetrakte gänzlich für den Unterricht geöffnet und weiter vom religiösen Leben entkoppelt. Private Bildungseinrichtungen kamen in Gebäuden der Landesherren unter oder übernahmen ehemalige Klosteranlagen. Eine eigene Gebäudearchitektur für Neubauten von Schulen gab es nicht. Es wurden die Raumstrukturen von Klosteranlagen mit Gängen, Sälen und Zellen adaptiert.

2.1.2 Einführung der Schulpflicht

Im Zeitalter der Aufklärung änderte sich auch der Blick auf das Kind. Schulbücher und Jugendliteratur entstanden und dienten als Lehrmaterial anstelle religiöser Schriften.

Die Erziehung soll *„rational, erfahrungsbasiert und kindgemäß“* sein (Koerrenz et. al., 2017, S. 154). Neu ist der Ansatz, dass Kindern durch Bildung eine bessere Zukunft ermöglicht werden soll und sie sich zu nützlichen Mitgliedern der Gesellschaft entwickeln sollen. Auch Gartenarbeit und andere praktische Arbeiten standen auf dem Lehrplan. Die pädagogischen Ideen basierten auf der Annahme, dass erst die Erziehung ein Kind zu einem guten Menschen macht (vgl. ebd.).

Die allgemeine Schulpflicht wurde 1763 in Preußen eingeführt, um gute und treue Staatsbürger zu formen. Oft wurden die bereits bestehenden kirchlichen Einrichtungen zu einer öffentlichen Einrichtung umgewidmet.

Wo dies aufgrund fehlender Strukturen nicht möglich war, übernahmen staatliche und städtische Bauämter die Planungsaufgaben für die neuen Gebäude.

Je nach örtlicher Situation wurden kleine übersichtliche Dorfschulen entwickelt: Für diese wurden z. B. bereits 1821 in Bayern Musterbaupläne als Orientierungshilfe entwickelt und veröffentlicht (vgl. Monatsblatt für Bauwesen und Landesverschönerung in Bayern, 1821). Diese lehnten sich stark an die früheren Pfarrhäuser an, in denen ebenfalls gleichzeitig im Erdgeschoss unterrichtet und im Obergeschoss gewohnt wurde. Mit Anstieg der Schülerzahlen wurden die Unterrichtsräume bis in das Obergeschoss hinein erweitert. Einen solchen Musterbauplan zeigt die Abb. 2.4.

Hinsichtlich der Rettungswege machte man sich dabei augenscheinlich noch keine Gedanken. Ein zweiter Ausgang aus dem Erdgeschoss bzw. ein zweiter baulicher Rettungsweg aus Räumen im Obergeschoss war damals nicht vorgesehen. Diese Planungen stellen besonders bei denkmalgeschützten

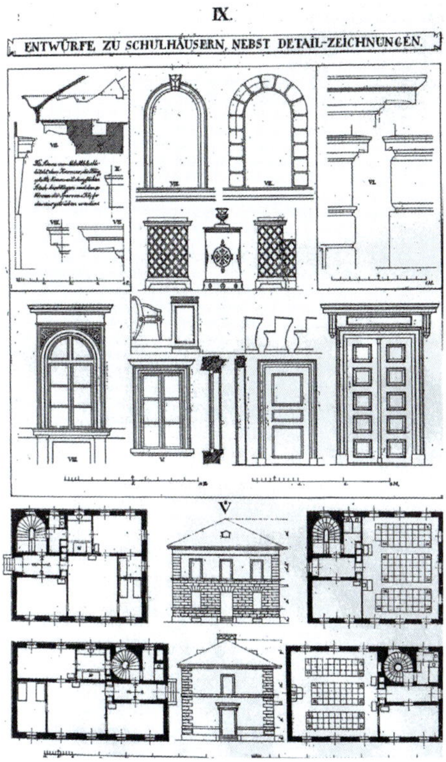

Abb. 2.4: Musterbauplan für Schulhäuser zur Einführung von Baustandards in Bayern (Quelle: Monatsblatt für Bauwesen und Landesverschönerung in Bayern, 1821, Musterblatt IX)

Abb. 2.5: Ehemalige Dorfschule, Höhenkirchen-Siegertsbrunn

Gebäuden eine brandschutztechnische Herausforderung dar, z. B. bei der Reaktivierung von Dorfschulen zur Stärkung des ländlichen Raumes. Dies ist aber auch der Fall, wenn diese Gebäude im Zuge von Nutzungsänderungen brandschutztechnisch saniert werden müssen. Typische Umnutzungen von alten Dorfschulen sind Kindergärten, wie die Abb. 2.5 zeigt.

In den Städten entstanden Zweckbauten, die an Kasernen- oder Verwaltungsgebäude erinnerten und mit dem architektonischen Zeitgeist entsprechenden Fassaden versehen wurden.

Abb. 2.6: Städtische Grundschule an der Herrnstraße, München

„Die organisatorische Gliederung des Schulgebäudes, normalerweise eine Korridorschule, in der sich die Räume entlang düsterer Mittelgänge anordneten, erschöpfte sich im schematischen Aneinanderreihen und Aufeinanderschichten von Klassenzimmern ein und desselben Typs" (Schneider, R., 1998, S. 47).

Auch wenn sich Schulen in Dörfern und in der Stadt in ihrer Größe unterschieden, war ihnen der pädagogische Ansatz gemeinsam, nämlich die starke hierarchische Ordnung, die Belehrung und Unterweisung der Schüler durch Frontalunterricht und die Ausrichtung auf Disziplin und Drill. Wie im Muster-Schulhaus von 1821 waren auch hier die Klassenräume für jeweils bis zu 100 Kinder vorgesehen. Bis zur Mitte des 19. Jahrhunderts wurden sie im Simultanunterricht beschult.

Diese Phase der baulichen Aktivitäten in den Gebieten des heutigen Deutschlands ist auf die schrittweise Einführung der allgemeinen Schulpflicht und die Industrialisierung zurückzuführen. Es bildete sich keine eigene Gebäudestruktur aus, sondern bekannte Grundrisse wurden für Schulgebäude herangezogen. Besonders Kasernen schienen vielerorts als der optimale Gebäudetypus, um möglichst viele Schüler nebeneinander und übereinander unterzubringen. Diese Uniformität symbolisiert heute zudem die gleichförmige Belehrung aller Schüler.

Das in der Abb. 2.6 gezeigte Beispiel der Grundschule an der Herrnstraße in München verfügte bereits über 2 Eingänge mit 2 Treppen. Diese Ausführung war allerdings nicht der Tatsache geschuldet, dass 2 bauliche Rettungswege erforderlich waren, sondern dem getrennten Unterricht von Mädchen und Jungen.

2.1.3 Kinder als soziale Gruppe

Die fortschreitende Industrialisierung bewirkte im 19. Jahrhundert im deutschsprachigen Raum (wie zuvor bereits in England) eine Veränderung der Arbeitswelt und damit auch der Lernumgebung für die Kinder. Waren zuvor Landwirtschaft und Handwerk im Familienbetrieb im häuslichen Umfeld integriert, wurde nun die Arbeit in Fabriken ausgelagert, welche

Abb. 2.7: Städtische Grundschule an der Flurstraße, München

in Ballungsräumen entstanden. Der gemeinsame Alltag in dem die Kinder unmittelbar von ihren Eltern lernten, was sie selbst später können mussten, um den Betrieb oder Hof zu übernehmen, fiel als Lernort aus (Koerrenz et. al., 2017, S. 181).

Dies führte insbesondere in den damaligen Ballungszentren zum einen dazu, dass verstärkt Schulen gebaut werden mussten. Zum anderen mussten die Schulen zusätzlich zur Wissensvermittlung eine soziale Aufgabe bewältigen, nämlich die der Familienerziehung.

„Verarmung und Verwahrlosung einerseits und Spannungen zwischen Arbeiterschaft und Bürgertum andererseits wurden als Destabilisierung wahrgenommen, der die Schulerziehung entgegenwirken sollte“ (Koerrenz et. al., 2017, S. 182).

Durch diese Betrachtungen wurden Kinder zunehmend als eine eigene soziale Gruppe wahrgenommen.

Kinderarbeit wurde nach und nach eingeschränkt und teilweise an den Schulbesuch gekoppelt, auch um die Erziehung der Schüler staatlich zu lenken. Ins Bewusstsein der Pädagogen rückte ebenfalls, dass praktische Fähigkeiten nicht mehr im Elternhaus weitergegeben wurden und deshalb in den Schulalltag integriert werden mussten. Ferner nahm die Wissensmenge, die vermittelt werden musste, rapide zu.

Die Annahme, dass die Wissensvermittlung nicht nur durch theoretischen Unterricht, sondern auch durch praktische Anwendung erfolgen solle, prägte die Pädagogik um 1900. Das fachgerechte Lernen rückte ins Blickfeld. Der Unterricht sollte handlungsorientiert sein und die Schüler in ihrem eigenen Schaffen bestärken. Auf die Architektur hatte diese Haltung einen großen Einfluss.

Insbesondere in München unterschieden sich die Schulbauten äußerlich von den Vorgängergebäuden durch großzügige Fensterflächen (siehe Abb. 2.7). In der Grundrissanordnung waren neben den Klassenräumen nun auch Fachräume für Werken, Handarbeiten, Musik und Sport zu berücksichtigen, die sich in der Gebäudegliederung zeigten. Einige Schulen verfügten sogar über Schulbibliotheken, in denen die Schüler arbeiten konnten.

Abb. 2.8: Korridor in der Städtischen Grundschule Berg am Laim, München (Foto: Tankred Winter, München)

Abb. 2.9: Jugendstilfassade der Städtischen Grundschule an der Flurstraße, München (Quelle: Bayerisches Landesamt für Denkmalpflege, München)

Abb. 2.10: Barockisierende Fassade der Landesversicherungsanstalt Oberbayern, München (Quelle: Bayerisches Landesamt für Denkmalpflege, München

Durch die fortschreitende Verstädterung in Deutschland entstanden gegen Ende des 19. Jahrhunderts viele Schulneubauten, die den neuen Anforderungen entsprachen. An der inneren Aufteilung der Klassenzimmer entlang meist innenliegender Flure änderte sich jedoch nichts, wie die Abb. 2.8 zeigt. Äußerlich waren Schulgebäude nicht eindeutig von Bürogebäuden der öffentlichen Verwaltung zu unterscheiden. Die Architektur bediente sich der gleichen Formensprache, unabhängig von der Nutzung. Beispiele für typische Fassadengestaltungen Ende des 19. Jahrhunderts zeigen die Abb. 2.9 und 2.10.

Abb. 2.11: Festsaal von 1977, Waldorfschule Uhlandshöhe, Stuttgart (Quelle: Freie Waldorfschule Uhlandshöhe, Stuttgart)

2.1.4 Reformen in der Pädagogik

Obwohl an den öffentlichen Schulen deutliche Reformen durchgeführt wurden, entwickelten sich parallel zur staatlichen Bildungspolitik die pädagogischen Konzepte weiter. Die allgemeine Schulpflicht rief zum einen den Widerstandsgeist der Eltern hervor, welche sich in ihrem Mitbestimmungsrecht bei der Erziehung ihrer Kinder eingeschränkt sahen. Zum anderen fanden psychologische und philosophische Ansätze verstärkt Eingang in die Pädagogik, denen die Auffassung gemeinsam war, dass Kinder eigene Bedürfnisse haben und von sich aus über positive Grundeigenschaften verfügen, welche angeregt werden müssen.

Montessori-Schulen – individuelles Lernen

Maria Montessori widersetzte sich mit ihrer pädagogischen Idee als eine der ersten einem allgemeingültigen und jahrgangsabhängigen Lehrplan. Auch heutzutage erhalten Schüler in Montessori-Schulen einen individuellen Lernplan, der abzuarbeiten ist. Die Pädagogik baut auf der Neugier der Schüler und deren Willen, dieser zu folgen, auf. Die Lehrer leiten nicht an, sondern halten sich im Hintergrund. Es wird davon ausgegangen, dass die Kinder sich selbst entwickeln und nur einen Begleiter brauchen. Zur Umsetzung dieser Idee werden nicht nur eigene Arbeitsmaterialien für die Schüler entwickelt, sondern auch eine kindgerechte Möblierung für eine altersgemäße Umgebung.

Waldorfschulen – ganzheitliches Lernen

Das Konzept der Waldorfschulen beruht auf dem Ansatz der Anthroposophie. Die Schulen sind von der spirituellen Weltanschauung Rudolf Steiners geprägt. Das erste Schulgebäude wurde 1919 eröffnet. Von Beginn an entwickelten die Schulen eine eigene Formensprache. Im anthroposophischen Bauen sollte der rechte Winkel vermieden werden. Durch eine organische Formgebung sollte eine menschliche Architektur erzielt werden, welche die Sinne anregt. Anders als die freie Architektur vermuten lässt, ist die Pädagogik stark auf den Klassenverband und einen Klassenlehrer ausgerichtet. Räume für handwerkliches Arbeiten und Bewegungsräume haben einen hohen Stellenwert im Raumprogramm. Die Abb. 2.11 zeigt den 1977 errichteten Festsaal der weltweit ersten Waldorfschule, die 1919 in Stuttgart entstand.

Abb. 2.12: Versuchspavillon für Freiluftklasse in Frankfurt am Main von Wilhelm Schütte, um 1930 (Quelle: Architekturstiftung Österreich Gemeinnützige Privatstiftung, Wien)

Abb. 2.13: Freiluftklasse „Floridsdorf" in Wien von Wilhelm Schütte, um 1960 (Quelle: Architekturstiftung Österreich Gemeinnützige Privatstiftung, Wien)

Freiluftschulen – natürlich Lernen

Vor allem das Konzept der Freiluftschule wurde aus dem Wunsch zur Abkehr von autoritären Regeln und Vorschriften entwickelt. Da davon ausgegangen wurde, dass jedes Kind aus sich heraus, also von Natur aus, alles lernt, wurde die Zuwendung zur Natur propagiert. Bekannte Vertreter dieser Strömung, die auf die Ideen von Jean-Jacques Rousseau aus dem 18. Jahrhundert zurückgehen, waren der Schweizer Johann Heinrich Pestalozzi und Friedrich Fröbel, der „Erfinder" des Kindergartens Mitte des 19. Jahrhunderts. Der Kindergarten sollte im wahrsten Sinne des Wortes eine natürliche Erziehung mit der freien Natur ermöglichen.

Für Schulgebäude wurden Klassen in einzelnen Häusern um einen Rasenplatz gruppiert. Die Schulen sollten, auch aus Gründen der Hygiene, außerhalb der Stadt in der freien Natur stehen. Viele dieser Schulen wurden zunächst unter dem Aspekt der Beschulung chronisch kranker Kinder gegründet. Im Zuge der Entwicklung von Gartenstadtsiedlungen wurde diese Vorstellung bis in die frühen 1930er-Jahre auch auf andere Schulen übertragen, siehe dazu Abb. 2.12.

Architektonisch wurde der Bezug zur Natur über große Fensterflächen, Öffnungsflügel zu Freibereichen und leichten Stahlkonstruktionen umgesetzt, wie auch das Wiener Beispiel in der Abb. 2.13 zeigt.

Abb. 2.14: Grundschule am Sonnenberg, Salzgitter-Gebhardshagen

Abb. 2.15: Schul- und Sportanlage in der St.- Konrad-Straße in Haar bei München von Otto Berndl

Pädagogik im Nationalsozialismus

Die Entwicklung der verschiedenen Strömungen in der Pädagogik wurde während des Nationalsozialismus stark zurückgedrängt. Hierfür sollte den Ländern die Bildungshoheit entzogen werden. Disziplin und Drill sowie eine Militarisierung der Unterrichtsinhalte prägten die Pädagogik dieser Zeit (vgl. Schneider, R., 1998). Die Korridorschulen in kasernenartigen Schulgebäuden mit einschüchterndem Charakter wurden als typische Grundrisse weiterhin propagiert (siehe Abb. 2.14 und 2.15). Freie Schulformen wurden verboten und geschlossen.

2.2 Aktuelle gesellschaftliche und pädagogische Konzepte

Die heutigen pädagogischen Konzepte basieren überwiegend auf den liberalen und freiheitlichen Ansätzen, die sich außerhalb Deutschlands ohne Unterbrechung weiterentwickeln konnten und nach dem Zweiten Weltkrieg in Deutschland wiederauflebten.

2.2.1 Demokratisierung des Unterrichts

Die Abkehr der auf „Gleichschaltung" ausgerichteten Erziehung wurde durch die Alliierten Kontrollbehörden unterstützt, welche die Grundsätze zur Demokratisierung des Erziehungswesens in Deutschland bekannt machten:

„*‚Unterschiede sind Tatsachen, sie werden als Werte angesehen, weil man der Meinung ist, dass ein gewisser Grad von Verschiedenheit ein wünschenswertes Charakteristikum eines Ganzen ist, und dass die Kraft der Demokratie auf der Verschiedenheit beruht, statt auf Einförmigkeit*'" (Schneider, R., 1998, S. 55).

Die Bestrebungen nach mehr Autonomie der Schüler, nicht-autoritären Erziehungsstilen und selbstbestimmtem Lernen wurden unter dem Schlagwort „Demokratisierung der Schule" nach und nach umgesetzt. So fand im Zuge der Etablierung der Schülerrechte auch eine langsame Abkehr vom Frontalunterricht statt, der heute nur noch einen Teil des Unterrichtsablaufs ausmacht.

2.2.2 Individualisierung des Unterrichts

Durch die schlechten Ergebnisse der Schüler in Deutschland bei den erstmalig Anfang der 1990er-Jahre durchgeführten Pisa-Studien bekam die Berücksichtigung von neuen pädagogischen Konzepten einen erneuten Anschub. Die Schaffung von guten Bildungsmöglichkeiten wurde nun zum politischen Ziel und die finanzielle Förderung des Schulbaus wurde verstärkt. Dies hat zur Folge, dass dadurch auch die aktuellen gesellschaftlichen Wertvorstellungen einen sehr großen Einfluss auf die pädagogischen Konzepte nehmen. In diesem Zusammenhang sollen heute das kompetenzorientierte und auch das eigenverantwortliche Lernen der Schüler gestärkt werden.

Neben dem schlechten fachlichen Abschneiden bei den ersten Pisa-Studien brachten diese auch die Erkenntnis, dass eine Chancengleichheit für sozial und wirtschaftlich benachteiligte Schüler nicht gegeben ist und deshalb bei der Förderung dieser Schüler in Deutschland ein großer Nachholbedarf besteht. Mit Blick auf die besser abschneidenden Länder wurde die sog. Erziehungspartnerschaft von Schule und Elternhaus entwickelt und die Errichtung von Ganztagseinrichtungen verstärkt finanziell gefördert. Auch individuelle Förderung während der Unterrichtszeiten soll die Chancengleichheit steigern, z. B. durch Förder- und Intensivierungsstunden in Kleingruppen.

Die Berücksichtigung des Individuums hat einen sehr hohen Stellenwert in der Gesellschaft und damit auch in der Erziehung erlangt. Vielfältige Formen des Lernens sollen ermöglicht werden. Deshalb sollen Schüler innerhalb ihres Jahrgangs in unterschiedlichen Geschwindigkeiten ihre Lernziele erreichen können oder auch jahrgangsübergreifend Fähigkeiten bei den älteren und jüngeren Mitschülern erwerben. Dieses Lernen von den Mitschülern in unterschiedlichen Gruppenkonstellationen lässt sich räumlich in gemeinsamen Lernbereichen umsetzen. Das soll u. a. durch die Entwicklung von klassen- oder jahrgangsübergreifenden Lernkonzepten erreicht werden (vgl. Leitlinien für Leistungsfähige Schulbauten in Deutschland, 2013).

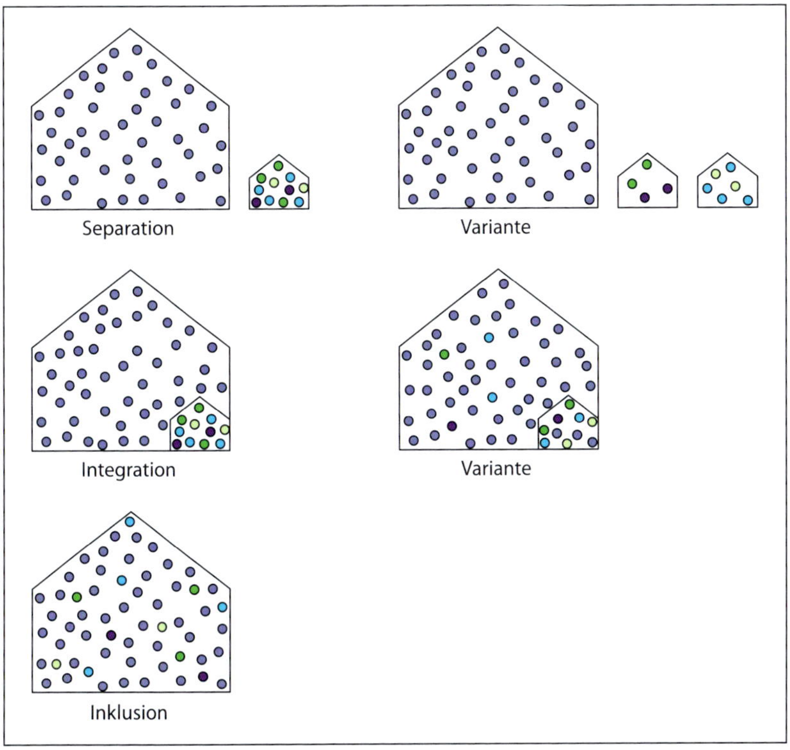

Abb. 2.16: Inklusive Bildung

2.2.3 Inklusive Bildung

Hochaktuell ist das Prinzip der umfassenden Teilhabe aller Individuen an der Gesellschaft, die sich in der UN-Konvention auch in Bezug auf das Recht auf „inklusive Bildung" manifestiert. Die UN-Konvention trat im Jahr 2009 in Deutschland in Kraft:

„Darin garantieren die Vertragsstaaten ein integratives Bildungssystem auf allen Ebenen und lebenslanges Lernen. Der Normalfall soll danach sein, dass Kinder nicht aufgrund von Behinderung vom unentgeltlichen und obligatorischen Grundschulunterricht oder vom Besuch weiterführender Schulen ausgeschlossen werden (Artikel 24 Abs.2 a). Das allgemeine Bildungssystem soll jedem zugänglich sein. Ziel ist also der gemeinsame Schulbesuch von behinderten und nicht behinderten Kindern in einer Regelschule als ‚Normalfall' – es soll keine Ausnahme sein" (Behindertenrechtskonvention, 2006).

Der Begriff der Inklusion schlägt sich in der Pädagogik insofern nieder, dass nun als wesentliches Unterrichtsprinzip die Wertschätzung und die Anerkennung von Unterschiedlichkeit (=Diversität) erzielt werden soll (siehe Abb. 2.16). Der Ansatz der inklusiven Bildung umfasst damit zugleich auch die beiden zuerst genannten Konzepte von Chancengleichheit und individueller Förderung für alle Schüler, ebenso den Einbezug des familiären Umfeldes. Inklusion im Schulalltag bedeutet nicht nur die Teilhabe aller Schüler, sondern auch die aller Lehrer und Eltern, unabhängig von deren Diversität.

Abb. 2.17: Additives Erschließungssystem (Grafik: Dorothee Menden, Berlin)

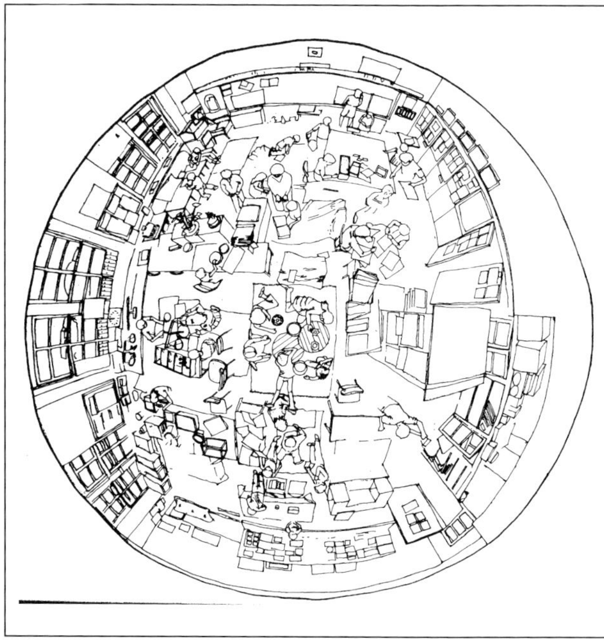

Abb. 2.18: Integrierendes Erschließungssystem (Quelle: Taylor; Vlastos, 1975)

2.3 Bauliche Umsetzung neuer pädagogischer Konzepte

Alle pädagogischen Konzepte und die daraus entwickelten Lernmethoden verbindet, dass die Schulgebäude sich von reinen Lernorten zu Lebensorten für Schüler und Lehrer wandeln sollen. Waren früher möglichst gleichwertige, aufgereihte Klassenzimmer (siehe Abb. 2.17) gefordert, wird heute eine Abfolge von Orten unterschiedlicher räumlicher Qualitäten zum Lernen, zur Begegnung und als Rückzugsraum gewünscht.

Die Schule des Industriezeitalters mit ihren additiven Klassenräumen soll in die Schule des Informationszeitalters transformiert werden – von der Korridorschule zu Lernlandschaften. Dies hat unmittelbare Auswirkungen auf die Architektur eines Schulgebäudes und damit auch auf die brandschutztechnischen Belange.

Um die aktuellen Ziele zu erreichen, sollen Schulen künftig also sowohl klassenübergreifendes als auch jahrgangsübergreifendes Lernen ermöglichen. Für den nun beabsichtigten Austausch der Schüler untereinander werden baulich trennende Strukturen aufgelöst und gemeinschaftliche Bereiche mit halböffentlichem Charakter entstehen. Auch den Lehrern wird damit ein teamorientiertes Arbeiten ermöglicht. Die Flächen sollen je nach Bedarf flexibel durch die Nutzer bespielt werden können (siehe Abb. 2.18).

Die für den Brandschutzplaner grundlegenden Veränderungen können anhand der Erschließungssysteme für die Unterrichtsräume am besten erläutert werden. Die Reihenfolge der vorgestellten Grundrisskonzeptionen beginnt mit dem in bestehenden Schulen gängigen „additiven System“ und führt zu dem heute überwiegend gewünschten „integrierenden System“.

Die in den folgenden Kapiteln 2.3.1 und 2.3.2 verwendeten Abbildungen für Grundrissanordnungen sind der zweiten und dritten Auflage der „Leitlinien für leistungsfähige Schulbauten in Deutschland“ entnommen. Als weiterführende Lektüre bieten sich auch für Brandschutzplaner darin tiefergehende Einblicke in die Planung von modernen Schulbauten. Die Herausgeber, die Montag Stiftung Jugend und Gesellschaft, der Bund Deutscher Architekten und der Verband Bildung und Erziehung, tragen darin die tragfähigsten Grundrisskonzeptionen zusammen, welche die Umsetzung aktueller pädagogischer Konzepte ermöglichen.

„Die Leitlinien orientieren sich an internationalen Erfahrungen und formulieren Qualitätsstandards, die den veränderten Anforderungen an Schulbauten gerecht werden und ein zeitgemäßes Lernen und Arbeiten unterstützen“ (Leitlinien für leistungsfähige Schulbauten in Deutschland, 2017, S. 5).

2.3.1 Additives System

Die Erschließung erfolgt im additiven System über einen notwendigen Flur, wie in Abb. 2.19 dargestellt. Ohne Eingriff in das bestehende Brandschutzkonzept können Klassenräume miteinander verbunden werden. Es kann auch ein Klassenraum als Gemeinschaftsbereich den beiden angrenzenden Klassen zugeordnet werden, ohne dass es einer Änderung des Rettungswegekonzeptes bedarf. Dieses Konzept wird als „Klassenraum-Plus“ bezeichnet.

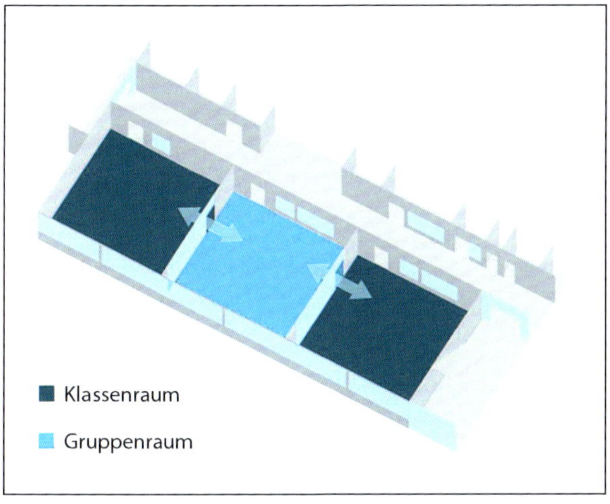

Abb. 2.19: Grundrissanordnung additiver Klassenräume (Quelle: Leitlinien für leistungsfähige Schulbauten in Deutschland, 2013, S. 24)

Trennung in Aufenthalt (personalisiert) und Erschließung (öffentlich)

Additive Grundrisse sind in bestehenden Schulen die Grundrissanordnung, die am häufigsten angetroffen wird. Sie geht mit der strikten Trennung von Aufenthalt und Erschließung einher. – In den Klassenräumen sind Lehrer und Schüler separiert und isoliert. Aufgrund des fehlenden Bezugs zu den

Abb. 2.20: Erschließung additiver Klassenräume über einen notwendigen Flur

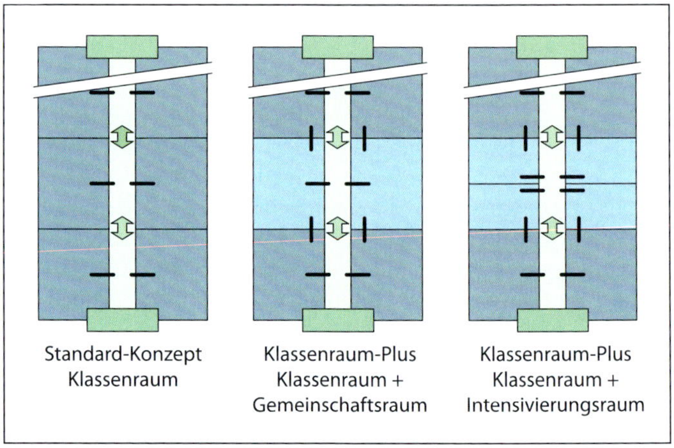

Abb. 2.21: Grundrissvarianten Klassenraum-Plus ohne Änderung des Rettungswegekonzeptes

Abb. 2.22: Erschließung additiver Klassenräume über Flur mit Schränken und Holzvertäfelungen in denkmalgeschützter Schule

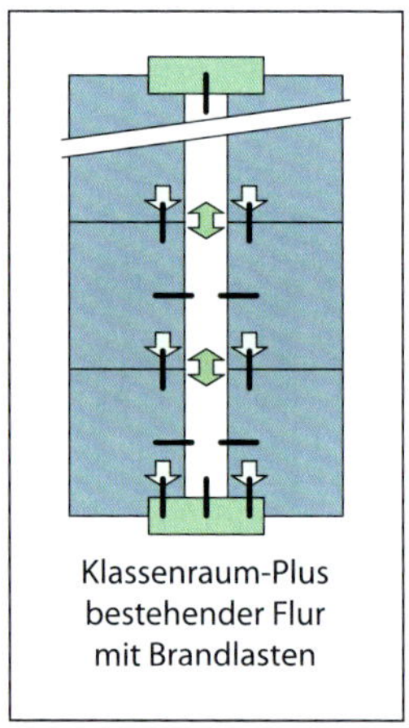

Abb. 2.23: Verbesserung des Rettungswegsystems bei additiven Klassenräumen

Fluren findet keine Aneignung der öffentlichen Bereiche statt. Die Erschließungsflächen haben keinen Aufenthaltscharakter und können nicht sinnvoll genutzt werden. Ein Beispiel aus München zeigt Abb. 2.20.

Zur Verbesserung der Rettungswegsituation im Bestand können Verbindungstüren zwischen Klassenzimmern nach dem „Klassenraum-Plus"-Prinzip auch als „Bypass" herangezogen werden. Varianten hierzu zeigt Abb. 2.21. Das ist zum Beispiel der Fall, wenn in den Fluren Brandlasten vorhanden sind, welche zum Zeitpunkt der Baugenehmigung zulässig waren, da notwendige Flure noch nicht definiert waren (siehe Abb. 2.22).

Die Maßnahme „Verbindungstüren" oder „Schaffung von Bypass-Türen" ist aus brandschutztechnischer Sicht verfahrensfrei, wenn Bestandschutz geltend gemacht werden kann (siehe Abb. 2.23).

Übergangszone (halböffentlich) zwischen Aufenthalt (personalisiert) und Erschließung (öffentlich)

Häufig führen Garderoben als Übergangszone von den Fluren in die Klassenräume. Die Übergangszone hebt die strenge optische Trennung von Aufenthalt und Erschließung auf. Auch dieser Anordnung liegt ein additiver Grundriss zugrunde. Die Flure haben weiterhin keinen Aufenthaltscharakter. Der Garderobenbereich bietet jedoch einen geschützten Bereich, der einerseits von der Klasse angeeignet wird und andererseits auch die Klasse nach außen hin öffnet. Im Bestand ist die in Abb. 2.24 dargestellte Anordnung mit Garderoben in Grundschulbauten ab 1930 häufiger vorzufinden. Die Erschließung erfolgt über einen notwendigen Flur. Das Beispiel in Abb. 2.25 zeigt, wie die Sicherstellung der Rettungswege im Schulalltag funktionieren kann.

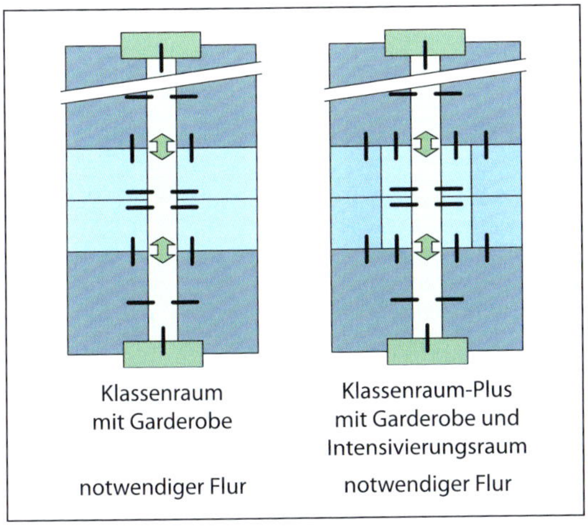

Abb. 2.24: Grundrissvarianten Klassenraum-Plus mit Übergangszone

Abb. 2.25: Erschließung additiver Klassenräume mit Übergangszone Grundschule St. Konrad in Haar bei München; Architekt: M.K. Dezsoe, Glonn

Abb. 2.26: Zugang zum Klassenraum über Garderobe – Blickbeziehung zum Intensivierungsraum, Grundschule St. Konrad in Haar bei München; Architekt M.K. Dezsoe, Glonn

Im Zuge von Sanierungsmaßnahmen sollte auf die Rettungswegsituation für die Intensivierungsräume geachtet werden. Die Abb. 2.27 zeigt hierfür Optionen auf.

Die aufgezeigten Maßnahmen für Sichtverbindungen und Verbindungstüren sind aus brandschutztechnischer Sicht verfahrensfrei möglich, wenn Bestandsschutz geltend gemacht werden kann.

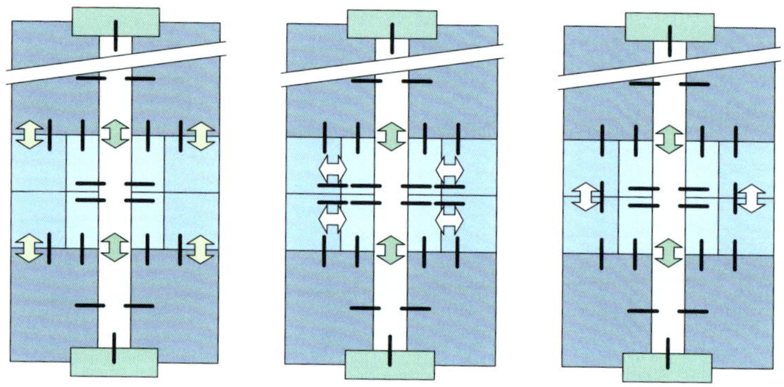

Abb. 2.27: Verbessertes Rettungswegkonzept für Klassenraum-Plus mit Übergangszone

Abb. 2.28: Grundrissanordnung additiver Klassenräume mit Übergangszone Grundschule Oberpframmern, Landkreis Ebersberg

Bei dem in Abb. 2.28 gezeigten Beispiel verfügen die Klassenräume über einen Ausgang über den Garderobenraum in den Flur und einen weiteren unmittelbar in den Flur. Der ansonsten annähernd brandlastfreie Flur wurde mit zusätzlichen Rauchschutztüren unterteilt, sodass die Rettungswege künftig in 2 verschiedene Rauchabschnitte führen. Diese Ertüchtigungsmaßnahmen sind im Regelfall verfahrensfrei möglich (siehe Abb. 2.29) und dann sinnvoll, wenn Tür- und Wandqualitäten nicht mehr den heutigen Anforderungen entsprechen.

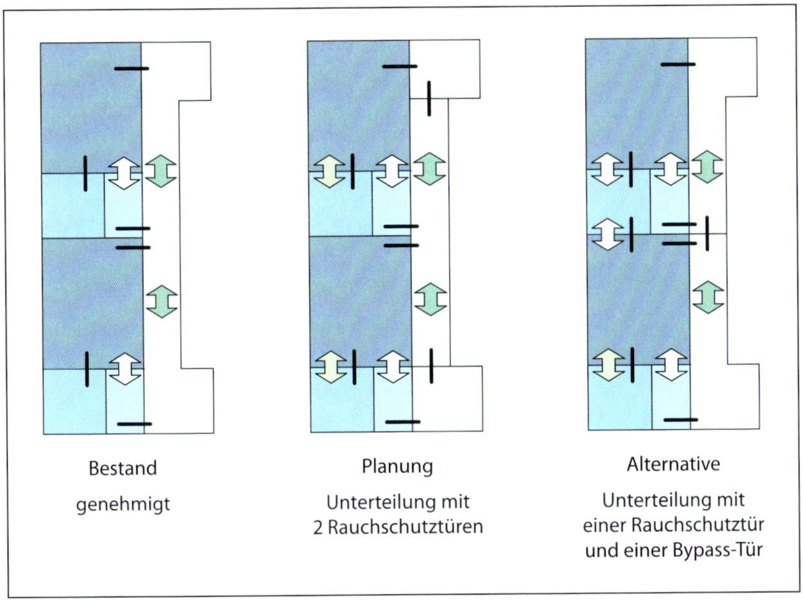

Abb. 2.29: Verbessertes Rettungswegekonzept – meist verfahrensfrei

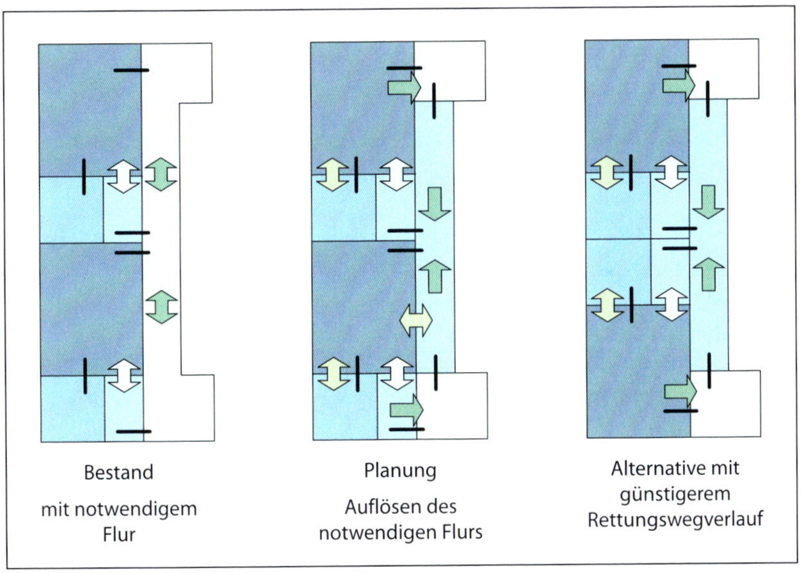

Abb. 2.30: Geändertes Rettungswegekonzept – meist genehmigungspflichtig

Als eine Alternative zu Abb. 2.29 könnte ein Teilbereich des Flures als Aufenthaltsbereich von den angrenzenden Klassen genutzt werden, wie Abb. 2.30 zeigt. Dies stellt einen Eingriff in das bestehende Brandschutzkonzept und eine genehmigungspflichtige Änderung des Rettungswegkonzeptes dar.

In neuen Schulgebäuden ist die Anordnung von Garderoben in separaten Räumen vom Schulkonzept abhängig – nur wenn die Schüler ihr festes Klassenzimmer haben und die Lehrer zu ihnen kommen, werden die Garderoben

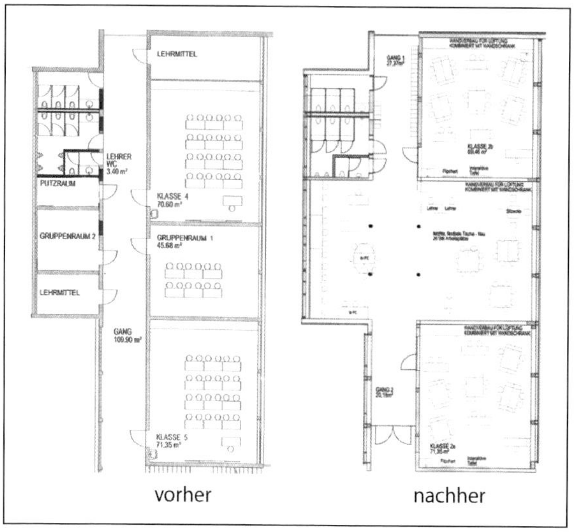

Abb. 2.31: Genehmigungspflichtige Änderung des Rettungswegverlaufes und Nutzungsänderung von Gang und Nebenräumen in Schülerarbeitsplätzen; Architekt: Jürgen Hagspiel, Lingenau, Österreich (Quelle: Seidel, 2014, S. 18)

tatsächlich genutzt. Die Garderobenräume können mit abschließbaren Türen zum Flur diebstahl- und vandalismussicher ausgeführt werden. Die Begehbarkeit des Rettungsweges muss dabei erhalten bleiben. Aufgrund des häufigeren Klassenraumwechsels der Schüler ab der Mittelstufe ist die Anordnung von Garderobenräumen in weiterführenden Schulen eher selten anzutreffen.

Der Verzicht auf den notwendigen Flur ist im Regelfall mit der Erstellung eines neuen Brandschutznachweises im Rahmen eines Baugenehmigungsverfahrens verbunden. Dies zeigt auch das Beispiel der Mittelschule Alberschwende in Österreich in Abb. 2.31.

Die Beispiele zeigen die schrittweise Auflösung des notwendigen Flures zugunsten eines Erschließungsbereichs mit Aufenthaltsqualität. Der Übergang vom additiven System zum integrierenden System kann fließend sein.

2.3.2 Integrierendes System

Zur Förderung der Gemeinschaft einer Jahrgangsstufe oder eines Klassenverbands, sollen in der Schule Lernbereiche ausgebildet werden, die als Lerncluster, Lernlandschaften oder Lernhaus für sich voll funktionsfähig sind. Die dazugehörigen Erschließungsbereiche stehen nur einem definierten Nutzerkreis zur Verfügung. Die Erschließung kann als offen gestaltete Raumabfolge, als integrierendes System geführt werden. Ein öffentlicher notwendiger Flur ist nicht mehr erforderlich. Die Erschließungszonen erhalten durch den privaten Charakter eine höhere Aufenthaltsqualität und können dadurch differenziert genutzt werden.

Das Raumprogramm wird ergänzt, um z. B. auch den räumlichen Ansprüchen der Ganztagsschule gerecht zu werden. Um dem Inklusionsgedanken Rechnung zu tragen, werden Rückzugsräume für Menschen mit unterschiedlichsten Behinderungen und sonderpädagogischem Förderbedarf in unmittelbarer Anbindung zur Klassengemeinschaft geplant. Häufig werden auch Teamräume für Lehrer und Betreuer angeordnet.

Die Lernbereiche sind weitgehend autark von öffentlichen Bereichen (wie z. B. Kantine, Bibliothek) und verfügen meist auch über eigene Sanitärräume.

Lerncluster: Integration von Aufenthalt (personalisiert) und Erschließung (halböffentlich)

Klassenräume sollen als Multifunktionsräume variabel nutzbar sein. Hierfür eignen sich neutrale Grundrisse. Kleingruppen in Nebenräumen müssen zeitgleich von den Lehrern beaufsichtigt werden können. Wände sollen deshalb sehr häufig max. transparent gestaltet werden, wie in Abb. 2.32 dargestellt.

Die Erschließung erfolgt meist über eine zentrale Mitte, welche als Gemeinschaftsraum für Präsentationen und Projektarbeit einen halböffentlichen Charakter hat und in dem sich deshalb stets Brandlasten befinden. Durch die Integration der Erschließungsflächen kann der Flächenverbrauch gering gehalten werden (siehe Abb. 2.33).

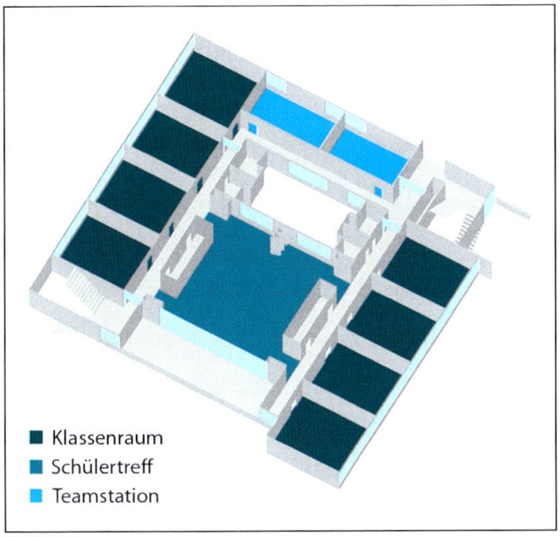

Abb. 2.32: Grundrissanordnung eines Lernclusters (Quelle: Leitlinien für leistungsfähige Schulbauten in Deutschland, 2013, S. 24)

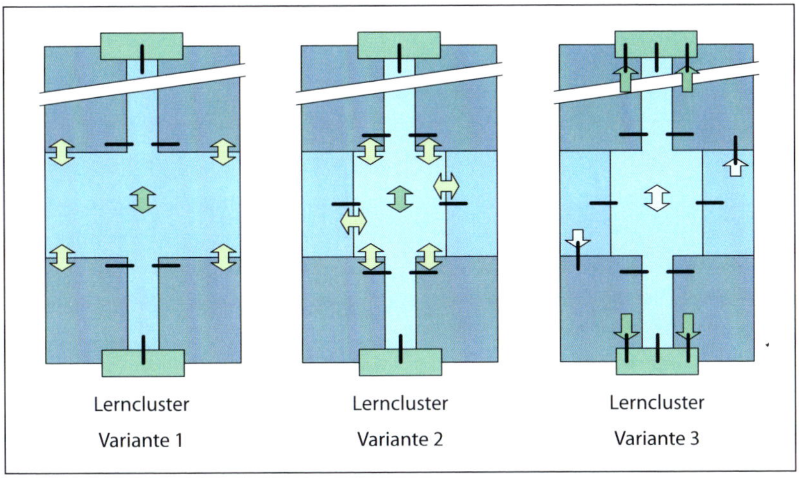

Abb. 2.33: Typische Grundrissvarianten für Lerncluster mit integrierter Erschließung

Abb. 2.34: Erschließung eines Lernclusters über die zentrale Mitte; Entwurf: v-architekten GmbH, Köln (Foto: Tankred Winter, München)

Die Ausführung entspricht den als Kombibüro bekannten Grundrissen in Büro- und Verwaltungsgebäuden. Innerhalb des Lernbereichs werden keine notwendigen Flure ausgebildet. Die Idee ähnelt dem Spielflurkonzept von Kinderkrippen und Kindergärten deutlich und kann auch hinsichtlich der Rettungswegführung ähnlich konzipiert werden (siehe Abb. 2.34).

Lernhauskonzept

Das Münchner Lernhauskonzept baut auf dem Prinzip der Lerncluster auf. Jeder Cluster kann dabei wie eine kleine eigenständige Schule funktionieren (vgl. Seidel, 2014). Eine Aufteilung der Jahrgangsstufen auf einzelne Lernhäuser ist ebenso möglich (siehe Abb. 2.35 und 2.36).

Abb. 2.35: Lernhäuser, Grundschule mit Tagesheim an der Helmholtzstraße, München; Entwurf: Hess/Talhoff/Kusmierz Architekten und Stadtplaner, München

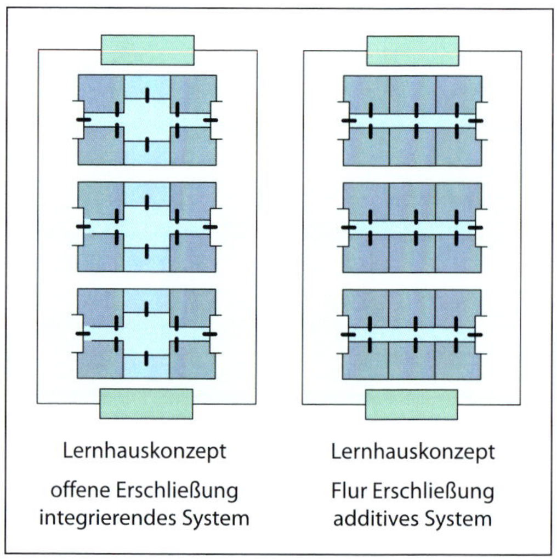

Abb. 2.36: Grundrissvarianten für Lernhäuser

Lernlandschaft: Kombination von Aufenthalt (halbprivat) und Erschließung (halböffentlich)

Dieses Konzept orientiert sich an Übungssälen von Hochschulen (siehe Abb. 2.37). Auf die Gliederung von Unterrichtsräumen und Lernbereichen in Klassenräume wird verzichtet. In einem großen Aufenthaltsraum sind verschiedene Zonen und Bereiche ausgebildet, welche Schüler und Lehrer flexibel nutzen können und die den unterschiedlichen Bedürfnissen im Schulalltag gerecht werden (siehe Abb. 2.38). Es gibt auch Varianten, bei denen jeder Schüler einen festen Arbeitsplatz in einer Zone hat, ähnlich wie in einem Großraumbüro.

Innerhalb des (auch Lernatelier genannten) Aufenthaltsraumes können auch Funktionsräume eingestellt werden, wie Variante 3 in Abb. 2.38 zeigt.

Die Ausführung von Lernlandschaften ähnelt den als Großraumbüro bekannten Grundrissen in Büro- und Verwaltungsgebäuden. Innerhalb der Lernlandschaften werden keine notwendigen Flure ausgebildet.

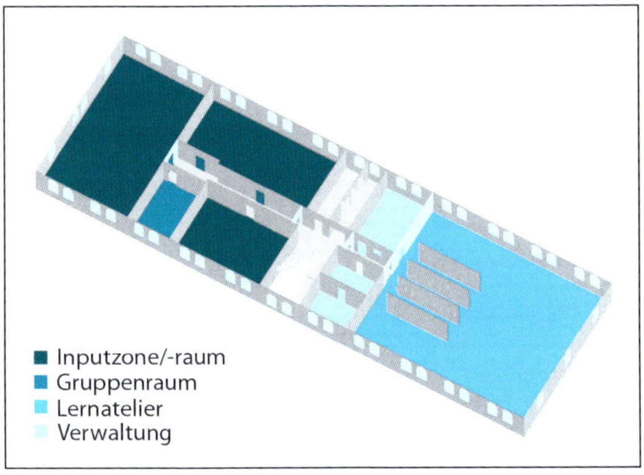

Abb. 2.37: Grundrissanordnung einer Lernlandschaft (Quelle: Leitlinien für leistungsfähige Schulbauten in Deutschland, 2013, S. 24)

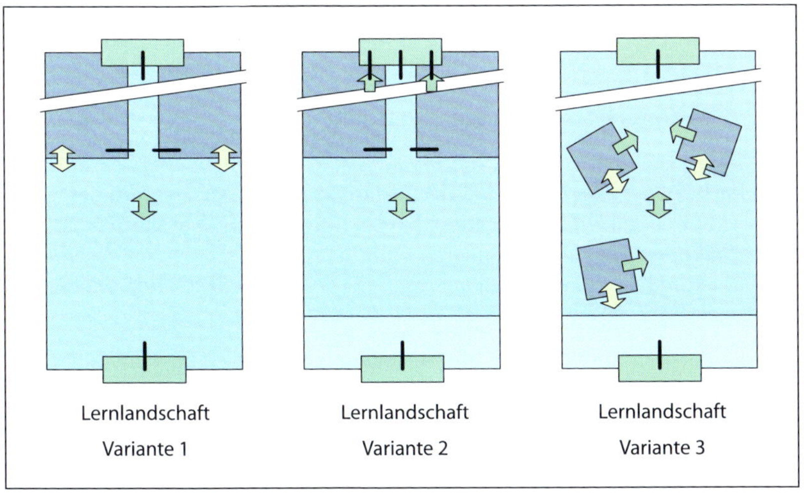

Abb. 2.38: Grundrissvarianten für Lernlandschaften mit offener Erschließung

Abb. 2.39: Halle im Fioretti College in Lisse, Niederlande; Entwurf: Broekbakema Architecten, Rotterdam (Quelle: Eberhard Waible, Köln)

Öffentliche Bereiche

Verbindungen von Unterrichtsbereichen zu Fachbereichen, aber auch zu den gemeinschaftlich genutzten Einrichtungen der Schule, wie z. B. Bibliothek, Mensa, Sporthalle oder Mehrzwecksaal, sollen nicht mehr nur als Bewegungsflächen, sondern vor allem als Begegnungsflächen dienen.

Diese Erschließungsflächen müssen daher eine besonders hohe Aufenthaltsqualität haben sowie flexibel und vielfältig nutzbar sein: z. B. als Pausenhalle, aber auch als Aula; als offener Treffpunkt für die Schüler, aber auch als Rückzugsort im Ganztagsbetrieb (siehe Abb. 2.39).

Im Sinne der Inklusion können hier übergeordnete Räume für Menschen mit unterschiedlichsten Bedürfnissen oder mit speziellem Förderbedarf zentral angeordnet werden.

2.4 Herausforderungen an den Brandschutz

„*Die klaren Grenzen zwischen Intimität des Klassenzimmers und der lauten Öffentlichkeit des Korridors haben sich relativiert – aus der Trennlinie ist eine Schwellenzone geworden, die man sich offen und modulierbar wünscht. Statt einer traditionellen, klar erkennbaren Raumhierarchie gibt es veränderbare Lernlandschaften als überschaubare Cluster von geschlossenen und offenen Räumen*" (Kurz, 2015, S. 9).

Auf diese neuen räumlichen Anforderungen muss der Brandschutzplaner mit entsprechenden Maßnahmen reagieren. Dabei ist der Brandschutz für den Nutzer im Alltag – anders als Raumakustik, Belichtung und Belüftung – nachrangig.

Aufgrund energieeinsparender Bauweise sind die Gebäudeabmessungen größer und gleichzeitig kompakter, in diesem Punkt haben Schulgebäude durchaus Ähnlichkeiten mit Bürogebäuden. Zudem ist eine in Schulen bisher nicht bekannte Flexibilität bei der Nutzung von Räumen zu berücksichtigen und mit schwankenden Nutzerzahlen sowie einem geänderten Nutzerverhalten zu rechnen.

Oft sind in den Entwürfen bereits viele Treppen und Flure angeordnet. Diese liegen jedoch ungünstig verteilt oder können nicht als baulich voneinander unabhängige Rettungswege herangezogen werden. Hier kann der Flächenverbrauch durch eine gute Brandschutzplanung optimiert werden.

Die beiden größten Herausforderungen für die Brandschutzplanung, die sich aus den räumlichen Anforderungen ergeben, sind die Nutzung der Rettungswege als Aufenthaltsbereiche und die daraus resultierende Abweichung von den gängigen Rettungswegkonzepten sowie die Auflösung der parzellierten, kleinteiligen Struktur.

Dies gilt natürlich auch, wenn im Zuge von Sanierungsmaßnahmen von bestehenden Korridorschulen aktuelle Erkenntnisse aus der Pädagogik und damit verbundene räumliche Konzepte in die Planung mit aufgenommen werden. Durch die Umplanung mit teilweise offenen Grundrissen sowie der sich daraus ergebenden neuen Rettungswegführung müssen diese Gebäude fast immer brandschutztechnisch neu beurteilt werden. Für bestimmte Anforderungen kann im Rahmen einer näheren Betrachtung Bestandschutz geprüft und ggf. geltend gemacht werden, z. B. für die Konstruktion.

Im denkmalgeschützten Bestand kommen bestimmte bauliche Maßnahmen, wie z. B. Laubengänge und Außentreppen, meist nicht in Frage. Auch die Herstellung von Sichtverbindungen ist oft nur schwer umsetzbar.

Gegenüber einem notwendigen Flur, der an seinen Enden an Treppenräume anschließt, ist den neuen Rettungswegverläufen eine besondere Aufmerksamkeit zu schenken. Die Grundrisse in diesem Kapitel zeigen die Vielfalt und die damit verbundenen neuen Herausforderungen für den Brandschutzplaner auf.

Schulen sind Sonderbauten – das oberste Ziel des Brandschutzplaners muss die Personensicherheit sein. Da es sich bei den Nutzern überwiegend um schulpflichtige Kinder handelt, besteht eine besondere Fürsorgepflicht. Deshalb ist es notwendig, die Risiken in Schulen hinsichtlich des Brandschutzes zu überprüfen, abzuwägen und ggf. anzupassen. Der Brandschutzplaner muss überlegen: Welche Erfahrungen können noch eingebracht werden? Welche Vergleiche kann man zur Beurteilung ziehen?

Es stellt sich nicht nur die Frage, welche baurechtlichen Grundlagen anzuwenden sind, sondern auch ob die Regelungen der bestehenden Muster-Schulbau-Richtlinie (MSchulbauR) noch ausreichen. Die neu entstandenen räumlichen Konzepte entsprechen nicht mehr den zugrunde gelegten Rahmenbedingungen.

3 Baurechtliche Grundlagen

Bei der Planung von Bildungseinrichtungen ist heute eine Vielzahl von gesetzlichen Grundlagen zu beachten und anzuwenden. Für die Konzeption des Brandschutznachweises als erforderliche Bauvorlage und Bestandteil des Bauantrags ist allein das Baurecht heranzuziehen. Eine wichtige Schnittstelle, die im Baurecht verankert ist, ist die Barrierefreiheit, welche im Brandschutznachweis hinsichtlich der Alarmierung und Evakuierung berücksichtigt werden muss.

Es ergeben sich für den Brandschutzplaner aber zwangsläufig auch Schnittstellen zu anderen Rechtsgebieten, welche z. B. den Arbeitsschutz und den Unfallschutz betreffen und deren Anforderungen durch den Bauherrn und Betreiber festzulegen sind, um dann in enger Abstimmung durch den Entwurfsverfasser berücksichtigt zu werden.

Da es durch Vorgaben aus den Bereichen Barrierefreiheit, Arbeitsschutz und Unfallschutz zu gravierenden Einflüssen auf die Entwurfsplanung und die daran anschließende Eingabeplanung kommen kann, sind die Schnittstellen zu definieren und in den Planungsprozess zu integrieren.

Der Brandschutzplaner sollte sich hier klar positionieren und seinen Auftragsumfang deutlich machen. So können zusätzliche Leistungen vertraglich vereinbart werden, die über die rein baurechtlichen Anforderungen hinausgehen.

3.1 Musterbauordnung und Landesbauordnungen

Baurechtliche Grundlage für die Planung von Bildungseinrichtungen ist zunächst die jeweils geltende Landesbauordnung, LBO. Die brandschutztechnischen Betrachtungen in diesem Buch basieren auf der Musterbauordnung, MBO, zuletzt geändert durch den Beschluss der Bauministerkonferenz vom 22.02.2019. Bildungseinrichtungen fallen in den Anwendungsbereich nach § 1 der MBO. Die entsprechenden Begriffsdefinitionen des § 2 MBO sind anzuwenden.

3.1.1 Einstufung in die Gebäudeklasse

Bildungseinrichtungen sind Gebäude im Sinne des § 2 Abs. 2 MBO. Demzufolge werden sie einer Gebäudeklasse zugeordnet. Da die Einstufung in die Gebäudeklasse unmittelbare Auswirkungen auf die brandschutztechnischen Anforderungen der Bauteile – vom Tragverhalten bis hin zur Ausbildung der Treppenräume – hat, ist die richtige Zuordnung frühzeitig zu bestimmen.

Für die Gebäudeklasse sind die Gebäudehöhe, die Anzahl der Nutzungseinheiten und die Größe der Flächen der Nutzungseinheiten maßgeblich.

Gebäudehöhe

Die Festlegung der Gebäudehöhe erfolgt nach der Definition des § 2 Abs. 3 Satz 2 MBO:

„Höhe im Sinne des Satzes 1 ist das Maß der Fußbodenoberkante des höchstgelegenen Geschosses, in dem ein Aufenthaltsraum möglich ist, über der Geländeoberfläche im Mittel".

Die Festlegung der Gebäudehöhe erfolgt in der Regel durch den Entwurfsverfasser.

Nutzungseinheit

Der Begriff der Nutzungseinheit wird in der MBO nicht näher definiert. Einen Anhaltspunkt für die Definition der Nutzungseinheit bietet in Bayern die Rubrik „Fragen und Antworten zum Bauordnungsrecht" des Bayerischen Staatsministeriums für Wohnen, Bau und Verkehr:

„Der Begriff ‚Nutzungseinheit' ist im Gesetz nicht abschließend definiert. Aus der beispielhaften Aufzählung in Art. 31 Abs. 1 BayBO – ‚Nutzungseinheiten mit mindestens einem Aufenthaltsraum wie Wohnungen, Praxen, selbstständige Betriebsstätten' – lässt sich jedoch ableiten, dass damit eine baulich abgegrenzte Folge von Räumen gemeint ist, die eine betrieblich/organisatorisch selbstständige Einheit bildet. Brandschutztechnisch getrennte Abschnitte innerhalb dieser Einheit bilden keine eigenen ‚Nutzungseinheiten', sondern stellen – im Sinne der Regelung in Art. 34 Abs. 1 Satz 2 Nr. 4 Halbsatz 2 BayBO – lediglich ‚Teile einer (größeren) Nutzungseinheit' dar" (Fragen und Antworten zum Bauordnungsrecht, Punkt 1.2).

Für Schulgebäude und andere Bildungseinrichtungen bedeutet dies, dass eine Schule zunächst als eine Nutzungseinheit zu betrachten ist. Zur Nutzungseinheit gehören alle für die spezifische Nutzung erforderlichen Räumlichkeiten. Diese Ansicht bestätigt für Bayern die Rubrik „Fragen und Antworten zum Bauordnungsrecht" des Bayerischen Staatsministeriums für Wohnen, Bau und Verkehr, zu der Frage, ob Klassenzimmer in Schulen jeweils als Nutzungseinheit zu betrachten sind:

„Nein. Das Schulgebäude mit den Klassenzimmern ist eine Nutzungseinheit. Hat die Schule mehrere Gebäude, ist jedes Gebäude eine Nutzungseinheit" (Fragen und Antworten zum Bauordnungsrecht, Punkt 1.2).

Eine Unterteilung innerhalb eines Schulgebäudes durch den Brandschutzfachplaner in kleinere brandschutztechnisch abgetrennte Bereiche hat also keinen Einfluss auf die Anzahl der Nutzungseinheiten und ebenso wenig auf die Einstufung in die Gebäudeklasse.

Flächen

Die Berechnung der Grundfläche der Nutzungseinheit erfolgt auf Basis der DIN 277-1. Dabei ist darauf zu achten, dass nach § 2 Abs. 3 Satz 3 MBO bei der Berechnung der Flächen zur Einstufung in die Gebäudeklasse die Flächen von Kellergeschossen nicht einbezogen werden:

„Die Grundflächen der Nutzungseinheiten im Sinne dieses Gesetzes sind die Brutto-Grundflächen; bei der Berechnung der Brutto-Grundflächen nach Satz 1 bleiben Flächen in Kellergeschossen außer Betracht".

Die Berechnung der Flächen erfolgt in der Regel durch den Entwurfsverfasser. Dabei muss dieser zunächst ermitteln, ob die Geschosse oberirdische Geschosse oder Kellergeschosse sind. Hierfür ist § 2 Abs. 6 Satz 1 MBO zu beachten:

„Geschosse sind oberirdische Geschosse, wenn ihre Deckenoberkanten im Mittel mehr als 1,40 m über die Geländeoberfläche hinausragen; im Übrigen sind sie Kellergeschosse".

Da der Brandschutzplaner bei vielen Anforderungen und Argumentationen auf die richtige Festlegung der Gebäudeklasse angewiesen ist, sollte ihm auch die Bestimmung der Gebäudehöhe und die Ermittlung der Brutto-Grundfläche (BGF) nachvollziehbar vorgelegt werden. Eine schematische Übersicht zeigt Tabelle 3.1.

Tabelle 3.1: Übersicht der Gebäudeklassen und deren Häufigkeit bei Schulgebäuden (in Anlehnung an Battran; Mayr, 2020, Kapitel 5.1, S. 5)

GKL 1	Freistehende Gebäude mit einer Höhe* bis zu 7 m und nicht mehr als 2 Nutzungseinheiten von insgesamt nicht mehr als 400 m²**	gelegentlich	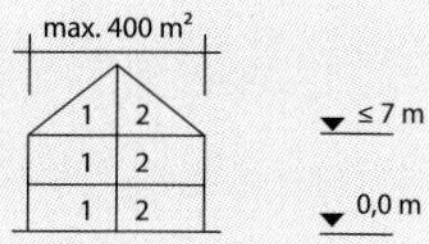
GKL 2	Gebäude mit einer Höhe* bis zu 7 m und nicht mehr als 2 Nutzungseinheiten von insgesamt nicht mehr als 400 m²**	selten	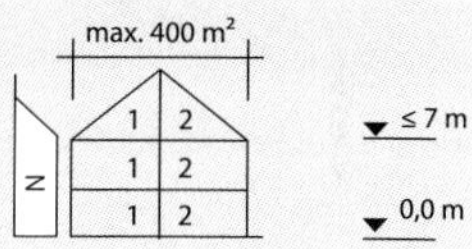
GKL 3	sonstige Gebäude mit einer Höhe* bis zu 7 m	häufig	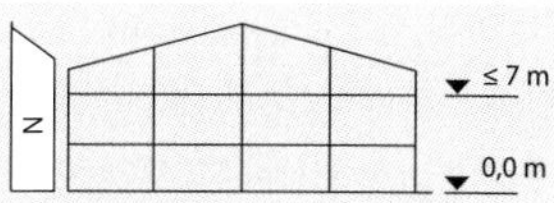
GKL 4	Gebäude mit einer Höhe* bis zu 13 m und Nutzungseinheiten mit jeweils nicht mehr als 400 m²**	selten	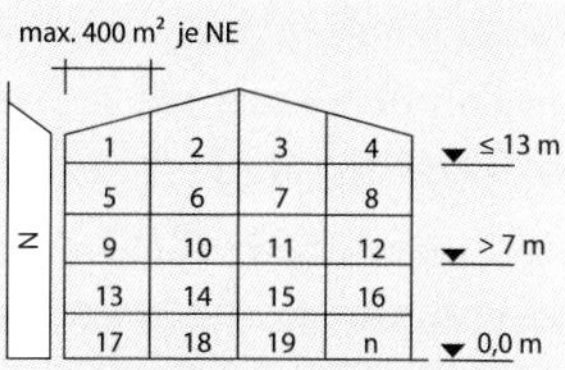
GKL 5	sonstige Gebäude einschließlich unterirdischer Gebäude	häufig	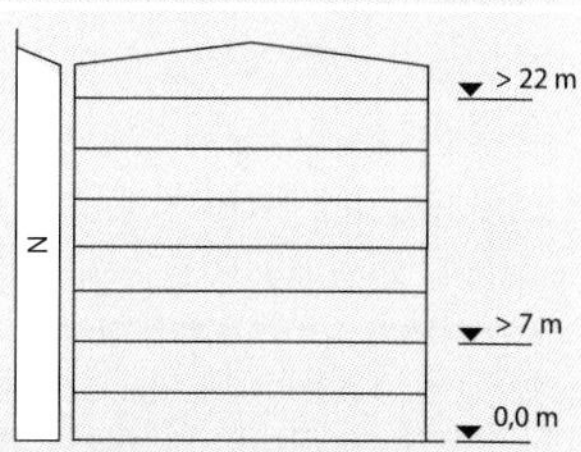

* Höhe ist das Maß der Fußbodenoberkante des höchstgelegenen Geschosses, in dem ein Aufenthaltsraum möglich ist, über der Geländeoberfläche im Mittel.

** Die Grundflächen der Nutzungseinheiten im Sinne dieses Gesetzes sind die Brutto-Grundflächen; bei der Berechnung der Brutto-Grundflächen bleiben Flächen im Kellergeschoss außer Betracht.

Abb. 3.1: Gebäudeklasse 1 – Naturnahes Klassenzimmer, Oberkreith bei Roding; Entwurf: Architekturbüro Quadrat45° brunner/mueller GbR, Roding (Foto: Florian Brunner, Roding)

Abb. 3.2: Gebäudeklasse 3 – Grundschule Oberpframmern, Landkreis Ebersberg

Durch die Definition des Begriffs der Nutzungseinheit können Schulen bei einer Höhe bis zu 7 m Oberkante Fertigfußboden (OKFFB) über Gelände im Mittel und bis 400 m² Brutto-Grundfläche in die Gebäudeklasse 1 und 2 fallen. Dies kann z. B. bei kleinen Pavillongebäuden oder auch bei der Auslagerung von Klassen in kleinere Schulcontainer der Fall sein (siehe Abb. 3.1).

Ab einer Fläche über 400 m² müssen Schulen mit einer Höhe bis zu 7 m OKFFB über Gelände im Mittel in die Gebäudeklasse 3 eingestuft werden (siehe Abb. 3.2).

Die Einstufung in die Gebäudeklasse 4, also einer Höhe von 7 m bis 13 m OKFFB über Gelände im Mittel bei einer Brutto-Grundfläche bis 400 m², ist möglich, scheint jedoch in Bezug auf die räumliche Verteilung sehr unwahrscheinlich. Allerdings werden gerade bei Schulneugründungen oft Büroeinheiten als Interimsunterbringungen einzelner Klassen angemietet.

Aufgrund der großen Geschosshöhen, die sich aus den Nutzungen ergeben können, ist die Höhe von 7 m OKFFB über Gelände im Mittel oftmals schon bei vermeintlich niedrigen Schulen überschritten (siehe Abb. 3.3). Der Regelfall für Gebäude mit der Höhe über 7 m OKFFB über Gelände im Mittel wird also die Einstufung in die Gebäudeklasse 5 sein (siehe Abb. 3.4).

Abb. 3.3: Gebäudeklasse 5 – Grundschule in der St.-Konrad-Straße in Haar bei München; Architekt: M.K. Dezsoe, Glonn

Abb. 3.4: Gebäudeklasse 5 – Städtische Grundschule Berg am Laim, München

Hinweis

Die Festlegung der Gebäudeklasse wird in der MBO bzw. den Landesbauordnungen definiert. Eine solche Festlegung ist daher unumstößlich. Die Abweichung von Definitionen ist weder möglich noch zulässig. Abweichungsanträge können nur von den materiellen Anforderungen, die sich aus der Gebäudeklasse ergeben, gestellt werden!

3.1.2 Einstufung als Sonderbau

Sonderbauten sind Gebäude, aber auch einzelne Räume, welche aufgrund einer besonderen Bauart oder Nutzung einen in § 2 Abs. 4 MBO definierten Tatbestand erfüllen. Entsprechend § 2 Abs. 4 Ziffer 13 MBO sind Bildungseinrichtungen Sonderbauten:

„Sonderbauten sind Anlagen und Räume besonderer Art oder Nutzung, die einen der nachfolgenden Tatbestände erfüllen: (…)

13. Schulen, Hochschulen und ähnliche Einrichtungen“.

Zu Beginn der Konzeption des Brandschutznachweises ist festzustellen, ob weitere Sonderbautatbestände in der Einrichtung vorliegen, welche in § 2 Abs. 4 MBO aufgeführt und von Relevanz sind. Hierfür sind die genauen Nutzerwünsche des Bauherrn abzufragen, die Gebäude- und Raumgrößen zu klären und die Nutzungen mit erwartbaren Personenzahlen zu hinterlegen.

Hinsichtlich der Art des Gebäudes ist bei Schulgebäuden meist noch § 2 Abs. 4 Ziffer 3 MBO relevant:

„Gebäude mit mehr als 1 600 m² Grundfläche des Geschosses mit der größten Ausdehnung, ausgenommen Wohngebäude und Garagen“.

Hinsichtlich der Nutzung des Gebäudes bzw. einzelner Räume können zudem weitere Ziffern des § 2 Abs. 4 MBO relevant werden:

„6. Gebäude mit Räumen, die einzeln für die Nutzung durch mehr als 100 Personen bestimmt sind,

7. Versammlungsstätten

a) mit Versammlungsräumen, die insgesamt mehr als 200 Besucher fassen, wenn diese Versammlungsräume gemeinsame Rettungswege haben [....]

8. Schank- und Speisegaststätten mit mehr als 40 Gastplätzen in Gebäuden [...]“.

Es ist sinnvoll, die Überprüfung der Sonderbautatbestände dem Bauherrn gegenüber zu dokumentieren, weil z. B. Änderungen hinsichtlich der Personenzahlen einen erheblichen Einfluss auf die Rettungswegbreiten haben können. Versammlungsräume benötigen andere Lüftungs- und Rauchableitungskonzepte und Bereiche, welche durch externe Besucher genutzt werden können, erfordern unter Umständen eine von der Schule separate Rettungswegführung.

Alle Festlegungen sollten rechtzeitig mit der Unteren Bauaufsichtsbehörde oder mit dem Prüfsachverständigen für Brandschutz abgestimmt werden. Da die Belange der Feuerwehr nicht vernachlässigt werden dürfen, ist auch hier der Kontakt zu Brandschutzdienststelle frühzeitig herzustellen.

Hinweis

Ein Brandschutzplaner sollte die Nutzerwünsche und Nutzerzahlen des Bauherrn erfragen! Heute wird eine Vielzahl von Einrichtungen als Schule bezeichnet, welche baurechtlich nicht als Schule gelten und daher im Regelfall keine Sonderbauten sind. Darauf machen auch die Erläuterungen zur MSchulbauR aufmerksam. Der Geltungsbereich der MSchulbauR über bauaufsichtliche Anforderungen an Schulen von 2009 erfasst nicht *„Musik-, Tanz-, oder Fahrschulen oder vergleichbare Bildungseinrichtungen“*

Die in den Erläuterungen genannten Beispiele sind auch keine Schulen, Hochschulen oder ähnliche Einrichtungen nach § 2 Abs. 4 Ziffer 13 MBO, da weder die Personenzahlen noch die Belegungsdichte vergleichbar mit der von Schulen und Hochschulen sind.

Für derartige Einrichtungen ist aber im Einzelfall zu prüfen, ob möglicherweise ein anderes Sonderbaukriterium erfüllt ist oder ob die brandschutztechnischen Anforderungen bereits durch die Regelungen der jeweiligen Landesbauordnungen abgedeckt werden.

3.2 Weitergehende Verordnungen und Richtlinien

Unabhängig vom Gebäudetypus gibt es Verordnungen und Richtlinien, die im Baurecht verankert sind und regelmäßig, bezogen auf den Anwendungsfall, überprüft werden müssen. Im Folgenden sollen zunächst die wesentlichen den Brandschutz betreffenden Regelungen kurz erläutert werden.

3.2.1 Verordnungen

Alle Bundesländer haben in ihren jeweiligen Landesbauordnungen die Möglichkeit, Rechtsverordnungen für Sonderbauten zu erlassen, welche dann verbindlich anzuwenden sind. Hierfür sind die jeweils für das Bauordnungsrecht zuständigen Ministerien der Bundesländer ermächtigt, Vorschriften zu erlassen, um die „allgemeinen Anforderungen“ des § 3 Abs. 1 MBO umzusetzen. Diese Ermächtigung ist in § 85 MBO geregelt.

Verordnungen für einen bestimmten Gebäudetyp

Diese Verordnungen beinhalten konkrete Anforderungen an Gebäudetypen mit einer speziellen Nutzung, vom Hotel bis hin zum Einkaufszentrum. Hierzu gehören z. B. die Verordnung über den Bau und Betrieb von Beherbergungsstätten und die Verordnung über den Bau und Betrieb von Verkaufsstätten.

Laut § 85 Abs. 1 Nr. 4 MBO ist es der obersten Bauaufsichtsbehörde gestattet, durch Rechtsverordnung Vorschriften zu erlassen über *„besondere Anforderungen oder Erleichterungen, die sich aus der besonderen Art oder Nutzung der baulichen Anlagen für Errichtung, Änderung, Unterhalt, Betrieb und Nutzung ergeben (§ 51 MBO), sowie über die Anwendung solcher Anforderungen auf bestehende bauliche Anlagen dieser Art“*.

Eine dieser auch Sonderbauverordnung genannten Regelungen, die auf Gebäude von Bildungseinrichtungen häufig anzuwenden ist, ist die Verordnung über den Bau und Betrieb von Versammlungsstätten, auf die in Kapitel 3.3.1. noch eingegangen wird.

Verordnungen für eine bestimmte Art der Nutzung

Ferner bestehen beispielsweise Verordnungen zu Räumen, welche auf eine bestimmte Art genutzt werden, welche in den unterschiedlichsten Gebäudetypen, vom Wohngebäude bis zur Universität, vorkommen können.

Hierzu gehören die Muster-Feuerungsverordnung, MFeuV, und die Verordnung über den Bau von Betriebsräumen für elektrische Anlagen, EltBauVO. Hier werden regelmäßig Abstimmungen mit den Fachplanern für Heizung und Elektro erforderlich, um die brandschutztechnischen Anforderungen festzulegen.

Da Garagen nicht als Sonderbauten im § 2 Abs. 4 MBO aufgeführt sind, nehmen sie eine Sonderstellung im Baurecht ein. Die Anforderungen an Garagen werden in der Verordnung über den Bau und Betrieb von Garagen sowie über die Zahl der notwendigen Stellplätze geregelt. Eine Garagennutzung kann in die verschiedensten Gebäudetypen integriert werden. Die in der Verordnung enthaltenen Vorgaben sind deshalb von der Nutzung des Gebäudes, für welches die Garage gebaut wird, unabhängig anzuwenden.

Aus Kostengründen wurden bisher eher selten Garagen für Schulen errichtet. Größere Bildungseinrichtungen verfügen häufiger über Tiefgaragen, so etwa, wenn eine Öffnung auch für externe Nutzer vorgesehen ist oder der Stellplatznachweis in dichten Bebauungsgebieten anderweitig nicht möglich ist. Hinsichtlich der Rettungswegführung von Garagen ist darauf zu achten, dass diese vom Schulbetrieb unabhängig erfolgen sollte, um den unterschiedlichen Nutzungszeiten gerecht zu werden.

Auch für diese Rechtsverordnung wird die Ermächtigung in § 85 Abs. 1 MBO geregelt. Da der Anwendungsfall nicht unmittelbar mit dem Bau von Bildungseinrichtungen verknüpft ist, wird auf diese Verordnungen nicht näher eingegangen. Der Brandschutzplaner muss hier einzelfallbezogen reagieren.

Bauvorlagenverordnung – formale Anforderungen an den Bauantrag

Der Inhalt des Brandschutznachweises richtet sich in den meisten Bundesländern nach der Bauvorlagenverordnung, welche sich am Muster einer Verordnung über Bauvorlagen und bauaufsichtliche Anzeigen (Musterbauvorlagenverordnung) – MBauVorlV - Fassung Februar 2007 der IS ARGEBAU orientiert. Für diese Verordnung ist die Ermächtigung über § 85 Abs. 3 MBO geregelt.

Ziel der Bauvorlagenverordnung ist es, Regelungen zu treffen, wie die vorgelegten Unterlagen zu einem Bauantrag nicht nur für die Behörden nachvollziehbar und verständlich prüfbar sind, sondern auch für den Brandschutzplaner.

Der Brandschutzplaner darf vollständige Unterlagen des Entwurfsverfassers erwarten. Neben den Grundrissen sind Schnitte durch das Gebäude nicht nur im Bereich der Treppen, sondern auch durch Lufträume, Lichthöfe und Belichtungsschächte zwingend erforderlich.

Praxistipp

Der Brandschutzplaner muss die vollständigen Bauantragsunterlagen und eine exakte Betriebsbeschreibung erhalten und ggf. nachfordern, da er für die Angaben im Brandschutznachweis haftet.

Da der Brandschutznachweis ein Teil der Bauvorlagen ist, wird in § 11 MBauVorlV der Inhalt des Brandschutznachweises konkretisiert. Die Bauvorlagenverordnung verlangt Angaben, welche standardmäßig für jedes Bauvorhaben gemacht werden müssen (vgl. § 11 Abs. 1 MBauVorlV) und zusätzliche Angaben, welche für Sonderbauten gemacht werden müssen (vgl. §11 Abs. 2 MBauVorlV). Sicherlich sind nicht immer alle Punkte für jede Bildungseinrichtung zwingend relevant.

Welche weitergehenden Angaben im Brandschutznachweis gemacht werden sollten, wird in Kapitel 5.6.2. dargestellt.

3.2.2 Technische Baubestimmungen

Seit dem 1. April 2019 sind in allen Bundesländern die alten Technischen Baubestimmungen außer Kraft gesetzt. An deren Stelle ist die Muster-Verwaltungsvorschrift Technische Baubestimmungen getreten, MVV TB.

Die rechtliche Verankerung findet sich in den hierfür angepassten Landesbauordnungen. In der Musterbauordnung ist hierzu der § 85a Abs. 1 MBO „Technische Baubestimmungen“ aufgenommen worden: „[1]*Die Anforderungen nach § 3 können durch Technische Baubestimmungen konkretisiert werden.* [2]*Die Technischen Baubestimmungen sind zu beachten*“.

Die Technischen Baubestimmungen werden durch das Deutsche Institut für Bautechnik, DIBt, als Muster bekannt gemacht. Sie werden von den für das Bauordnungsrecht zuständigen Ministerien der einzelnen Bundesländer als Verwaltungsvorschrift veröffentlicht:

„[1]*Das Deutsche Institut für Bautechnik macht nach Anhörung der beteiligten Kreise im Einvernehmen mit der obersten Bauaufsichtsbehörde zur Durchführung dieses Gesetzes und der auf Grund dieses Gesetzes erlassenen Rechtsverordnungen die Technischen Baubestimmungen nach Abs. 1 als Verwaltungsvorschrift bekannt.*

[2]*Die nach Satz 1 bekannt gemachte Verwaltungsvorschrift gilt als Verwaltungsvorschrift des Landes*, soweit die oberste Bauaufsichtsbehörde keine abweichende Verwaltungsvorschrift erlässt*“ (§ 85a Abs. 5 MBO).

Die meisten Bundesländer haben die MVV TB vom DIBt unmittelbar übernommen oder unter Berücksichtigung des landesspezifischen Bauordnungsrechts in angepasster Form zum Vollzug bekanntgemacht.

Für den Brandschutzplaner als Nachweisersteller sind bei der Erstellung also die jeweils landespezifisch eingeführten Technischen Baubestimmungen zu beachten. Ob eine Abweichung von ihnen möglich ist, regeln ebenfalls die Landesbauordnungen. Die MBO sieht dies in § 85a Abs. 1 vor:

„*[…]* [3]*Von den in den Technischen Baubestimmungen enthaltenen Planungs-, Bemessungs- und Ausführungsregelungen kann abgewichen werden, wenn mit einer anderen Lösung in gleichem Maße die Anforderungen erfüllt werden und in der Technischen Baubestimmung eine Abweichung nicht ausgeschlossen ist; §§ 16a Abs. 2, 17 Abs. 1 und 67 Abs. 1 bleiben unberührt.*“.

Auf die allgemeingültigen Technischen Regeln, sei es in Form von Richtlinien oder Verordnungen, wird in diesem Buch nicht näher eingegangen, wie z. B. die DIN 18065 „Gebäudetreppen – Begriffe, Messregeln, Hauptmaße“ (2020).

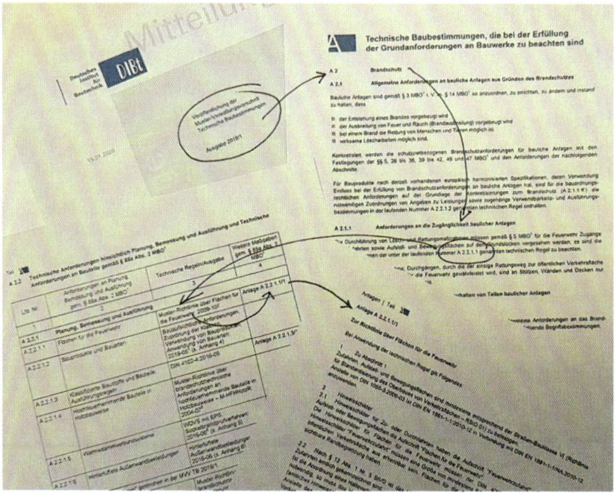

Abb. 3.5: Umgang mit der MVV TB

Allgemeine Regelungen für die Brandschutzplanung

In der MVV TB werden unter A2 Brandschutz, die Regelungen zusammengefasst, welche bei der Erfüllung der Grundanforderungen an Bauwerke zu beachten und in Bezug auf den Brandschutz anzuwenden sind.

Neben den konkretisierenden Anforderungen in Abschnitt A 2.1 stellt die Tabelle A 2.2.1 die Technischen Anforderungen für die Planung, Bemessung und Ausführung sowie Anforderungen an Bauteile zusammen. Die darin aufgelisteten Technischen Regeln sind, je nach Relevanz, für ein Bauvorhaben vollumfänglich anzuwenden. Sie enthalten Vorgaben, die unabhängig von der Nutzung des Gebäudes zu berücksichtigen sind.

Hierzu gehören z. B. die Muster-Richtlinien über Flächen für die Feuerwehr sowie die Regelungen für bauaufsichtlichen Anforderungen, Zuordnung der Klassen, Verwendung von Bauprodukten, Anwendung von Bauarten und auch die Muster-Richtlinie über brandschutztechnische Anforderungen an Leitungsanlagen, MLAR, um nur eine Auswahl zu nennen.

Die Tabelle in A 2.2.1 bietet eine gute Übersicht für den Brandschutzplaner hinsichtlich der technischen Regeln, die bei der Planung generell zu berücksichtigen sind, und verweist auf diverse Anlagen, die außerdem zu beachten sind (siehe Abb. 3.5).

Praxistipp

Der Brandschutzplaner muss vor Planungsbeginn zunächst prüfen, welche Fassung der MVV TB in dem Bundesland eingeführt ist, in dem das Bauvorhaben errichtet werden soll, und welche Anlagen es dazu gibt. Nicht alle Bundesländer haben die MVV TB vollumfänglich übernommen! Auch die Anlagen und Anhänge können sich gegenüber der MVV TB unterscheiden.

Schulbaurichtlinie

In Tabelle A 2.2.2 sind Garagen und die verschiedenen Sonderbauten sowie die dazugehörenden Musterverordnungen für diese Gebäudetypen als Technische Regeln aufgeführt.

Unter Punkt A 2.2.2.5 sind Schulen aufgelistet und als Technische Regel die MSchulbauR. Da die Verwaltungsvorschrift Technische Baubestimmungen in landesspezifischen Fassungen bekannt gemacht wird, ist zu Beginn des Planungsprozesses zu prüfen, welchen bindenden Charakter die MSchulbauR tatsächlich hat, wie folgende Beispiele zeigen.

Hamburg

In Hamburg werden für Schulen im Bauprüfdienst vom Juni 2011 (Bauprüfdienst (BPD) 6/2011) Regelungen für die Anforderungen an den Bau und Betrieb von Schulen getroffen. Dieser lehnt sich weitestgehend an die MSchulbauR an. Allerdings ist zu beachten:

„*Bauprüfdienste (BPD) sind Arbeitsmittel, mit denen die Behörde* [...] *Empfehlungen und Erläuterungen zur Anwendung der jeweiligen Rechtsvorschriften gibt. Eine bindende Wirkung in irgendeiner Form, weder verwaltungsintern noch für die am Bau Beteiligten kommt ihnen nicht zu*“ (Bauprüfdienste, 2019).

Rechtsgrundlage für den Brandschutzplaner ist die Hamburgische Bauordnung. Es sind nur Abweichungen von Anforderungen zu beantragen, welche sich aus der Hamburgischen Bauordnung ergeben. Die weitergehenden Anforderungen für Schulgebäude ergeben sich auf Basis der schutzzielorientierten Einzelfallbetrachtung.

Bayern

Punkt A 2.2.2.5 der Tabelle der Technischen Baubestimmungen ist in Bayern nicht besetzt. Eine Sonderbauverordnung für Schulen ist nicht erlassen. In Bayern sind Schulen ungeregelte Sonderbauten. Das bedeutet: Für jede Schulgebäudeplanung müssen individuelle brandschutztechnische Lösungen unter Betrachtung des Einzelfalls schutzzielorientiert gefunden werden. Die Unteren Bauaufsichten sollen im Rahmen ihrer Ermessungsentscheidungen die MSchulbauR bei der Entscheidung zu weitergehenden oder geringeren Anforderungen heranziehen (vgl. Vollzugshinweise zur BayBO, 2003). Für Abweichungen, welche sich aus der BayBO ergeben, kann die MSchulbauR als Begründung bzw. Kompensation angeführt werden.

Nordrhein-Westfalen

Die in Punkt A 2.2.2.5 der Tabelle der Technischen Baubestimmungen in NRW aufgelistete SchulbauR 2009 ist mit der Veröffentlichung einer neuen Richtlinie über bauaufsichtliche Anforderungen von Schulen, SchulbauR NRW, am 10.12.2020 außer Kraft gesetzt. Die aktuelle Fassung vom 17.11.2020 legt erstmals Regelungen für Schulen mit Lernbereichen fest.

Barrierefreiheit

Auch zur Barrierefreiheit sind in der MVVTB unter A 4 „Sicherheit und Barrierefreiheit bei der Nutzung“ die Regelungen zusammengefasst.

Schulen sind öffentlich zugängliche Gebäude. Deshalb ist die in A 4.2.2. aufgeführte Technische Regel, die DIN 18040-1 „Barrierefreies Bauen Planungsgrundlagen – Teil 1: Öffentlich zugängliche Gebäude“ (2010), anzuwenden. Wie bei allen Technischen Regeln sind die weiteren Maßgaben, die sich aus den Anlagen ergeben, zu berücksichtigen. Dabei ist erneut auf mögliche landesspezifische Unterschiede und auch auf das Ausgabedatum der anzuwendenden DIN-Norm zu achten.

Die DIN 18040-1 legt in Abschnitt 4.7 eindeutig fest, dass im Brandschutznachweis hinsichtlich der Alarmierung und Evakuierung die Gesichtspunkte der Barrierefreiheit zu berücksichtigen sind.

Praxistipp

Der Brandschutzplaner muss feststellen, ob innerhalb einer Bildungseinrichtung ein Inklusionskonzept geplant ist, das den statistischen Querschnitt der Bevölkerung widerspiegelt, oder ob durch den Betreiber ein bestimmter Förderschwerpunkt vorgesehen ist.

3.3 Anwendung baurechtlicher Vorschriften auf Bildungseinrichtungen

3.3.1 Versammlungsstättenverordnung

Die Muster-Versammlungsstättenverordnung, MVStättVO, baut auf der MBO auf und stellt ein Regelwerk dar, das vor allem weitergehende Anforderungen an diesen Gebäudetyp abschließend regelt. In den meisten Bundesländern ist die MVStättVO, abgestimmt auf die jeweilige Landesbauordnung, als Rechtsverordnung erlassen.

Obwohl „Schulen, Hochschulen und ähnliche Einrichtungen“ als ein Sonderbautatbestand in § 2 Abs. 4 Ziffer 13 der MBO zusammengefasst werden, erfolgt eine Festlegung der brandschutztechnischen Anforderungen uneinheitlich. Nicht alle Bildungseinrichtungen sind als Versammlungsstätten zu beurteilen. In § 2 Abs. 1 MVStättVO werden die Eigenschaften definiert, die eine Versammlungsstätte ausmachen:

„Versammlungsstätten sind bauliche Anlagen oder Teile baulicher Anlagen, die für die gleichzeitige Anwesenheit vieler Menschen bei Veranstaltungen, insbesondere erzieherischer, wirtschaftlicher, geselliger, kultureller, künstlerischer, politischer, sportlicher oder unterhaltender Art, bestimmt sind sowie Schank- und Speisewirtschaften“.

Bildungseinrichtungen erfüllen meist die Merkmale für Veranstaltungen „erzieherischer“, „kultureller“, „künstlerischer“ und „sportlicher Art“.

Ob ein Gebäude oder ein Raum in einer Bildungseinrichtung der MVStättVO unterliegt, wird anhand der Besucherzahlen festgelegt. Zum einen fallen Räume, welche für sich genommen mehr als 200 Besucher fassen, in den Geltungsbereich der MVStättVO, zum anderen sind die Besucherzahlen mehrerer Räume, wenn diese über gemeinsame Rettungswege verfügen, von der Verordnung erfasst, wenn in der Addition mehr als 200 Besucher die gemeinsamen Rettungswege nutzen.

„[1]*Die Vorschriften dieser Verordnung gelten für den Bau und Betrieb von*

1. Versammlungsstätten mit Versammlungsräumen, die einzeln mehr als 200 Besucher fassen. [2]*Sie gelten auch für Versammlungsstätten mit mehreren Versammlungsräumen, die insgesamt mehr als 200 Besucher fassen, wenn diese Versammlungsräume gemeinsame Rettungswege haben*" (§ 1 Abs. 1 MVStättVO).

Um die Besucherzahl zu ermitteln, wird in § 1 Abs. 2 MVStättVO ein Berechnungsschlüssel vorgegeben.

Gemeinsame Rettungswege

Die MVStättVO definiert nicht näher, was der in § 1 Abs. 1 MVStättVO verwendete Begriff „*über gemeinsame Rettungswege verfügen*" bedeutet.

Auch nach der MVStättVO darf der erste und zweite Rettungsweg eines Versammlungsraumes über einen notwendigen Flur geführt werden. Es kann also davon ausgegangen werden, dass eine Addition der Besucherzahlen dann erfolgen muss, wenn mehrere Versammlungsräume gleichzeitig einen gemeinsamen notwendigen Flur als ersten und zweiten Rettungsweg benutzen müssen.

Die Hinweise zum Vollzug der Versammlungsstättenverordnung IIB7-4103.1-001/12 vom 17.02.2012 der Obersten Baubehörde im Bayerischen Staatsministerium des Innern bestätigt diese Sichtweise:

„*Letztere Alternative meint den Fall* [§ 1 Abs. 1 Satz 2 MVStättVO], *dass alle Rettungswege aus den Versammlungsräumen ‚gemeinsame' sind, zielt also z. B. auf eine Fallgestaltung, bei der mehrere Versammlungsräume mit einer Belegung von insgesamt mehr als 200 Personen an einem notwendigen Flur liegen, über den dann erster und zweiter Rettungsweg aus allen Versammlungsräumen ins Freie oder in notwendige Treppenräume führen. Für diesen Fall soll die Führung und Bemessung der Rettungswege den Vorgaben der Verordnung entsprechen. Verfügen dagegen die einzelnen (‚kleinen') Versammlungsräume jeweils über einen eigenen, von denen der anderen Räume unabhängigen Rettungsweg (z. B. einen unmittelbaren Ausgang ins Freie), ist also nur einer der mindestens zwei erforderlichen Rettungswege ein ‚gemeinsamer', erfüllt dies nicht das o. g. Anwendungskriterium der VStättV*".

Hierzu eine Darstellung in Abb. 3.6, die zeigt, wann gemeinsame Rettungswege vorliegen.

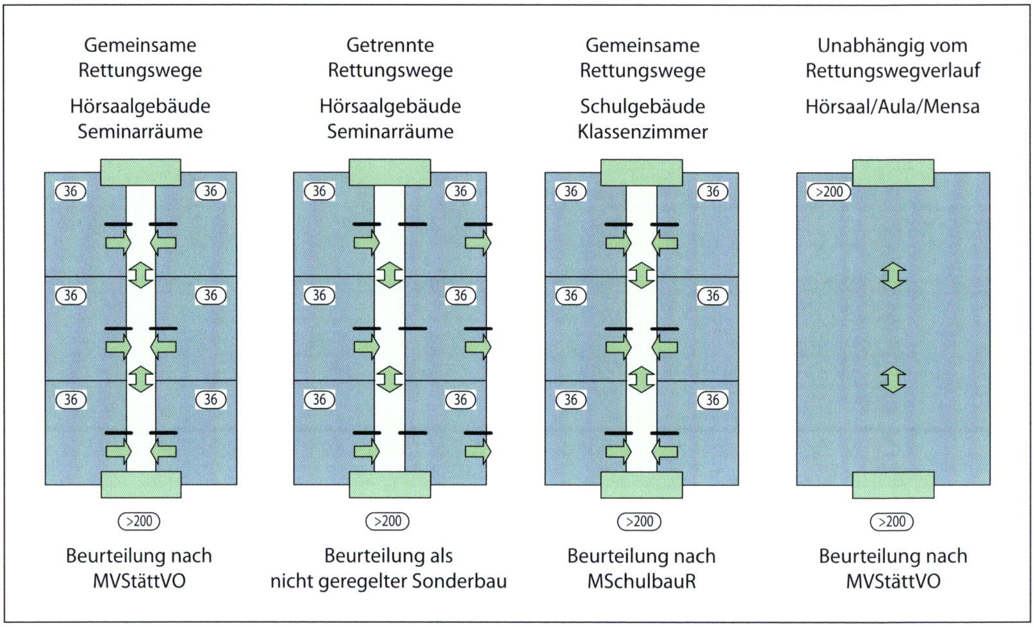

Abb. 3.6: Gemeinsame Rettungswege

Unterrichtsräume in Schulen

Die MVStättVO regelt Ausnahmen vom Anwendungsbereich für Schulen. Entsprechend § 1 Abs. 3 Ziffer 2 MVStättVO gilt diese nicht für *„Unterrichtsräume in allgemein- und berufsbildenden Schulen"*.

Dies stellt für Schulen eine wesentliche Erleichterung gegenüber den materiellen Anforderungen der MVStättVO dar, denn aus verschiedenen Gründen sind Hochschulen mit allgemein- und berufsbildenden Schulen nicht vergleichbar:

- Die Personenzahlen in Hochschulen sind sehr variabel. Schon in kleineren Räumen können wegen der ansteigenden Bestuhlung große Besucherzahlen aufgenommen werden, welche sich im Verlauf der Rettungswege schnell aufaddieren.
- Aufgrund der Vielzahl von unterschiedlichen Veranstaltungen und der weitläufigen Gebäude sind die Studierenden und das Lehrpersonal nicht immer ausreichend ortskundig und es ist zudem regelmäßig mit der Anwesenheit von externen Besuchern ohne Ortskenntnis zu rechnen.
- Im Alarmfall ist mit einem reaktionsträgen und unkoordinierten Nutzerverhalten zu rechnen, da Räumungsübungen an Hochschulen fehlen.

Fazit

Unterrichtsräume in Schulen dürfen demnach aus gutem Grund anders beurteilt werden, als Unterrichtsräume in Hochschulen.

Abb. 3.7: Aula im städtischen St.-Anna-Gymnasium, München; Entwurf: KarlundP Architekten München (Foto: Jens Weber, München)

Da die Ausnahme auf Unterrichtsräume beschränkt ist, könnte daraus geschlossen werden, dass alle anderen Räume in Schulen, die keine Unterrichtsräume sind, bei der Berechnung der Besucherzahlen zur Versammlungsstätte zu berücksichtigen sind. Dies ist nicht der Fall. Es sind nur Räume, welche die funktionalen Kriterien als Versammlungsraum erfüllen, zu berücksichtigen. Nicht dazu gehören z. B. Lehrerzimmer, Gruppenräume für Horte und Mittagsbetreuung, Hausaufgaben- und Intensivierungsräume oder andere Sozialräume. Diese können wie Unterrichtsräume betrachtet werden.

Für einige typische Nutzungen in Schulen ist eingehend zu prüfen, ob sie in den Geltungsbereich der MVStättVO fallen oder noch als Unterrichtsräume zu beurteilen sind. Häufig besteht Klärungsbedarf bei Turnhallen, Aulen, Foyers, Pausenhallen sowie Schulkantinen. Diese Räume werden oft von einem Personenkreis genutzt, der mehr als 200 Personen umfasst. In diesem Zusammenhang stellt sich die Frage, ob diese Nutzungen zwingend in den Geltungsbereich der MVStättVO fallen.

Aula

Die brandschutztechnischen Überlegungen zur Aula (siehe Abb. 3.7) sollten immer von den Grunddefinitionen der MVStättVO ausgehen, also von der Art der Nutzung (hier unumstritten „Veranstaltungen“) und der Besucherzahl.

Hinweis

> Es ist für die Definition als Versammlungsraum nach MVStättVO nicht entscheidend, ob in einer Aula nur interne Veranstaltungen stattfinden, oder auch externe Besucher den Raum nutzen.

Bis zu einer Nutzung durch 200 Besucher ist die Aula nicht als Versammlungsraum im Sinne der MVStättVO zu planen. Das bedeutet für den Brandschutzplaner jedoch nicht, dass diese Räume als gewöhnliche Klassenzimmer beurteilt werden dürfen. Hier greift § 2 Abs. 4 Nr. 6 MBO, dass *„Gebäude mit Räumen, die einzeln für die Nutzung durch mehr als 100 Personen bestimmt sind“*, bereits einen Sonderbautatbestand erfüllen.

Für diese Räume sind also zumindest hinsichtlich der Personenrettung schutzzielorientierte Regelungen zu treffen. Dies betrifft regelmäßig die

Festlegung der Personenzahlen im Rahmen eines Bestuhlungsplans und die Bemessung der Rettungswegbreite in Analogie zur MVStättVO.

Bei einer Nutzung durch mehr als 200 Besucher ist die Aula als Versammlungsraum zu beurteilen. Es gelten die Regelungen der MVStättVO. Selten übersteigt die Fläche einer Aula als eigenständiger Veranstaltungsraum 1.000 m^2. Bis zu dieser Größe bietet die MVStättVO verschiedenste Erleichterungen an die materiellen Anforderungen von Versammlungsstätten bzw. -räumen. Bei der Anwendung der MVStättVO ist darauf zu achten, dass in vielen Belangen auf die Anforderungen der Gebäudeklasse 5 abgestellt wird:

„[1]*Soweit in dieser Verordnung nichts Abweichendes geregelt ist, sind auf tragende und aussteifende sowie auf raumabschließende Bauteile die Anforderungen der MBO an diese Bauteile in Gebäuden der Gebäudeklasse 5 anzuwenden.* [2]*Die Erleichterungen des § 30 Abs. 3 Satz 2, § 31 Abs. 4 Nr. 1 und 2, § 36 Abs. 1 Satz 2 Nr. 2, § 39 Abs. 1 Nr. 4, § 40 Abs. 1 Nr. 1 und 3 sowie des § 41 Abs. 5 Nr. 1 und 3 MBO sind nicht anzuwenden*" (§ 1 Abs. 4 MVStättVO).

Dies ist für Schulgebäude der Gebäudeklasse 5 unerheblich, hat jedoch für die Gebäudeklasse 3 erhebliche Konsequenzen, welche sich z. B. auch auf die Anwendung der MLAR erstrecken (z. B. der Entfall der Erleichterungen für Leitungsdurchführungen). Die wesentliche Erhöhung der Anforderungen für Schulgebäude der Gebäudeklasse 3 scheint nicht immer verhältnismäßig und kann ggf. über einen Abweichungsantrag „korrigiert" werden. Ein weiteres Beispiel wäre auch die erforderliche feuerbeständige Ausführung von Trennwänden des Versammlungsraumes. Bei der Massivbauweise stellt die Einhaltung dieser Anforderung in der Regel kein Problem dar. Ist jedoch eine konsequent vorgefertigte Holztafelbauweise geplant, macht es durchaus einen Unterschied im Bauablauf und Bauzeitenplan, wenn feuerbeständige Wände in Massivbauweise oder als Trockenbaukonstruktion vor Ort ergänzt werden müssten.

Um Möglichkeiten für Abweichungen von der MVStättVO zu erkennen, zu begründen und zu beantragen, sollte bei der Planung einer Aula immer auch die tatsächlich geplante Nutzung abgefragt werden. Für die Beurteilung der Risiken ist festzuhalten, welche Art von Veranstaltung geplant ist, mit welchen Personenzahlen der Bauherr rechnet und ob diese organisatorisch begrenzt werden können. Ein Kriterium kann dabei auch sein, ob Veranstaltungen durchgeführt werden, die von externen Veranstaltern geplant werden, oder die mit dem Schulbetrieb nicht in Verbindung stehen, wie z. B. Vereinsfeste.

Praxistipp

Bestuhlungspläne sind Teil der Bauvorlagen und müssen zur Genehmigung, möglichst mit dem Bauantrag, vorgelegt werden. Für die Schulleitung vor Ort ist es hilfreich, wenn verschiedene Bestuhlungsvarianten zur Verfügung stehen, welche z. B. die Vollbelegung berücksichtigen, aber auch die Anordnung von Tischen und Stühlen für Prüfungen oder den Aufbau von Ständen für Schulbazare. So ist die Freihaltung von Rettungswegen im Schulalltag leichter. Die Schulleitung kann im Vorfeld einer Veranstaltung auch einfache Bodenmarkierungen mit Krepp-Band aufkleben, an denen sich die Bestuhlung orientiert.

Abb. 3.8: Eingangshalle der Grundschule Peslmüllerstraße in München

Foyer/Eingangshalle/Pausenhalle

Häufig überlagern sich Nutzungen in Schulen. Großzügige Eingangshallen werden in den Pausen als Aufenthaltsraum genutzt (siehe Abb. 3.8). Es handelt sich bei diesen Räumen nicht um Unterrichtsräume, sehr oft aber um Aufenthaltsräume für Schüler. Die genaue Nutzung und die zu erwartenden Personenzahlen sind dementsprechend festzulegen.

Wird die Eingangshalle auch für eine Nutzung mit Veranstaltungen mit mehr als 200 Besuchern geplant, muss eine Beurteilung nach MVStättVO durchgeführt werden.

Muss eine großzügige Eingangshalle, die während der Schulzeit als Pausenhalle genutzt wird, als Versammlungsraum genehmigt werden? Da hier nur ortskundige Personen und nicht Besucher die Pausenhalle nutzen und der Veranstaltungscharakter fehlt, ist eine Beurteilung nach MVStättVO nicht erforderlich. Man könnte vergleichbare Personenzahlen auch in einem Call-Center oder in einer Werkhalle antreffen, die mitnichten als Versammlungsraum beurteilt würden.

Die Bauaufsichten stufen Pausenhallen möglicherweise als Versammlungsraum ein, da in § 2 Abs. 8 MVStättVO definiert wird: *„Foyers sind Empfangs- und Pausenräume für Besucher"*. Zu beachten ist aber folgende Unterscheidung, auf die in der Begründung und Erläuterung zur MVStättV 2005, der IS ARGEBAU hingewiesen wird:

„Foyers in Versammlungsstätten sind immer Versammlungsräume, Foyers in anders genutzten Gebäuden sind dann Versammlungsräume, wenn sie für Veranstaltungen genutzt werden“ (S. 7).

Hinweis

> Um eine Verwechslungsgefahr mit dem Foyer im Sinne der MVStättVO auszuschließen, empfiehlt es sich in Schulen diesen Begriff nicht zu verwenden und den Raum je nach konkreter Nutzung als Eingangshalle oder Pausenhalle zu bezeichnen. Dies ist umso wichtiger, als die Muster-Schulbau-Richtlinie wichtige Erleichterungen für die Rettungswegführung durch Hallen zulässt.

Ein Gespräch mit der Genehmigungsbehörde ist meist zielführend, um die Argumente hinter dieser Sichtweise zu verstehen und schutzzielorientiert zu berücksichtigen: Befindet sich in der Schule oder auf dem Schulgelände bereits ein echter Versammlungsraum in Planung, ist es einfacher, Bedenken auszuräumen, dass die Pausenhalle zu Veranstaltungszwecken missbraucht werden könnte. Gelegentlich besteht die Sorge, bestimmte Anforderungen, welche sich aus der MVStättVO ergeben, könnten andernfalls bauaufsichtlich nicht durchgesetzt werden, so z. B. die Bemessung der Rettungswegbreiten nach dem Berechnungsschlüssel der MVStättVO oder Öffnungen für die Rauchableitung. Manchmal wird ein Möblierungsplan anstelle eines Bestuhlungsplanes gewünscht, um die Nutzung zu präzisieren.

Die Abwägungsprozesse können im Brandschutznachweis dokumentiert und schutzzielorientierte Maßnahmen formuliert werden.

Auch wenn die Pausenhalle kein Versammlungsraum ist, sind weitergehende Anforderungen im Sinne der besonderen Art der Nutzung zu berücksichtigen. Dies kann, neben der Führung der Rettungswege, unter Umständen die Gleichzeitigkeit der Nutzungen bei der Ermittlung der Rettungswegbreiten betreffen. Außerdem ergeben sich weitergehende Anforderungen aus der MSchulbauR, welche bei Hallen zu berücksichtigen sind.

Praxistipp

Für Hallen, die als Rettungswege dienen, sollte im Brandschutznachweis stets eine eigene Farbgebung und nicht die gleichen Farben wie für den notwendigen Flur oder den Treppenraum verwendet werden! Die notwendige Treppe als Rettungsweg in einer Halle sollte als solche gekennzeichnet sein.

Abb. 3.9: Sporthalle mit Tribüne des Gymnasiums Höhenkirchen-Siegertsbrunn; Entwurf: kplan AG, Abensberg

Sporthallen

Unabhängig von ihrer Größe dienen Turn- und Sporthallen in Schulen dem Unterricht. Sie können wie Unterrichtsräume behandelt werden. Darüber hinaus wecken Turnhallen Begehrlichkeiten hinsichtlich weiterer Nutzungen. Deshalb sind bei Sporthallen die Nutzerwünsche genau abzufragen, z. B.:

- Werden außerhalb des Unterrichts Veranstaltungen in der Halle durchgeführt?
- Welcher Art sind diese Veranstaltungen? Wie viele Besucher werden erwartet?

Erst wenn bei Veranstaltungen in Turnhallen die Besucherzahl den Schwellenwert von 200 Besuchern übersteigt, ist von einem Versammlungsraum auszugehen und die MVStättVO anzuwenden.

Zunächst ist also die Besucherzahl zu ermitteln. Je nachdem, ob die Halle mit Tribünen ausgestattet wird, Stehreihen eingeplant werden oder das Spielfeld bestuhlt werden soll, werden die Besucherzahlen höchst unterschiedlich ausfallen. Dabei zählen die Sportler auf dem Spielfeld nicht als Besucher im Sinne der MVStättVO (siehe Abb. 3.9).

Fällt die Turnhalle in den Geltungsbereich der MVStättVO, wird in vielen Belangen auf die Anforderungen der Gebäudeklasse 5 abgestellt. Die daraus folgenden Konsequenzen für die Gebäudeklasse 3 wurden bereits für die „Aula" beschrieben.

Oftmals übersteigt die Fläche einer Sporthalle 1.000 m^2, sodass verschiedene Erleichterungen an die materiellen Anforderungen von Versammlungsstätten bzw. -räumen der MVStättVO nicht angewendet werden können. So kann durch erforderliche Rauchabzugsanlagen ein erheblicher zusätzlicher finanzieller Aufwand notwendig werden, um ein Beispiel zu nennen.

Muss die Turnhalle also tatsächlich ein Versammlungsraum oder eine Versammlungsstätte sein?

Gelegentlich ist zu hinterfragen, ob der Bauherr eine Veranstaltung im Sinne der bauaufsichtlichen Regelung meint oder nur an die alljährliche Einschulungsveranstaltung denkt. Der Brandschutzplaner sollte bei Turnhallen nach Möglichkeit auf die Nutzung im Regelfall – den Schulalltag abstellen.

Praxistipp

Zur Entscheidungsfindung ist es für den Bauherrn oft hilfreich, eine Übersicht zu erhalten, in der die unterschiedlichen Anforderungen von „Turnhalle" und „Versammlungsraum" in einer Gegenüberstellung dargestellt werden. Diese Gegenüberstellung kann durch den Entwurfsverfasser mit Kosten hinterlegt werden. Die Konsequenzen werden so verdeutlicht.

Kantine/Mensa

In § 2 Abs. 3 MVStättVO werden Räume als Versammlungsraum bestimmt, die *„für den Verzehr von Speisen und Getränken"* dienen (siehe Abb. 3.10). Nachdem die Ausnahme vom Anwendungsbereich in Bildungseinrichtungen allein auf Unterrichtsräume beschränkt, gelten die Regelungen der MVStättVO, wenn der Schwellenwert von 200 Besuchern überschritten wird. Die Schulmensa ist dann als Versammlungsraum zu beurteilen.

Eine Schulmensa oder -kantine mit einer Nutzung bis zu 200 Besuchern ist nicht als Versammlungsraum im Sinne der MVStättVO zu planen. Es gilt dabei zu bedenken, dass gemäß § 2 Abs. 4 Nr. 8 MBO für *„Schank- und Speisegaststätten mit mehr als 40 Gastplätzen in Gebäuden"*, bereits weit unter der Schwelle von 200 Besuchern ein Sonderbautatbestand geregelt ist.

Für kleine Kantinen sind also schutzzielorientierte Regelungen zu treffen. Dies betrifft meist Festlegungen zur Personenrettung. Je nach tatsächlich geplanter Personenzahl ist eine Orientierung an Unterrichtsräumen oder

Abb. 3.10: Kantine im Schulgebäude (Quelle: iStock.com/ChiccoDodiFC)

an Versammlungsräumen denkbar. Die Festlegung der Personenzahlen sollte auch für kleine Kantinen im Rahmen eines Bestuhlungsplanes erfolgen, wenn diese sich nicht aus den Plandarstellungen der Bauantragsunterlagen ergibt.

Neben schutzzielorientierten Regelungen hinsichtlich der Personenrettung können unter Umständen auch brandschutztechnische Anforderungen an den Raumabschluss sinnvoll sein (siehe dazu auch Kapitel 5.2.2). Die MVStätttVO kann hinsichtlich der Festlegungen eine Orientierungshilfe sein und sollte eine Obergrenze darstellen.

Hochschulen

Ein Universitätsgebäude mit Seminarräumen und Hörsälen erfüllt nach § 2 Abs. 4 Ziffer 13 MBO den Sonderbautatbestand „Hochschule" (siehe Abb. 3.11). Je nachdem, ob der Schwellenwert von 200 Besuchern (siehe „gemeinsame Rettungswege") überschritten wird, erfolgt auch die Einordnung als „Versammlungsstätte" und damit eine Beurteilung nach MVStättVO. Diese ist vollumfänglich anzuwenden.

In einigen Bundesländern bestehen Ausnahmeregelungen für Seminarräume, z. B. in Niedersachsen, die unter bestimmten Rahmenbedingungen angewendet werden können (Löhr; Gröger, 2010). Nordrhein-Westfalen erweitert in der VStättVO NRW, § 1 Absatz 3 Satz 1 Ziffer 2b, die Ausnahmereglung auf Seminarräume in *„vergleichbaren Einrichtungen anderer Fortbildungsträger"*. Davon sind auch städtische Bildungszentren wie Volkshochschulen betroffen und können unter bestimmten Rahmenbedingungen analog zu allgemeinbildenden Schulen geplant werden.

Reine Verwaltungsgebäude einer Universität sind im Regelfall als Bürogebäude keine Sonderbauten, sondern werden nach der jeweiligen Landesbauordnung beurteilt, da das Merkmal der „Veranstaltung" nicht erfüllt ist.

Abb. 3.11: Hörsaal einer Hochschule (Quelle: Amidasu, Wikimedia Commons, lizensiert unter CreativeCommons-Lizenz BY-SA-3.0, https://creativecommons.org/licenses/by-sa/3.0/deed.de)

Versammlungsräume im Bestand

Bereits kurz nach der Verabschiedung der ersten Muster-Versammlungsstättenverordnung 1969 wurde diese in vielen Bundesländern als Landesverordnung eingeführt. Bereits zum damaligen Zeitpunkt wurden in Schulen Unterrichtsräume aus dem Anwendungsbereich ausgenommen, wenn auch mit einer anderen Formulierung als heute:

„In Schulen, Museen und ähnlichen Gebäuden gelten die Vorschriften nur für die Versammlungsräume, die einzeln mehr als 200 Besucher fassen" (§ 1 Abs. 4 Bayerische VStättV 1969).

Unter den Begriffen, die als Versammlungsraum zählten, wurden bereits Hörsäle und Aulen aufgeführt.

Für ältere Versammlungsstätten wurden bereits Anpassungsverlangen formuliert, die sich auf die Anwendung von Betriebsvorschriften beschränkten (vgl. § 127 Bayerische VStättV 1969).

Das bedeutet, dass für Versammlungsräume in Schulen, welche vor der Einführung einer Versammlungsstättenverordnung errichtet wurden, die Regelungen der jeweiligen Landesbauordnungen anzuwenden waren, die Anpassungsverlangen aber zu berücksichtigen sind. Hinsichtlich des Nachweises von Bestandschutz sind ggf. die Baugenehmigungen einschließlich Auflagen und Revisionseinträgen zu beachten.

3.3.2 Muster-Richtlinie über bauaufsichtliche Anforderungen an Schulen

Der rechtliche Charakter der MSchulbauR als Technische Baubestimmung wurde bereits im Kapitel 3.2.2. erläutert.

Ferner ist darauf zu achten, dass die „Schulbaurichtlinie", wie die „Muster-Richtlinie über bauaufsichtliche Anforderungen an Schulen (Muster-Schulbau-Richtlinie – MSchulbauR)" umgangssprachlich häufig genannt wird, heute nur noch bauaufsichtliche Regelungen zum Brandschutz beinhaltet.

Die räumlichen Anforderungen an Schulen werden jedoch in einer Vielzahl der Bundesländer ebenfalls unter der Bezeichnung „Schulbaurichtlinie" geregelt.

> **Praxistipp**
>
> Nicht nur das Baurecht ist Sache der Bundesländer, sondern auch die Zuständigkeit für Bildung, Wissenschaft und Kultur fällt in den Bereich der Länder. Deshalb sollte der Brandschutzplaner stets die exakten Rechtsgrundlagen und Begriffe des Bundeslandes klären, in dem das jeweilige Projekt geplant ist.

Falls die MSchulbauR nicht anzuwenden ist, dient sie dennoch vielerorts als Ermessensgrundlage und ist auch für den Brandschutzplaner eine wichtige Grundlage für seine Planung. Die Vorläufer der aktuellen MSchulbauR sind insbesondere bei der Beurteilung von bestehenden Gebäuden von Interesse. Der Anwendungsbereich aller Vorläufer der heutigen MSchulbauR umfasst

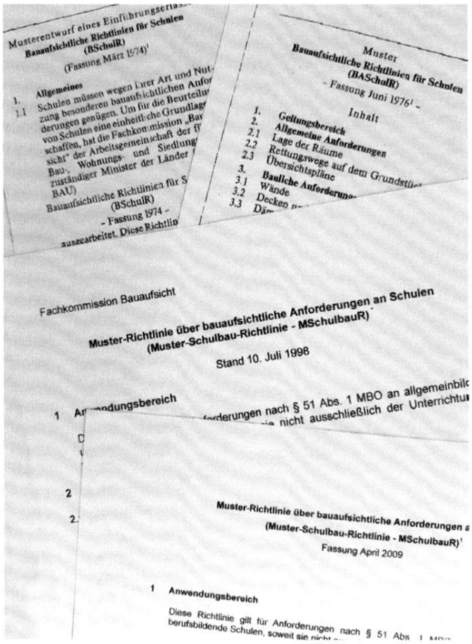

Abb. 3.12: Bauaufsichtliche Richtlinien für Schulen

allgemeinbildende und berufsbildende Schulen; hierzu gehören auch Sonderschulen (siehe Abb. 3.12). In den Erläuterungen zur MSchulbauR werden verschiedenste Schulformen des Anwendungsbereichs aufgeführt: *„Grundschulen, Hauptschulen, Realschulen, Gymnasien, Gesamtschulen, Sonderschulen, Berufsschulen und vergleichbare Schultypen"* (Erläuterungen zur MSchulbauR, zu Nummer 1 Anwendungsbereich). Die Muster-Schulbaurichtlinien umfassen also seit jeher auch Schulen für sonderpädagogischen Förderbedarf. Dies gilt im Übrigen auch für den Anwendungsbereich der sog. TGL-Standards für Schulgebäude in der früheren DDR.

Die Kenntnisse über die Entwicklung der heute bestehenden brandschutztechnischen Regelungen für Schulbauten sind sehr wichtig, weil sie einen Vergleich bei der Risikobetrachtung ermöglichen. Erste Ansätze in Bezug auf den baulichen Brandschutz von Schulen scheinen schon in den 1930er-Jahren zu bestehen. Bereits in der ersten Ausgabe der Bauentwurfslehre von Ernst Neufert findet sich der Hinweis über die Ausdehnung von mehrgeschossigen Schulgebäuden aufgrund von Rettungsweglängen:

„Da kein Punkt am Boden eines Aufenthaltsraumes weiter als 30 m vom Treppenantritt oder der Tür des feuerfest umschlossenen Treppenhauses entfernt sein darf, ist bei einem Mitteltreppenhaus die ungefähre Höchstlänge eines Baues 50 m" (Neufert, 1936, S. 155).

Ein zweiter baulicher Rettungsweg ergab sich also allenfalls aus der Weitläufigkeit des Gebäudes.

Brandschutztechnische Richtlinie von 1976

Die Arbeitsgruppe Schulbau der IS ARGEBAU veröffentlichte 1976 erste bauaufsichtliche Regelungen für Schulgebäude, die Muster Bauaufsichtliche Richtlinie für Schulen, MBASchulR 1976. Dies war vor allem dem erhöhten Planungsbedarf für Schulneubauten in den 1970er-Jahren geschuldet. Die Schulgebäude wurden durch diese bauaufsichtliche Regelung erstmals als Sonderbau typisiert. Der Einführungserlass verwies damals auf die besondere Art und Nutzung, für die besondere bauaufsichtliche Anforderungen gelten müssten. Zum ersten Mal gab es damit ein Kompendium für den Schulbau mit umfassenden brandschutztechnischen Vorschriften, das zum Ziel hatte, den Bauaufsichten eine einheitliche Grundlage zur Beurteilung von Schulneubauten an die Hand zu geben.

Als wesentlicher brandschutztechnischer Inhalt der MBASchulR 1976 wird die Einführung von 2 voneinander unabhängigen baulichen Rettungswegen für Schulgebäude gesehen. Zunächst galt diese zwar nur für Schulen mit mehr als 2 Geschossen sowie für zweigeschossige Gebäude über 1.600 m^2, allerdings bei einer Verkürzung der Rettungsweglänge auf 25 m bis zu einer notwendigen Treppe (Abs. 3.7.2 MBASchulR 1976). Zudem wird dort die Notwendigkeit der Rettungswegführung über Treppenräume festgelegt. Diese Regelungen stellen eine Verschärfung gegenüber der damals gültigen MBO von 1960 und 1974 dar.

Zudem wurden Räume mit erhöhter Brandgefahr definiert, welche mit feuerbeständigen Wänden zu anderen Räumen und Fluren abgetrennt werden mussten. Türen in diesen Wänden mussten feuerhemmend und selbstschließend, in Fluchtrichtung aufschlagend ausgeführt werden. Die Räume mussten *„mindestens 2 günstig gelegene Ausgänge"* haben. Diese Regelung betraf Schülerübungsräume für Chemie (Abs. 3.15.6 MBASchulR 1976) und Werkräume *„mit erhöhter Brandgefahr wie z. B. Schreinereien und Schlossereien"* (Abs. 3.16 MBASchulR 1976). Diese Räume durften auch Raumgruppen umfassen. Zudem wurden Anforderungen an *„Lagerräume mit brennbarem Lagergut (z. B. Werkstofflager, Stuhllager) und andere Räume, in denen leichtbrennbare Stoffe aufbewahrt werden"* geregelt (Abs. 3.16.4 MBASchulR 1976). Diese waren, analog zu Räumen mit erhöhter Brandgefahr, mit feuerbeständigen Wänden zu anderen Räumen und Fluren abzutrennen. Türen in diesen Wänden mussten feuerhemmend und selbstschließend sein.

Bis heute noch geltende Erleichterungen wurden eingeführt: Die Anordnung von Brandwänden konnte in größeren Abständen als 40 m gestattet werden (Abs. 3.5 MBASchulR 1976) und es gab auch eine Erleichterung der Anforderung an die brandschutztechnische Qualität der Türen in diesen Wänden in Zusammenspiel mit den angrenzenden Räumen (Abs. 3.6.2 MBASchulR 1976). Außerdem wurde die Zulässigkeit von mehrgeschossigen Hallen eingeführt (Abs. 3.6.1 MBASchulR 1976), womit der damaligen Entwicklung im Schulbau Rechnung getragen wurde. Es war jedoch nicht zulässig, eine notwendige Treppe in einer solchen Halle zu führen.

Allerdings wurde zugelassen, dass ein Treppenraum, welcher keinen unmittelbaren Ausgang ins Freie hat, über eine Halle mit dem Freien verbunden werden durfte, wenn entsprechende Brandschutzqualitäten eingehalten wurden (Abs. 3.10.5 MBASchulR 1976). Eine derartige Regelung wird in der aktuellen MSchulbauR explizit ausgeschlossen (Abs. 3.2 MSchulbauR). Die sonstigen brandschutztechnischen Regelungen in der MBASchulR 1976 wurden für die altbekannte Korridorschule getroffen. Nach dem Ende der verstärkten Bautätigkeit löst sich die „Arbeitsgruppe Schulbau" auf (vgl. Festschrift 50 Jahre ARGEBAU, 1998).

Brandschutztechnische Richtlinie von 1998

Eine Überarbeitung der Schulbaurichtlinie durch die IS ARGEBAU wird als Muster-Richtlinie über bauaufsichtliche Anforderungen an Schulen, MSchulbauR, im Juli 1998 veröffentlicht. Die Problematik der Vermischung von baulichen Vorschriften zum Schulbau mit Unfallverhütungsvorschriften und bauaufsichtlichen Anforderungen wurde erkannt, wie sich aus der Begründung zur Überarbeitung schließen lässt. Es verbleiben nur noch die brandschutztechnischen Regelungen in der MSchulbauR 1998.

Die Erleichterung für die Abstände von Brandwänden nach 60 m wird vereinfacht. Die Regelung zu Öffnungen in Brandwänden ändert sich geringfügig (Abs. 2.1 MSchulbauR 1998).

Die wichtigste Änderung betrifft die Redundanz der Rettungswege. Unabhängig von der Gebäudegröße sind seitdem nicht nur 2 Rettungswege erforderlich, sondern für jeden Unterrichtsraum sind 2 voneinander unabhängige bauliche Rettungswege nachzuweisen (Abs. 3.1 MSchulbauR 1998). Rettungswege müssen über notwendige Treppenräume geführt werden, wenn sie nicht direkt ins Freie führen. Hallen dürfen als einer der beiden Rettungswege herangezogen werden, wenn die Halle eine Rauchabzugsanlage hat (Abs. 3.2 MSchulbauR 1998). Die Regelung zur Rettungsweglänge entfällt, es gilt nun 35 m nach § 35 Abs. 2 MBO. Die 1976 eingeführte Stichflurregelung mit 10 m bleibt bestehen (Abs. 3.3 MSchulbauR 1998).

Die Vorschriften zur Verwendung brennbarer Baustoffe werden erleichtert, die bisherigen Regelungen der MBASchulR 1976 entfallen. Dies ist eine Erleichterung für die Ausführung von Schulgebäuden in Holzbauweise. Die Anforderungen hinsichtlich des Brandverhaltens von Baustoffen und Bauteilen sind entsprechend der jeweiligen Landesbauordnung festzulegen.

Die Festlegung von Räumen mit erhöhter Brandgefahr und deren brandschutztechnischen Regelungen der MBASchulR 1976 sind entfallen. Dies könnte ein Hinweis darauf sein, dass die Risiken vormals zu hoch eingeschätzt wurden bzw. das Sicherheitsniveau allein durch betriebliche und organisatorische Maßnahmen erreicht werden kann.

Dass die MSchulbauR 1998 immer noch auf dem alten Grundrissschema der Korridorschule aufbaut, wird besonders deutlich in der Begründung zur Anordnung von inneren Brandwänden nach 60 m, die den Schulbau folgendermaßen beschreibt:

„Bei einer Grundfläche der Klassenräume von durchschnittlich 60 bis 70 m^2 *können sich somit in einem Brandabschnitt bei einer einhüftigen Anlage maximal 5 bis 6, bei einer zweihüftigen Anlage maximal 10 bis 12 Klassenräume befinden"* (MSchulbauR 1998, Begründung, zu Nummer 2 Anforderungen an Bauteile).

Obwohl zu diesem Zeitpunkt bereits neue Gebäudekonzepte entstanden sind, spiegeln sich diese in der MSchulbauR 1998 nicht wider. Die Typisierung des Schulgebäudes wurde durch die in der MSchulbauR 1998 getroffenen Annahmen so stark festgelegt, dass ein Spielraum für eine bauliche Flexibilität, die zur Umsetzung neuer pädagogischer Konzepte dringend notwendig wäre, vollkommen fehlt. So beschreibt Daniel Kurz, Architekturhistoriker und Chefredakteur der Architekturzeitschrift „werk, bauen + wohnen" über Entwürfe von Schulhäusern um 1998:

„Eine Anzahl gleichartiger Klassenzimmer und Räume für Spezialunterricht waren durch Treppen und Korridor sinnvoll zu erschließen, die Turnhalle, vielleicht ein Singsaal ergänzten das Programm" (Kurz, 2015, S. 8).

Nur wenige Planer übergehen diese strikten brandschutztechnischen Vorgaben, sodass auch bei Architekturwettbewerben nur ein langsamer Wandel bei der Grundrissgestaltung stattfindet.

Brandschutztechnische Richtlinie von 2009

Auch die heute aktuelle MSchulbauR brachte keine wesentlichen Änderungen in Bezug auf die Anpassung der brandschutztechnischen Regelungen an die neuen pädagogischen Konzepte mit sich. Weiterhin fehlen die Erleichterungen bezüglich der notwendigen Flure und Lösungen für die neuen aufgelösten räumlichen Strukturen. Im Gegenteil, die Richtlinie von 1998 wurde fast unverändert in die heute gültige Fassung von 2009 übernommen.

Es wurden nun zum Teil höhere Anforderungen an die tragenden und aussteifenden Bauteile eingeführt, bzw. hinsichtlich der hochfeuerhemmenden Bauweise ergänzt. Es wurden beispielweise Anforderungen an raumabschließende Bauteile von Hallen eingeführt und die Ausführung von Treppenräumen wurde auch für die Gebäudeklassen 1 und 2 geregelt.

Da eine bauaufsichtliche Grundlage primär Neubauten dienen soll, wäre es zu erwarten gewesen, dass die MSchulbauR die brandschutztechnischen Fragestellungen zu den räumlichen Auswirkungen bei der Umsetzung von neuen pädagogischen Konzepten berücksichtigt. Dies war jedoch nicht der Fall.

Die MSchulbauR orientiert sich aktuell hinsichtlich der Bemessung der Rettungswegbreiten an der MVStättVO, definiert aber weitergehende Mindestbreiten, eine Interpolation der Werte ist nicht geregelt. Aber in der Erläuterung wird weiterhin ein Rechenexempel dargestellt, welches von den veralteten Grundrissvorstellungen ausgeht:

„Eine mehrgeschossige Schule mit nicht mehr als 60 m Länge und daher nur einem Brandabschnitt muss mindestens zwei notwendige Treppen haben (vgl. Nr. 3.1). Einer notwendigen Treppe mit einer nutzbaren Breite von 2,4 m (vgl. Nr. 4) dürfen maximal 400 Personen (vgl. Nr. 3.4 Satz 1) zugewiesen werden. Wird die nutzbare Breite der beiden notwendigen Treppen dieser Schule voll ausgeschöpft, so können die Treppen maximal 800 Personen aufnehmen, bei einer Klassenstärke von ca. 33 Schülern ergeben sich 24 Schulklassen. Werden drei Geschosse über diese Treppen erschlossen, wären in jedem Geschoß maximal 8 Klassen zulässig" (Erläuterungen zur MSchulbauR, 2009, 3.4 Breite der Rettungswege, Sicherheitszeichen).

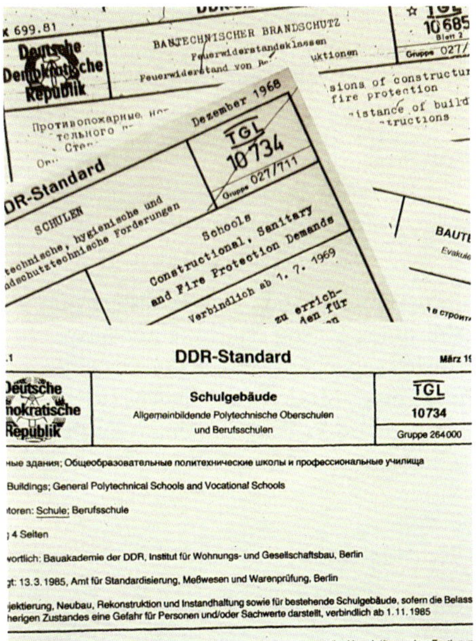

Abb. 3.13: TGL Standards für Schulen

Die Erläuterung ist interessant, da die MVStättVO – anders als die MSchulbauR – bereits seit Langem ohne Grundrissvorstellungen und räumliche Zuordnungen auskommt und damit dem Planer eine größtmögliche Entwurfsfreiheit lässt. Für die brandschutztechnischen Regelungen im Schulbau besteht noch ein sehr hoher Flexibilisierungsbedarf. Des Weiteren beziehen sich die in der MSchulbauR aufgestellten brandschutztechnischen Anforderungen fast ausschließlich auf den baulichen Brandschutz, vor allem eine verstärkte Einbindung des organisatorischen Brandschutzes fehlt. Hieraus könnte sich eine zusätzliche Flexibilisierung in den Anforderungen ergeben, wie es z. B. in der MVStättVO der Fall ist.

Der betriebliche und organisatorische Aspekt sollte bei einer möglichen Entwicklung und Formulierung von brandschutztechnischen Anforderungen an moderne Schulgebäude auch im Titel berücksichtigt werden; eine Sonderbauverordnung könnte als „Muster-Verordnung für den Bau und Betrieb von Schulgebäuden“ angedacht werden.

Technische Normen, Gütevorschriften und Lieferbedingungen (TGL)

Die Anforderungen an Schulen in den Bundesländern auf dem Gebiet der ehemaligen DDR wurden als Technische Normen, Gütevorschriften und Lieferbedingung, TGL, als „Standards“ festgelegt. Es handelte sich dabei nicht um Richtlinien, sondern um Vorschriften mit Gesetzescharakter (siehe Abb. 3.13).

Im Dezember 1968 wurde die TGL 10734 „Schulen“ veröffentlicht und im März 1985 letztmalig novelliert. Sie umfasste bautechnische, hygienische und brandschutztechnische Forderungen und baute auf den Grundlagen der TGL 10685 „Bautechnischer Brandschutz: Feuerwiderstandsklassen und der Feuerwiderstand von Baukonstruktionen“ vom November 1965 auf. Die Rettungswege wurden wiederum nach TGL 10685 Blatt 4 „Bautechnischer Brandschutz: Brandgefahrenklassen, Evakuierungswege für Menschen in Bauwerken, Zugänge und Zufahrten der Feuerwehr“ vom April 1982 ermittelt. Der Standard für die Schulgebäude umfasste nicht Hoch- und Fachschulen.

Hinsichtlich der Geltendmachung von Bestandschutz bei Umbau oder Sanierung von Schulgebäuden aus der DDR-Zeit ist die Kenntnis der damaligen Bauvorschriften wichtig.

Da die Schulgebäude auch in der Bauausführung stark standardisiert waren, wurden von 1955 bis 1990 fast 2.500 Schulen als sog. Typenbauten ausgeführt. Die unterschiedlichen Problemstellungen, teilweise auch hinsichtlich des Brandschutzes, wurden im Rahmen eines Modernisierungsleitfadens von der Zentralstelle für Normungsfragen und Wirtschaftlichkeit im Bildungswesen analysiert (vgl. Typenschulbauten in den neuen Ländern – Modernisierungsleitfaden, 1999).

3.4 Anforderungen aus anderen Rechtsgebieten

Der Brandschutznachweis für eine Bildungseinrichtung berücksichtigt nur die für die Baugenehmigung relevanten und zu prüfenden Bestimmungen der Länder.

Darüber hinaus muss der Bauherr bzw. der Betreiber einer solchen Einrichtung zum einen seine Pflichten als Arbeitgeber gegenüber den Mitarbeitern wahren und zum anderen seine Aufsichtspflichten gegenüber den Schülern ausüben. Die Regelungen hierzu finden sich im Arbeitsstättenrecht und in den Unfallverhütungsvorschriften.

Aus der Sicht des Brandschutzplaners sind für diese Bereiche zunächst die anderen Planungsbeteiligten zuständig. Doch ist dem Bauherrn bekannt, dass nur die bauaufsichtlichen Belange im Brandschutznachweis berücksichtigt werden?

Praxistipp

Jeder Brandschutzplaner sollte im Zuge seiner Planungsschritte den Bauherrn um Überprüfung seiner Unterlagen in Einklang mit dem Arbeitsschutz und den Unfallverhütungsvorschriften bitten. Er sollte deutlich machen, dass hier der Bauherr in der Verantwortung steht. Alternativ kann er sich auch bestätigen lassen, dass in die Planunterlagen, welche er als Grundlage für den Brandschutznachweis zur Verfügung gestellt bekommt, diese Vorschriften bereits eingeflossen sind.

3.4.1 Arbeitsschutz

Der Schutz der Arbeitsnehmer in Schulen wird durch die Regelungen in der Arbeitsstättenverordnung, ArbStättV, vom August 2004 sichergestellt. Diese ist Grundlage für die Technischen Regeln für Arbeitsstätten, ASR. Rechtsgrundlage ist das Gesetz über die Durchführung von Maßnahmen des Arbeitsschutzes zur Verbesserung der Sicherheit und des Gesundheitsschutzes der Beschäftigten bei der Arbeit vom August 1996, Arbeitsschutzgesetz – ArbSchG.

Das ArbSchG und die nachgeordnete ArbStättV sind Bundesgesetze und stehen daher rechtlich über den Bauordnungen der Länder und somit auch über dem auf Bauordnungsrecht basierenden Brandschutznachweis.

„Der Arbeitgeber hat durch eine Beurteilung der für die Beschäftigten mit ihrer Arbeit verbundenen Gefährdung zu ermitteln, welche Maßnahmen des Arbeitsschutzes erforderlich sind“ (§ 5 Abs. 1 ArbSchG).

Diese sog. Gefährdungsbeurteilung kann nur durch den Arbeitgeber oder durch einen von ihm Beauftragten durchgeführt werden. Sie ist keine Leistung des Brandschutzplaners und wird durch die Maßgaben im Brandschutznachweis nicht ersetzt.

Gegensätze zwischen Baurecht und Arbeitsstättenverordnung

Die Arbeitsstättenverordnung stellt Regelungen auf, die Konsequenzen auf die Entwurfsplanung haben können. Typische Schnittstellen zwischen dem Baurecht und der Arbeitsstättenverordnung untersuchte die Bundesanstalt für Arbeitsschutz und Arbeitsmedizin in einem Rechtsgutachten (vgl. Kohte, 2018). Dabei wurden auch Technische Baubestimmungen dem Arbeitsstättenrecht gegenübergestellt, unter anderem auch die MSchulbauR.

Prinzipiell weist das Gutachten darauf hin, dass dem *„Arbeitsstättenrecht im Zweifel Vorrang zukommt“* (Kohte, 2018, S. 136), wie es auch den Erläuterungen zur MSchulbauR zu entnehmen ist. Bei unterschiedlichen Angaben ist zudem das höhere Schutzniveau heranzuziehen.

Der Bauherr bzw. sein beauftragter Entwurfsverfasser muss die Vorgaben des Arbeitsstättenrechts in die Planung einarbeiten und ggf. höhere Anforderungen gegenüber dem Baurecht berücksichtigen – und umgekehrt.

Das Gutachten kritisiert, *„die Praxis, dass die Anforderungen der ArbStättV teilweise nicht ausreichend berücksichtigt werden bzw. auch im Baugenehmigungsverfahren entgegen der Pflicht zur unionsrechtskonformen Auslegung des Baurechts (s. o.) nicht immer Prüfungsgegenstand des Baugenehmigungsverfahrens sind“* (Kohte, 2018, S. 136).

Der Brandschutzplaner sollte diese Schnittstelle ansprechen und den Bauherrn bitten, die Belange des Arbeitsschutzes mit den zuständigen Fachstellen abzustimmen.

Praxistipp

Die fertige Brandschutzplanung sollte keine Aussagen treffen, die im Widerspruch zu den mit dem Arbeitsschutz und Unfallschutz abgestimmten Planunterlagen des Bauherrn stehen. Der Brandschutznachweis sollte daher, wo es möglich ist, auf Angaben zu diesen Themen verzichten.

Im Rahmen der Gefährdungsbeurteilung sind auch im Bereich des Arbeitsschutzes Abwägungen möglich. Dies betrifft jedoch nur die Regelungen, die sich aus den Technischen Regeln für Arbeitsstätten ergeben.

Jedoch: *„In einzelnen Fällen enthält das Arbeitsstättenrecht strikte Vorschriften, z. B. bei Fluchtwegen und Notausgängen. Hier ist die Aufschlagrichtung der Türen eindeutig festgelegt"* (Kohte, 2018, S. 147).

Bei Anforderungen, welche sich unmittelbar aus dem Gesetz, also der Arbeitsstättenverordnung, ergeben, wie z. B. die Aufschlagsrichtung von Notausgangstüren, besteht kein Ermessen.

Eine Hilfestellung könnte die konsequente Trennung der baurechtlich erforderlichen Rettungswege vom Fluchtwegkonzept nach dem Arbeitsstättenrecht sein. Das Arbeitsstättenrecht verlangt nicht zwingend 2 bauliche Rettungswege, ein Notausstieg ist im zweiten Rettungsweg zulässig:

„Die Türschwelle einer Terrassentür ist analog der Brüstung eines Fensters nur in einem Notausstieg, also im Verlauf eines zweiten Fluchtweges, zulässig, sofern sichergestellt ist, dass die darauf angewiesenen Personen diesen Fluchtweg jederzeit in der erforderlichen Zeit selbständig nutzen können" (Klarstellung zur Auslegung der ArbStättV, 2017).

Die Thematik ist aus Sicht vieler Brandschutzplaner noch nicht abgeschlossen. Die Diskussion wurde auch in Fachbeiträgen der Ausgaben 04/2019 und 05/2019 des FeuerTrutz Magazins weitergeführt, so etwa im Artikel „Über die Aufschlagrichtung von Notausgangstüren" und einem gleichlautenden Leserbrief (Dietrich; Pillar, 2019 sowie Abraham; Dittmar, 2019). Ein ebenerdiges Fenster ohne Brüstung ist als zweiter Fluchtweg zulässig und wäre baurechtlich sowohl als erster oder zweiter Rettungsweg zulässig. Es wäre möglicherweise hilfreich, die Definition einer „Notausgangstür" auf eine Tür zu beschränken, die im Regelfall nicht benutzt wird – deren Bedienbarkeit sich also nicht aus der Alltagsroutine ergibt.

3.4.2 Unfallverhütungsvorschriften

Da Schüler keine Arbeitnehmer im Sinne des Arbeitsschutzgesetzes sind, gelten für deren Sicherheit separate Vorschriften zum Unfallschutz. Dies sind die Regelungen der Unfallversicherungsträger, vertreten durch die Deutsche Gesetzliche Unfallversicherung e. V., DGUV, welche Unfallverhütungsvorschriften, UVV, in Deutschland als Muster vorlegen. Für Schulen gelten die DGUV Vorschrift 1 „Grundsätze der Prävention" (2013) und die DGUV Vorschrift 81 „Schulen" (2001).

Die übergeordnete Stellung der Unfallverhütungsvorschriften wird in den Erläuterungen zur MSchulbauR dargelegt:

„Soweit Unfallverhütungsvorschriften z. B. der Berufsgenossenschaften und der Gemeindeversicherungsverbände Vorschriften für Schulen enthalten, Regelungen der Arbeitsstättenverordnung greifen oder sich für Schulen Regelungen aus landesrechtlichen Vorschriften ergeben, insbesondere aus den Schulgesetzen oder aus Vorschriften aufgrund der Schulgesetze, gelten diese ebenfalls aus sich heraus".

Praxistipp

Analog zum Arbeitsstättenrecht müssen die baulichen Vorgaben zum Unfallschutz in die Pläne des Entwurfsverfassers eingearbeitet werden. Gegebenenfalls höhere Anforderungen gegenüber dem Baurecht müssen berücksichtigt werden. Auch hier sollte der Brandschutzplaner die Schnittstellen thematisieren und den Bauherrn bitten, die Belange des Unfallschutzes mit den zuständigen Fachstellen abzustimmen.

„Während die UVV ‚Grundsätze der Prävention' beispielsweise Aussagen über Pflichten des Unternehmers, grundsätzliche Bestimmungen des Brandschutzes, das Tragen persönlicher Schutzausrüstung oder Verhaltensanweisungen für Versicherte enthält, gibt die UVV ‚Schulen' konkrete Vorgaben zum sicheren Bau und der Ausrüstung von Schulen" (Regelwerk für den Schulbereich).

Planungshilfen für den Architekten und Bauherrn hinsichtlich der Unfallverhütungsvorschriften der DGUV sind für alle relevanten Bereiche in Schulgebäuden zusammengefasst (vgl. Sichere Schule). Die DGUV Vorschrift 81 regelt z. B., welche Unterrichtsräume als Fachräume bezeichnet werden und erläutert anschließend:

„Fachräume im Sinne dieser Unfallverhütungsvorschrift sind Räume für den naturwissenschaftlichen Unterricht, den Werk-/Technikunterricht oder vergleichbar ausgestattete Räume einschließlich ihrer Vorbereitungs-, Sammlungs- und auch Lagerräume.

Zu § 2 Abs. 4:
Dazu gehören insbesondere Räume für Chemie, Physik, Biologie, Hauswirtschaft, Werken/Technik, Informatik u. a." (DGUV Vorschrift 81, 2001, § 2 Abs. 4).

Für einige dieser Räume werden anschließend konkrete Anforderungen gestellt und Durchführungsanweisungen gegeben, wie das Schutzziel erreicht werden kann:

„Für Fachräume mit erhöhter Brandgefahr müssen mindestens zwei sichere Fluchtmöglichkeiten vorhanden sein.

Zu § 21 Abs. 2:
Dieses Schutzziel ist erfüllt, wenn bei Fachräumen mit erhöhter Brandgefahr (z. B. für Chemie, Holzwerkräume) die Ausgänge günstig – möglichst weit auseinander – gelegen sind. Als zweiter Ausgang ist auch der Ausstieg aus einem entsprechend gekennzeichneten und gestalteten Fenster zulässig, wenn dieser eine sichere Fluchtmöglichkeit bietet. Türen als Ausgänge müssen in Fluchtrichtung aufschlagen und jederzeit von innen ohne fremde Hilfsmittel zu öffnen sein" (DGUV Vorschrift 81, 2001, § 21 Abs. 2).

Folgende Räume werden in Zusammenhang mit Schulen in der Fachliteratur immer wieder als Räume mit erhöhter Brandgefahr bezeichnet, ohne dass erkennbar ist, ob es sich um eine baurechtliche Festlegung oder um eine Unfallverhütungsvorschrift handelt wie z. B. Fachräume für Chemie, Holzwerkräume, Biologie- und Physikunterricht, Informatikräume, Schulküchen, Bibliotheken.

Abb. 3.14: Zusammenspiel von Unfallschutz und Brandschutz; Städtische Grundschule Berg am-Laim, München; Entwurf: v-architekten GmbH, Köln

Allen Beteiligten sollte bewusst sein, welche weitreichenden Konsequenzen die baurechtliche Einstufung eines Raumes in einen Raum mit erhöhter Brandgefahr nach sich ziehen kann, nämlich die Erhöhung des Raumabschlusses auf feuerbeständig. Der Brandschutzplaner führt eine risikogerechte Analyse der Nutzung von Fachräumen nur auf Basis des Baurechts durch, verschiedene Ansätze zeigt Kapitel 5.2.2.

Die Abb. 3.14 zeigt ein Beispiel für das Zusammenspiel von Unfallschutz und Brandschutz. Um die Nutzer vor Kopfverletzungen zu schützen, wurde hierbei die Treppenuntersicht mit einem Sitzmöbel von der Bewegungsfläche abgeteilt. Das Möbel befindet sich in einem Treppenraum und wurde aus nichtbrennbaren Baustoffen mit Echtholzfurnier ausgeführt.

Hinweis

> Durchführungsanweisungen der DGUV geben Hilfe bei der Umsetzung der Schutzziele, diese dürfen auch durch andere gleichwertige Lösungen erreicht werden.

4 Brandschutztechnische Risiken in Schulgebäuden

4.1 Aktuelle Zahlen

Zum Glück sind Brände in Schulen selten spektakulär. Es gibt jedoch auch einzelne Meldungen, die mit erheblichem Betriebsausfall verbunden waren. Hierzu gehört der Brand im Gymnasium Trudering in München im Juni 2016, der den Schulbetrieb 2 Jahre nach der Eröffnungsfeier lahmlegte. Der Neubau musste für die Sanierung der Schäden mehrere Monate geschlossen werden. Für ca. 760 Schüler der fünften bis zehnten Jahrgangsstufe mussten Ausweichquartiere gefunden werden. Dennoch war es kein typischer Brand in einer Schule, denn das Feuer wurde durch einen PKW-Brand in der zum Schulkomplex zugehörigen Tiefgarage ausgelöst. Die brandschutztechnischen Einrichtungen hatten einwandfrei funktioniert. Allerdings drang der Rauch aus den Lüftungsöffnungen der Tiefgarage nach Auskunft der Branddirektion München über die offenen Fenster an der aufgehenden Fassade in das Schulgebäude ein, obwohl diese mehr als 5 m entfernt lagen.

Für Schlagzeilen in der Presse sorgte auch der verheerende Brand in der Christophorus Grund- und Mittelschule des Asthmazentrums Buchenhöhe bei Berchtesgaden. Das Schulgebäude brannte in der Nacht zum 4. Oktober 2019 bis auf die Grundmauern ab. Der Sachschaden wird in der Presse mit „mehreren Millionen Euro" beziffert. Die wichtigste Nachricht: „Verletzt wurde niemand." Auch ein Jahr danach sind die Brandursachen nicht bekannt, die zu dem immensen Schaden geführt haben. Trotzdem überlegt sich jeder Brandschutzplaner, wie das Szenario wohl bei laufendem Betrieb ausgesehen hätte (vgl. Großbrand in Berchtesgaden, 2019).

Eine Statistik zur Häufigkeit von Brandereignissen in Schulen gegenüber anderen Gebäudetypen war nicht zu finden. Nach Auskunft des Verbands der deutschen Sachversicherer auf eine persönliche Anfrage vom Juli 2019 hin werden Brände in Schulen nicht separat erfasst. Man darf also annehmen, dass Brände in Schulen eine Seltenheit sind.

Bei einer Mitte 2019 durchgeführten Internet-Recherche unter dem Schlagwort „Brand in Schule" konnten ca. 30 Ereignisse aus Presseveröffentlichungen für das erste Halbjahr 2019 gefiltert werden, bei denen es sich tatsächlich um Brandereignisse in Schulgebäuden handelte.

Im laufenden Betrieb wurden die Brände in den meisten Fällen sehr früh bemerkt, die Gebäude wurden sofort geräumt. Die Feuerwehr konnte beim Eintreffen umgehend mit der Brandbekämpfung beginnen und dadurch eine weitere Brandausbreitung verhindern. Wirksame Löscharbeiten waren sichergestellt. Die Sachschäden und der Betriebsausfall hielten sich durch die frühzeitige Entdeckung meist in Grenzen. Das oberste Schutzziel, nämlich die Personenrettung, wurde in allen Fällen erreicht. Es gab glücklicherweise keine Toten zu beklagen. Auch die Anzahl der Verletzten war sehr gering. Es sind keine Fälle von stationären Krankenhausaufenthalten genannt.

Allerdings spiegeln sich in dieser Recherche noch keine Brandereignisse in Schulgebäuden mit neuen pädagogischen Konzepten wider, da hier noch zu wenige Projekte realisiert wurden. Es ist zu beobachten, inwieweit die veränderten Risiken aufgrund der neuen Konzepte zu Erleichterungen oder Verschärfungen für die neuen brandschutztechnischen Regelungen führen können.

4.2 Brandursachen

Aus welchem Grund es innerhalb eines Gebäudes möglicherweise zu einem Schadensereignis durch Feuer und Rauch kommt, spielt baurechtlich als Beurteilungsgrundlage für den Brandschutzplaner keine Rolle. Ziel des Brandschutzplaners ist es, im Rahmen der Nachweisführung ein Gebäude mit einem brandschutztechnisch einwandfreien Zustand zu schaffen, das alle Schutzziele erfüllt.

Dennoch kann ein Blick auf die Brandursachen einen wichtigen Hinweis darauf geben, wo im laufenden Betrieb Risiken vorhanden sind, die in anderen Gebäuden nicht bestehen – oder auch, welche Risiken in Bestandsgebäuden für die Beurteilung berücksichtigt werden müssen.

In der Zeitschrift „Schadenprisma", welche vom Institut für Schadenverhütung und Schadenforschung der öffentlichen Versicherer e. V., IFS, herausgegeben wird, wurden aktuelle Zahlen in der Ausgabe 2/2020 zu Brandursachen in Erziehungseinrichtungen analysiert und veröffentlicht. In der Abb. 4.1 sind für 256 untersuchte Fälle die Brandursachen in Erziehungseinrichtungen bis 12/2019 dargestellt. Die aktuellen Zahlen des IFS zeigen auch, dass Brandstiftungen als Brandursache gegenüber der letzten Auswertung bis 12/2011 deutlich zugenommen haben (siehe Abb. 4.2).

Auffällig ist der im Vergleich gegenüber dem allgemeinen Durchschnitt aller Brandursachen von 2019 (siehe Abb. 4.3) deutlich höhere Anteil von Brandstiftungen in Schulen. Dies deckt sich auch mit der durchgeführten Online-Recherche zum Thema Brände in Schulen. Auffällig waren, wohl aufgrund der geringen Besucherfrequenz, mehrere Fälle von Brandstiftungen in Sanitärräumen, bei denen Toilettenpapier oder Handtuchspender angezündet wurden. In Räumen also, die Brandschutzplaner meist als brandlastarm beurteilen und denen sie zudem ein geringes Potential an Zündquellen zuordnen.

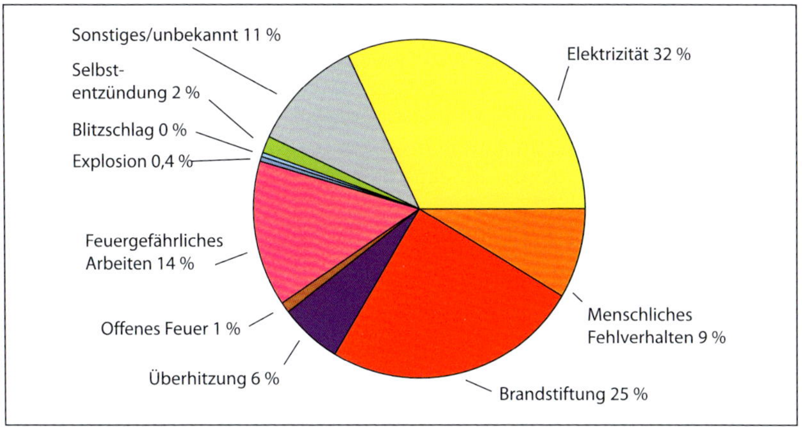

Abb. 4.1: Brandursachen in Erziehungseinrichtungen bis 12/2019, relative Häufigkeit in 256 untersuchten Fällen (nach Institut für Schadenverhütung und Schadenforschung der öffentlichen Versicherer e. V.)

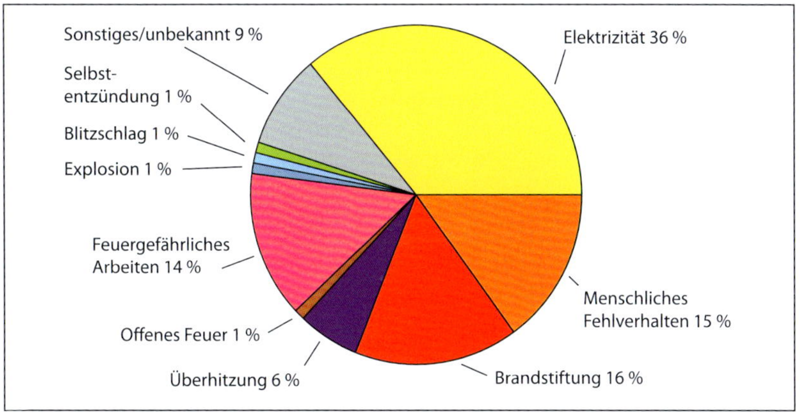

Abb. 4.2: Brandursachen in Erziehungseinrichtungen bis 12/2011, relative Häufigkeit in 105 untersuchten Fällen (nach Institut für Schadenverhütung und Schadenforschung der öffentlichen Versicherer e. V., Kiel)

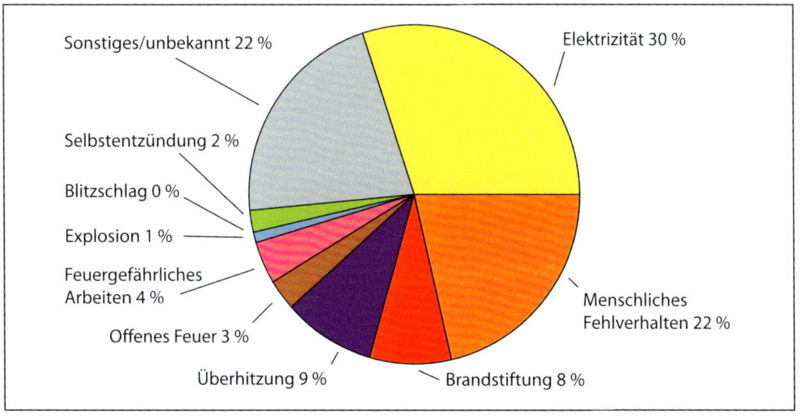

Abb. 4.3: Brandursachen 2019, dargestellt nach relativer Häufigkeit der untersuchten Brandursachen (nach Institut für Schadenverhütung und Schadenforschung der öffentlichen Versicherer e. V., Kiel)

4.3 Festlegung des Geltungsbereichs für einen Leitfaden

Um einen „Brandschutztechnischen Leitfaden für den Bau und Betrieb von Schulgebäuden mit neuen pädagogischen Konzepten" zu entwickeln, müsste zunächst der Geltungsbereich definiert werden. Die Risikobetrachtungen und die daraus abgeleiteten Abwägungen für die Anforderungen sollen dem Anwendungsbereich der MSchulbauR entsprechen. Er umfasst die allgemeinbildenden und berufsbildenden Schulen und wie bisher Sonderschulen (siehe Kapitel 3.3.2).

In den Geltungsbereich sollten künftig auch alle Räume und Einrichtungen innerhalb des Schulgebäudes fallen, die vom gleichen Personenkreis genutzt werden, wie Mittagsbetreuungen, Horte und Räume für den Ganztagsbetrieb, einschließlich dazugehöriger Speiseräume und Kantinen. Bei den letzten beiden Nutzungen müsste die Ausnahme aber in der MVStättVO geregelt werden. Ebenfalls wäre eine Erweiterung des Geltungsbereichs auf Versammlungsräume für interne Schulveranstaltungen sinnvoll. Hier sind zurzeit Abweichungsanträge von den Anforderungen der VStättV im Einzelfall zu beantragen und zu begründen.

Nicht in den Geltungsbereich fallen sollten wie bisher Kinderkrippen und Kindergärten, auch wenn diese Einrichtungen häufig durchaus die Dimension einer Grundschule erreichen können. Die Abgrenzung zu den Kindergärten ist der Tatsache geschuldet, dass Kindern erst ab dem Grundschulalter eine Fähigkeit zu einer angeleiteten, geordneten Eigenrettung zugesprochen werden kann.

4.4 Schutzziele im Schulbau

Die brandschutztechnischen Anforderungen an Schulgebäude und damit auch die Beurteilung von neuen räumlichen Konzepten, welche die Umsetzung neuer pädagogischer Konzepte erst möglich machen, müssen dazu geeignet sein, die Schutzziele des § 14 MBO zu erfüllen.

Die Schutzziele werden in § 14 MBO wie folgt definiert:

- Vorbeugen der Brandentstehung und Brandausbreitung,
- Sicherstellung der Rettung von Menschen und Tieren,
- Sicherstellung von wirksamen Löscharbeiten.

Zunächst ist festzuhalten, dass Schulen, ohne Einschränkung hinsichtlich der Personenzahlen und Größe, Sonderbauten sind. Die Einstufung erfolgt in den Begriffsdefinitionen nach § 2 Abs. 4 MBO.

Da es keine abschließende Sonderbauverordnung für Schulen gibt, muss die Risikobeurteilung derzeit durch den Brandschutzplaner vorgenommen werden, damit die brandschutztechnischen Schutzziele erreicht werden. Es stellt sich die Frage, was moderne Schulgebäude hinsichtlich des Erreichens der Schutzziele so besonders macht und mit welchen Brandrisiken und Brandgefahren zu rechnen ist.

4.5 Rahmenbedingungen zur Risikobetrachtung von Schulen

Hinsichtlich der Entwicklung eines brandschutztechnischen Regelwerkes für Bauten mit neuen pädagogischen Konzepten stellt sich also die Frage, ob aufgrund der geringen Anzahl von Ereignissen und deren jeweils glimpflichem Ausgang, die bisherigen Regelungen zu brandschutztechnischen Anforderungen an Schulen bereits ausreichend sind, um den Risiken angemessen zu begegnen.

Die Einhaltung der Schutzziele der MBO wird durch die Festlegung von baulichen Anforderungen erreicht, welche auf den folgenden 3 brandschutztechnischen Grundprinzipien basieren:

- Feuerwiderstandsfähigkeit der tragenden Bauteile
- Feuerwiderstandsfähigkeit des Raumabschlusses/die innere Abschottung
- Sicherstellung der Rettungswege

Nur unter Beachtung dieser Grundprinzipien können die Schutzziele der MBO erreicht werden. Bei der konkreten Beurteilung darf nicht vergessen werden, dass der Bauordnung nur ein fiktives Standardgebäude (Wohn- und Bürohaus) zugrunde gelegt wird und kein Sonderbau. Um brandschutztechnische Anforderungen für ein Schulgebäude festzulegen, bedarf es also zunächst einer Analyse des geplanten Gebäudes hinsichtlich dieser 3 Grundprinzipien.

4.5.1 Feuerwiderstandsfähigkeit tragender und aussteifender Bauteile

Um Anforderungen an die Feuerwiderstandsfähigkeit der tragenden und aussteifenden Bauteile festzulegen, sind folgende Besonderheiten bei Schulen mit neuen pädagogischen Konzepten zu berücksichtigen:

- Schulen sind überwiegend nur wenige Geschosse hoch.
- Skelettbauweisen und Stützenkonstruktionen sind häufig.
- Brandlasten in Schulen sind relativ gering.

Die Brandlastendichte in Schulen liegt weit unter der von Wohnungen. In der Tabelle 4.1 findet sich eine Übersicht der Brandlastendichte nach Nutzung.

Tabelle 4.1: Brandlastendichte nach Nutzung gemäß DIN EN 1991-1-2, Tabelle E.4

Nutzung	Mittelwert in MJ/m²	80 %-Fraktile
Wohnung	780	948
Bücherei	1500	1824
Büro	420	511
Klassenzimmer einer Schule	285	347

Anmerkung: Für die 80 %-Fraktile wird eine Gumbelverteilung angenommen.

Für das Standardgebäude, welches der MBO zugrunde gelegt wird, sind die Brandlasten je Quadratmeter relativ hoch angesetzt. Die Brandlastendichte liegt für Wohngebäude bei ca. 780 MJ/m^2, wie sich aus der DIN EN 1991-1-2 Eurocode 1: Einwirkungen auf Tragwerke - Teil 1-2: Allgemeine Einwirkungen - Brandeinwirkungen auf Tragwerke“ (2010), Anhang E, Tabelle E4, ergibt. Für Bürogebäude wird nur ein Wert von ca. 420 MJ/m^2 und für Klassenzimmer ein noch geringerer Wert von ca. 285 MJ/m^2 angesetzt (vgl. Lichtenauer, 2013).

Es kann davon ausgegangen werden, dass die Brandlastendichte in Schulen durch die Umsetzung neuer pädagogischer Konzepte zunehmen wird. Dazu werden Möblierungen, Sitzecken als Rückzugsräume und die individuellere Gestaltung der Räumlichkeiten beitragen. Dennoch ist nicht davon auszugehen, dass die Brandlastendichte den Wert von Bürogebäuden erreicht oder gar übertreffen wird.

Fazit

Bei der Betrachtung der Risiken, die die Anforderungen an tragende und aussteifende Bauteile beeinflussen, sind für Schulbauten keine gravierenden Abweichungen gegenüber dem Standardgebäude, dem Wohn- und Bürohaus, feststellbar (vgl. Heilmann, 2012).

4.5.2 Feuerwiderstandsfähigkeit raumabschließender Bauteile

Um Anforderungen an die Feuerwiderstandsfähigkeit der raumabschließenden Bauteile festzulegen, sind folgende Besonderheiten bei Schulen mit neuen pädagogischen Konzepten zu berücksichtigen:

- Schulen sind weitläufige Gebäude.
- Schulen umfassen in der Höhe meist nur wenige Geschosse.
- Innere Parzellierung im Gebäude fehlt.
- Lichthöfe verbessern die Belichtung der Mittelzonen.
- Gebäudetiefen nehmen durch Lichthöfe zu.
- Schulen haben keinen hohen technischen Installationsgrad.
- Brandlasten innerhalb von Schulgebäuden sind sehr variabel (Klassenraum/Bibliothek).
- Brandrisiken sind ungleich verteilt (Klassenraum/Räume mit besonderen Funktionen).

Fazit

Bei der Betrachtung der Risiken, welche die Anforderungen an die raumabschließenden Bauteile beeinflussen, zeigt sich für Schulen eine deutliche Abweichung gegenüber dem Standardgebäude der MBO, dem Wohn- und Bürohaus. Diese Veränderung von der Korridorschule zu offenen Grundrissen ist bei der Beurteilung zu beachten.

4.5.3 Rettungswege

Um Anforderungen an die Rettungswege festzulegen, sind folgende Voraussetzungen auch bei Schulen mit neuen pädagogischen Konzepten zu berücksichtigen:

- Die Personenzahlen sind hoch.
- Der Personenkreis ist bekannt und berechenbar.
- Die Nutzer sind überwiegend Kinder.
- Die Zahl der Betreuer ist begrenzt.
- Alle Personen sind ortskundig.
- Die Nutzer sind aufmerksam und reaktionsschnell.
- Die Personenrettung beruht auf Eigenrettung.
- Das Verhalten im Brandfall wird regelmäßig geprobt.
- Die Evakuierungszeiten sind sehr gering.

Hinsichtlich des Inklusionsgedankens und der Barrierefreiheit ist die Mobilität der Schüler und Lehrer unter dem Aspekt der Eigenrettung näher zu betrachten. 2017 betrug der Anteil der schwerbehinderten Menschen in Deutschland nach Angaben des Statistischen Bundesamtes 9,4 % in Bezug auf die Gesamtbevölkerung (vgl. Pressemitteilung Nr. 228, 2018). Dort werden auch die Zahlen der Schwerbehinderten nach Alter aufgeschlüsselt: Für die Altersgruppe bis 18 Jahre lässt sich eine Schwerbehindertenquote von ca. 2,0 % zur Gesamtbevölkerung ablesen. Diese Zahl bildet aber nicht die Situation an Schulen vor Ort ab. In einer weiteren Veröffentlichung des Statistischen Bundesamtes wird bei 7 % der Schulkinder der ersten bis zehnten Klasse von einem sonderpädagogischen Förderbedarf ausgegangen (vgl. Schulen auf einen Blick, 2018).

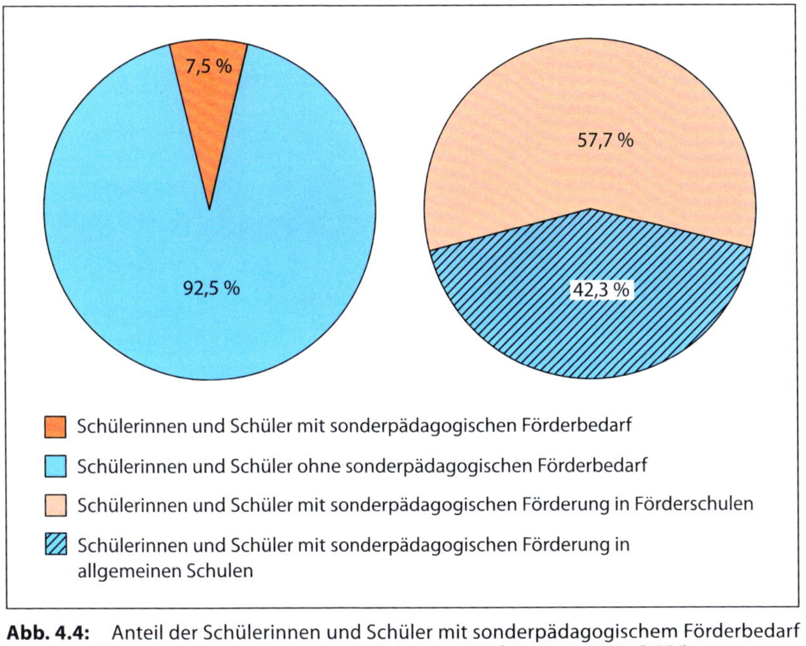

Abb. 4.4: Anteil der Schülerinnen und Schüler mit sonderpädagogischem Förderbedarf (nach Sonderpädagogische Förderung in Schulen 2009 bis 2018, 2020, S. XV)

Als eine differenziertere Grundlage für die Einschätzung, wie viele Schüler und Schülerinnen nicht zur Eigenrettung fähig sind, können die statistischen Veröffentlichungen der Kultusministerkonferenz herangezogen werden (vgl. Sonderpädagogische Förderung in Schulen 2009 bis 2018, 2020).

Die Grafik der Abb. 4.4 zeigt einen Anteil der Schüler mit sonderpädagogischem Förderbedarf von ca. 7,5 % an der Gesamtschülerschaft im Jahr 2018. Daneben wird die Verteilung der Schüler mit sonderpädagogischem Förderbedarf nach Förderschulen und allgemeinen Schulen dargestellt. Knapp 57,7 % der Kinder besuchen eine Förderschule.

Jedoch muss berücksichtigt werden, dass Kinder mit sonderpädagogischem Förderbedarf nicht immer körperliche Beeinträchtigungen haben, welche die Eigenrettung einschränken. Es muss nach Förderschwerpunkten differenziert werden. In der Abb. 4.5 zeigt sich bei der Zusammenfassung der Schwerpunkte „Sehen“, „Hören“ und „körperliche/motorische Entwicklung“, welche für die Alarmierung und Eigenrettung wichtig sind, dass diese Kinder einen Anteil von ca. 12,4 % der Schüler mit Förderbedarf ausmachen.

Im Allgemeinen ist eine Inklusionsschule eine Einrichtung mit einem dem Bevölkerungsdurchschnitt entsprechenden Anteil an Nutzern mit einer Behinderung. Es wurden 2019 ca. 42,3 % der Schulkinder mit sonderpädagogischem Förderbedarf an Regelschulen unterrichtet. Unter dem Aspekt, dass

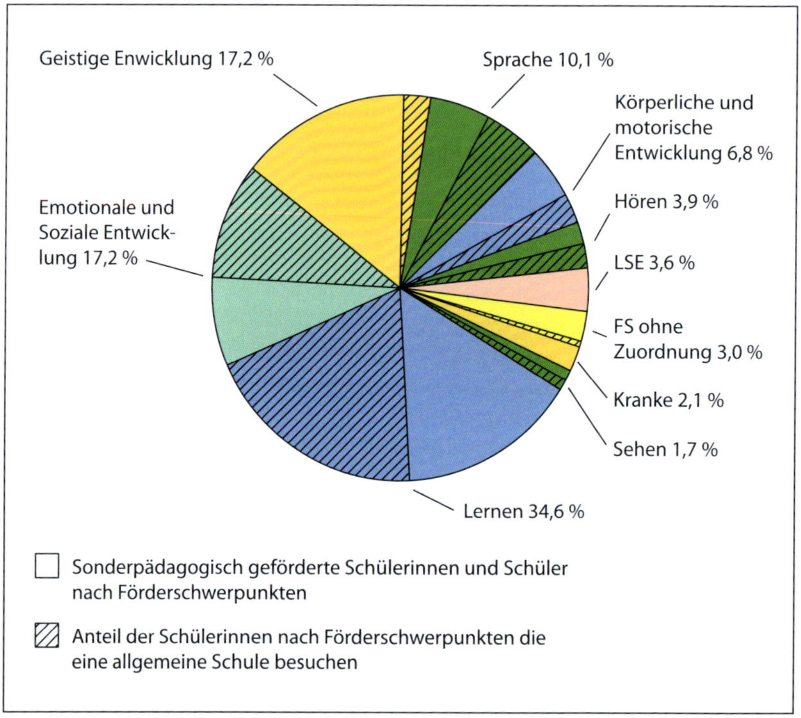

Abb. 4.5: Anteil der sonderpädagogisch geförderten Schülerinnen und Schüler nach Förderschwerpunkten und deren Besuchsanteil an allgemeinen Schulen (nach Sonderpädagogische Förderung in Schulen 2009 bis 2018, 2020, S. XV)

etwa die Hälfte der Schüler mit dem Förderschwerpunkt „Sehen", „Hören" und „körperliche/motorische Entwicklung" allgemeine Schulen besuchen, könnten für diese Schülerzahl die bestehenden gesetzlichen Regelungen zur Barrierefreiheit ausreichen.

An Förderschulen wird – je nach Förderschwerpunkt – der Anteil der Personen, die nicht zur Eigenrettung fähig sind, weit über dem statistischen Wert liegen. Hier müssen besondere Regelungen für die Personenrettung getroffen werden.

Zusätzlich zu den genannten Voraussetzungen für die Festlegung von Anforderungen an die Rettungswege in Schulen mit neuen pädagogischen Konzepten sind folgende Rahmenbedingungen zu beachten:

- Nutzer sind im Regelfall (Schule mit Inklusion) überwiegend mobil.
- Nutzer in Schulen mit Förderschwerpunkt „Lernen", „Sprache" sowie „emotionale und soziale Entwicklung" sind überwiegend mobil.
- Nutzer in Schulen mit Förderschwerpunkt „Hören", „Sehen" und „geistige Entwicklung" sind überwiegend mobil, benötigen hinsichtlich der Alarmierung und Evakuierung unter Umständen Hilfestellung bei der Eigenrettung.
- Nutzer in Schulen mit Förderschwerpunkt „körperliche/motorische Entwicklung" sowie „Kranke" sind nur eingeschränkt zur Eigenrettung fähig.

Fazit

Beim Vergleich der Risiken, welche die Anforderungen an die Rettungswege in Schulen beeinflussen, zeigt sich ein erhöhtes Risiko gegenüber dem Standardgebäude der MBO. Dies ergibt sich vor allem durch die Abweichung hinsichtlich der hohen Personenzahlen und der Altersstruktur der Nutzer.

Obwohl der Geltungsbereich der MSchulbauR schon immer die Sonderschulen umfasste, sind dort keine brandschutztechnischen Regelungen für barrierefreie Rettungswege getroffen worden.

Doch allgemein hat sich das Risikobewusstsein geschärft und die Sicherheitsstandards im Brandschutz wurden in den letzten Jahren erhöht.

Dies ist besonders an der Ergänzung der DIN 18040-1 zu Alarmierung und Evakuierung zu erkennen, wonach heute im Brandschutznachweis *„die Belange von Menschen mit motorischen und sensorischen Einschränkungen zu berücksichtigen"* sind (DIN 18040-1, Abschnitt 4.7). Eine Ergänzung, die selbstverständlich auch für Schulen anzuwenden ist.

5 Prüfung der brandschutztechnischen Anforderungen

Aufgrund der in Kapitel 4.5 festgestellten Rahmenbedingungen können nun brandschutztechnische Festlegungen im Hinblick auf die Risiken erfolgen. Zunächst werden die Anforderungen an den baulichen Brandschutz bestimmt, da sich diese unmittelbar aus der MBO ableiten. Das Erreichen der Schutzziele soll anschließend auch hinsichtlich der Festlegung von Anforderungen an den anlagentechnischen und den organisatorischen Brandschutz überprüft werden.

Alle Bauteile werden betrachtet, um dem Brandschutzplaner auf dieser Grundlage einen eigenständigen Abwägungsprozess zu ermöglichen. Dieser sollte durch den Brandschutzplaner im Rahmen seiner Beurteilung nachvollziehbar dokumentiert werden.

Wichtigste Grundlage zur brandschutztechnischen Beurteilung eines Gebäudes nach Bauordnungsrecht ist die Einstufung in die Gebäudeklasse und die Einordnung des Gebäudes hinsichtlich möglicher Sonderbautatbestände. Diese sind die Basis für alle Festlegungen von brandschutztechnischen Anforderungen an Schulgebäude (siehe Kapitel 3).

5.1 Festlegung der Anforderungen an die Feuerwiderstandsfähigkeit tragender Bauteile

Die Vorgaben des § 27 „Tragende Wände, Stützen" der MBO regeln die ausreichende Standsicherheit im Brandfall.

Allgemeine Anforderungen der MBO

Die Anforderungen an diese Bauteile richten sich nach der Einstufung in die Gebäudeklasse. Dadurch werden die Ausdehnung und die Höhenentwicklung des Gebäudes in Bezug zur Feuerwiderstandsfähigkeit gesetzt.

Anforderungen der MSchulbauR

Die MSchulbauR stellt unter Nummer 2.1 differenziertere Anforderungen an die tragenden und aussteifenden Bauteile. Dabei wird der Mindeststandard für Gebäude mit einer Höhe bis zu 7 m auf das Niveau der Gebäudeklasse 3 gehoben. Demnach ist in Kellergeschossen eine feuerbeständige und in oberirdischen Geschossen eine feuerhemmende Bauweise erforderlich. Für Gebäude mit einer Höhe über 7 m wird grundsätzlich von einer feuerbeständigen Bauweise ausgegangen.

Zusätzlich ist in der MSchulbauR unter Nummer 2.1 Satz 2 eine Erleichterung für die hochfeuerhemmende Bauweise ergänzt, wenn Geschosse unter 400 m^2 groß sind oder in Abschnitte unter 400 m^2 unterteilt werden. Bei einer Ausführung von definierten Teilnutzungseinheiten mit Trennwänden

Abb. 5.1: Erdgeschossiges Schulgebäude aus Stahlcontainern

entsprechend Kapitel 5.2.2 bestehen keine brandschutztechnischen Bedenken gegen diese Erleichterung. Dennoch wird aus folgendem Grund davon abgeraten:

Die Erfüllung der Schutzziele der MBO basiert auf den brandschutztechnischen Anforderungen, welche sich aus der Höhen- und Größenentwicklung von Standardgebäuden ableiten. Dabei ist die hochfeuerhemmende Bauweise gemäß der MBO auf die Gebäudeklasse 4 mit einer definierten Höhe und einer begrenzten Größe der Nutzungseinheiten eingeführt. Die angedachte Erleichterung der MSchulbauR könnte zu einem Abrücken von dieser prinzipiellen Definition der Gebäudeklasse 4 in § 2 Abs. 3 Nr. 4 MBO führen.

Um eine Verwechslungsgefahr mit der Einstufung in die definierte Gebäudeklasse 5 zu vermeiden, wird empfohlen in begründeten Einzelfällen einen Antrag auf Abweichung zu stellen.

Praxistipp

Bei Abweichungen von den Anforderungen der MBO bzw. der MSchulbauR sind folgende Überlegungen denkbar:

Es ist bekannt, dass sich die Evakuierungszeit für Gebäude nach der Höhe und Größe entwickelt. Die Evakuierungszeiten liegen, auch für Schulen mit über 1.000 Schülern, den regelmäßigen Alarmproben geschuldet, bei ca. 5 bis 10 Minuten. Anders als in Wohnhäusern wird geübt, bei einer Alarmierung in Schulen unverzüglich das Gebäude verlassen. Dieser Effekt ist jedoch bei Hochschulen aufgrund der Größe meist nicht mehr gegeben.

Bei der Beurteilung ist zu beachten, wie eine rechtzeitige Alarmierung sichergestellt werden kann. Auch sollte der Rettungswegverlauf ein wichtiges Kriterium sein.

Neue mögliche Erleichterungen

Der Verzicht auf brandschutztechnische Anforderungen an tragende und aussteifende Bauteile für erdgeschossige Gebäude bis 400 m² BGF (Brutto-Grundfläche) wäre ohne eine automatische Alarmierung vermutlich vertretbar, wenn alle Aufenthaltsräume über einen unmittelbaren Ausgang ins Freie verfügen. Unter der Berücksichtigung dieser Rahmenbedingungen werden die Schutzziele Personenrettung, Vorbeugung von Brandausbreitung und Ermöglichen wirksamer Löscharbeiten auch ohne weitere Kompensationsmaßnahmen erreicht und es bestehen keine brandschutztechnischen Bedenken (siehe Abb. 5.1). Eine ähnliche Erleichterung bestand bereits in der MBASchulR 1976 für Schulgebäude mit einer Grundfläche von nicht mehr als 300 m². Dieser Gedanke könnte auch heute wieder aufgegriffen werden, um den Bau von kleinen Schulen oder Campusschulen zu ermöglichen, die sich aus mehreren freistehenden (die Abstandsflächen einhaltenden) Gebäuden zusammensetzen.

Zudem ist zu überlegen, ob es bei erdgeschossigen Schulbauten, die aufgrund der Fläche in die Gebäudeklasse 3 fallen, unter den oben genannten Rahmenbedingungen ausreichend wäre, dass die tragenden und aussteifenden Bauteile nichtbrennbar sind.

Fazit

Schutzzielorientiert scheinen die weitgehenden Anforderungen für die tragenden und aussteifenden Bauteile in der Gebäudeklasse 1 und 2 sinnvoll. Für erdgeschossige Gebäude wären Erleichterungen denkbar.

5.2 Festlegung der Anforderungen an raumabschließende Bauteile

5.2.1 Außenwände

Die Vorgaben des § 28 „Außenwände“ der MBO regeln die ausreichende Begrenzung der Brandausbreitung in Außenwänden und Außenwandteilen.

Allgemeine Anforderungen der MBO

Die Anforderungen an diese Bauteile richten sich nach der Einstufung in die Gebäudeklasse. Die Verwendung von Baustoffen, Bauteilen und bestimmten Konstruktionen wird in Bezug zur Ausdehnung und Höhenentwicklung des Gebäudes gesetzt.

Anforderungen der MSchulbauR

Die MSchulbauR beschreibt keine Anforderungen an die Ausbildung von Außenwänden und Außenwandteile. Dies bedeutet, dass § 28 MBO anzuwenden ist.

Abb. 5.2: Holzfassade mit brandschutztechnisch wirksamer Unterbrechung durch Stahlblechwinkel, Gymnasium Neubiberg

Mögliche Erleichterungen oder weitergehende Anforderungen

Weitergehende Anforderungen ergeben sich möglicherweise, da sich die Bauweise von Schulen wesentlich geändert hat. Skelettbauweise, Verwendung von brennbaren Baustoffen und Lichthöfe innerhalb von Gebäuden sind zu berücksichtigen. Es fehlen häufig die früher üblichen massiven, nichtbrennbaren Bauteile im Brüstungsbereich, welche dazu beitrugen, die Brandausbreitung zu begrenzen. Da sich die Rettungswegführung nicht mehr nur auf notwendige Flure und Treppenräume mit definierten Wandqualitäten beschränkt, müssen Hohlräume und Doppelfassaden diesbezüglich kritisch bewertet werden. Lichthöfe im Innern von Gebäuden sind für die Feuerwehr nur schwer zugänglich. Es ist zu prüfen, ob diese Situation mit der von Außenfassaden eines Standardgebäudes vergleichbar ist.

Durch den Ausschluss der Erleichterungen nach § 28 Abs. 5 MBO könnten die Außenfassaden von Schulen generell auf das Niveau der Gebäudeklasse 5 heraufgestuft werden. Gegen diese Verschärfung der Anforderungen spricht allerdings die vergleichbare bauliche Situation in Büro- und Verwaltungsgebäuden.

Fazit

Die Einhaltung der Schutzziele scheint durch die bestehenden Anforderungen der MBO ausreichend geregelt.

Weitergehende Festlegungen von Anforderungen an Fassaden sind unter Umständen von der Rettungswegführung abhängig zu machen oder sie können dazu dienen, eine Begrenzung der Brandausbreitung im Bereich von Rettungswegen oder Brandabschnitten sicherzustellen (siehe Abb. 5.2).

5.2.2 Trennwände

Der § 29 MBO regelt die Erfordernis von Trennwänden und macht Vorgaben, um die Brandausbreitung innerhalb von Geschossen ausreichend lange zu begrenzen.

Allgemeine Anforderungen der MBO

Zunächst regelt der § 29 MBO, wann Trennwände erforderlich sind und daran anschließend die Anforderungen an die Ausführung der Trennwände. Diese richten sich einerseits nach den Anforderungen, welche an die tragenden und aussteifenden Bauteile gestellt wird, andererseits nach dem Gefahrenpotential, welches sich aus der Nutzung ergibt.

Anforderungen der MSchulbauR

Die MSchulbauR regelt keine Anforderungen an die Ausbildung von Trennwänden. Dies bedeutet, dass § 29 MBO anzuwenden ist.

Erforderliche Trennwände, entsprechend der Feuerwiderstandsfähigkeit der tragenden und aussteifenden Bauteile

Trennwände, entsprechend der Feuerwiderstandsfähigkeit der tragenden und aussteifenden Bauteile sind erforderlich

- zwischen Nutzungseinheiten sowie zwischen Nutzungseinheiten und anders genutzten Räumen,
- zwischen Teilnutzungseinheiten/Lernbereichen,
- zwischen Aufenthaltsräumen und anders genutzten Räumen im Kellergeschoss,
- zu Müllräumen,
- zu Räumen mit besonderer Nutzung oder Größe.

Trennwände zwischen Nutzungseinheiten sowie zwischen Nutzungseinheiten und anders genutzten Räumen

Irrtümlicherweise wird oft angenommen, dass Klassenraumwände als Trennwände auszuführen sind. Das ist nicht der Fall, da Schulgebäude als eine Nutzungseinheit definiert sind.

Trennwände nach § 29 Abs. 2 Nr. 1 MBO sind im Regelfall nicht erforderlich (siehe hierzu auch Kapitel 3.1.1).

Trennwände zwischen Teilnutzungseinheiten/Lernbereichen

Unter bestimmten Voraussetzungen wird der Verzicht auf notwendige Flure innerhalb von Büro- und Verwaltungseinheiten an die Größenbeschränkung von 400 m^2 geknüpft, die auch durch die Ausbildung von Teilnutzungseinheiten mittels Trennwänden nach § 29 Abs. 2 Nr. 1 MBO erreicht werden kann. Die MBO stellt in § 36 Abs. 1 Satz 2 Nr. 4 (Verzicht auf notwendige Flure in Büro- und Verwaltungsnutzungen) diesen Bezug zur Ausbildung von Trennwänden her.

Für die neuen Lernkonzepte wäre es wünschenswert, wenn brandschutztechnische Teilnutzungseinheiten entsprechend der Lernbereiche definiert werden können, um neue Rettungswegekonzepte ohne notwendige Flure zu ermöglichen. Diese Erleichterung analog zur Büro- und Verwaltungsnutzung wäre in der MSchulbauR zu ergänzen. Die hierfür erforderlichen Anforderungen an die Trennwände könnten entsprechend der Gebäudeklasse festgelegt werden.

Für eine Vergleichbarkeit dieser sog. 400m^2-Regel sprechen die geringen Brandlasten in Lernbereichen, welche die Größe in Büro- und Verwaltungseinheiten bei Weitem nicht erreichen (siehe Kapitel 4.5.1). Im Forschungsprojekt Brandschutz im Schulbau (vgl. Lorenz, Höhne, 2017) wird die Brandlastendichte zudem in Bezug zur Brutto-Grundfläche gesetzt und festgestellt, dass mit diesem Ansatz sogar Teilnutzungseinheiten bis 600 m^2 möglich wären. Die neue Schulbaurichtlinie in Nordrhein-Westfalen berücksichtigt für Lernbereiche als Teilbereiche diesen Wert bereits (vgl. SchulbauR NRW).

Um die Gliederung der MBO und der MSchulbauR beizubehalten, könnte die grundsätzliche Möglichkeit der Ausbildung von Teilbereichen in Analogie zu den Teilnutzungseinheiten im Rahmen der Regelungen zu notwendigen Fluren aufgegriffen werden (siehe hierzu Kapitel 5.3.5 und 5.3.9).

Trennwände zwischen Aufenthaltsräumen und anders genutzten Räumen im Kellergeschoss

Im Kellergeschoss scheint die Ausführung von Trennwänden zwischen Aufenthaltsräumen und anders genutzten Räumen unproblematisch, da eine Anforderung an Kellergeschossdecken entsprechend der Festlegung in Kapitel 5.1.1 ohnehin getroffen sein sollte. Im Regelfall können diese Trennwände mindestens feuerhemmend geplant werden. Mehrere Aufenthaltsräume können auch zu einem Teilbereich zusammengefasst werden. Es erscheint vorstellbar, einzelne Räume, wie WCs und kleinere Abstellräume, im Einzelfall mit Aufenthaltsbereichen zusammenzufassen. Diese Abweichung wäre schutzzielorientiert zu betrachten.

Trennwände zu Müllräumen

Werden feste Abfallstoffe vorrübergehend innerhalb von Gebäuden aufbewahrt, sind dafür separate Räume vorzusehen. Der § 45 MBO regelt hierzu analog zu § 29 Abs. 3 Satz 1 MBO, dass „*Trennwände und Decken als raumabschließende Bauteile mit der Feuerwiderstandsfähigkeit der tragenden Wände*“ auszuführen sind.

Mögliche Anforderungen für Räume mit besonderer Nutzung oder Größe

Nicht alle Räume in Bildungseinrichtungen sind hinsichtlich ihrer Brandrisiken gleich oder mit einem Klassenzimmer vergleichbar. Zwar handelt es sich meist um typische Nutzungen, die in jedem Schulgebäude auftreten, dennoch sollten sie im Brandschutznachweis näher betrachtet werden. Dass diese Räume nicht zwangsläufig Räume mit Explosions- oder erhöhter Brandgefahr sind, erläutert der Fachbeitrag „Räume mit erhöhter Brandgefahr“ im Feuertrutz Magazin 1/2015 von Dipl.-Ing. Matthias Dietrich und hebt hervor, dass bereits die MBO einen guten Vergleich für die Einschätzung von Brandgefahren bietet. Für Umfassungswände von Müllräumen innerhalb von Gebäuden genügen *„Trennwände und Decken als raumabschließende Bauteile mit der Feuerwiderstandsfähigkeit der tragenden Wände“* (§ 45 Abs. 1 MBO).

„Daraus kann gefolgert werden, dass bei Letzteren [Anmerkung der Autorin: Räumen mit Explosions- oder erhöhter Brandgefahr] *eine höhere Brandgefahr als bei Müllräumen unterstellt wird. Somit muss auch die Schwelle zur Einstufung eines Raumes mit erhöhter Brandgefahr deutlich über dem Gefahrenpotential eines Müllraumes liegen“* (Dietrich, 2015).

Für einige der nachstehend aufgeführten Räume ist die Ausführung von Trennwänden zu prüfen. Die Einstufung dieser besonderen Räume als Räume mit Explosions- oder erhöhter Brandgefahr, REeB, muss nicht zwangsläufig sein. Es ist im nicht geregelten Sonderbau erforderlich, diese besonderen Räume zu erkennen und schutzzielorientiert mögliche Anforderungen für deren Trennwände festzulegen.

Die SchulbauR NRW definiert als Planungshilfe sogenannte Räume mit „gehobener Brandgefahr“ als *„Räume, die im Vergleich zu Lern- und Unterrichtsräumen ein höheres Risiko der Brandentstehung oder Brandausbreitung aufweisen“* (Punkt 3.4 SchulbauR NRW)

Zu den häufigsten, in Schulen vorkommenden Räumen, die hinsichtlich einer besonderen Nutzung oder Größe schutzzielorientiert betrachtet werden sollten, gehören:

- Putzmittel- und Kopierräume
- Abstellräume und Lager
- Technikräume und Lüftungszentralen
- Versammlungsräume
- Kantinen, Produktions-, Schul- und Teeküchen
- Bibliotheken
- EDV-Räume
- Zeichensäle, Kunst- und Werkräume
- Werkstätten
- Chemieübungs- und Laborräume
- Physik- und Biologielehrsäle

Um den oben verwendeten Vergleich mit dem Müllraum nochmals aufzugreifen, für dessen raumabschließende Bauteile die Feuerwiderstandsfähigkeit der tragenden Wände genügen: Es ist zur Beurteilung die Frage zu stellen, ob das Gefahrenpotential eines Müllraumes erreicht wird oder ob die geplante Nutzung eines der o. g. Räume in einem normalen Klassenzimmer brandschutztechnisch ebenfalls unbedenklich möglich wäre.

Außerdem enthalten die Erläuterungen zur Sonderbauverordnung Hinweise, die als Einschätzung dienen können:

„Als Räume mit erhöhter Brandgefahr sind z. B. Lagerräume, Werkräume, Magazine und Laborräume anzusehen. Darüber hinaus können folgende Kriterien für eine Bewertung, ob Räume erhöhten Brandgefahren ausgesetzt sind, im Einzelfall herangezogen werden:

- *Mindestgröße (ab 20 m²) und*
- *Vorhandensein von Zündquellen und*
- *Vorhandensein von leicht entzündlichen Materialien (z. B. Lösungsmittel,*
- *brennbare Flüssigkeiten etc.) oder*
- *Durchführung feuergefährlicher Arbeiten (z. B. löten, schweißen, trennen)"*

Nicht zu Räumen mit erhöhter Brandgefahr zählen danach z. B. Putzmittelräume, Teeküchen und Kopierräume" (Erläuterungen zur Sonderbauverordnung, 2018, zu § 102).

Im Folgenden wird für diese Räume im Einzelnen betrachtet, ob Trennwände in Qualität der tragenden und aussteifenden Bauteile erforderlich und ausreichend sind.

Putzmittelräume und Kopierräume

Der Abwägungsprozess für Schulen kann sich an den o. g. Kriterien orientieren. Das Aufstellen von Kopiergeräten in separaten Räumen ist nicht dem Brandschutz, sondern dem Gesundheitsschutz geschuldet. Gleiches gilt für Putzmittel für den täglichen Bedarf. Unter diesem Aspekt scheinen Trennwände nicht erforderlich.

Abstellräume und Lager

Der Abwägungsprozess für Schulen kann sich an den o. g. Kriterien orientieren. Ein Stuhllager ist dabei günstiger zu beurteilen als ein Putzmittellager. Unter dem Aspekt der flexiblen Raumnutzung kann der Ansatz über die Raumgröße zielführend sein. Es darf sich nicht um ein Gefahrstofflager handeln.

Technikräume, Lüftungszentralen

Die Ausnahme von der Ausbildung von Lüftungszentralen für Lüftungsanlagen in der Gebäudeklasse 3 sollte bei der Planung einzelfallbezogen betrachtet werden. Dies gilt auch für sonstige Technikräume, wenn für diese nicht ohnehin Anforderungen an Trennwände geregelt sind, wie z. B. Trennwände nach MFeuV oder EltbauVO. Trennwände entsprechend der Gebäudeklasse können vielfach schon ausreichend sein. Weitergehende baurechtliche Regelungen sind ggf. zu beachten.

Versammlungsräume

Die Trennwände von Versammlungsräumen richten sich nach der MVStättVO, sie sind im Regelfall feuerbeständig. Abweichend könnte eine Erleichterung für Versammlungsräume bei internen, schulimmanenten Veranstaltungen geregelt und die Feuerwiderstandsfähigkeit für Trennwände auf die Gebäudeklasse abgestellt werden.

Kantinen, Produktionsküchen, Schulküchen und Teeküchen

Kantinen können unter Umständen als Teile von Versammlungsräumen eingestuft werden, siehe oben.

Für Kantinen und Produktionsküchen, die nicht in den Geltungsbereich der MVStättVO fallen, kann diese dennoch als Anhaltspunkt für eine Obergrenze dienen. Küchen bis 30 m² dürfen ohne besondere Maßnahmen in einen Versammlungsraum integriert werden. Dabei ist allerdings zu berücksichtigen, dass dieser bereits über raumabschließende Trennwände verfügt. Eine Ausführung entsprechend der Gebäudeklasse kann vielfach schon ausreichend sein.

Schulküchen sind unter dem Gesichtspunkt der höheren Brandentstehungsgefahr zu betrachten. Brandlasten sind in Bezug auf die Raumgröße oft gering. Ein Kriterium für den Verzicht auf Trennwände könnte sein, dass Küchengeräte, insbesondere Herde und Backöfen, niemals unbeaufsichtigt im Betrieb sind und Fritteusen in der Regel nicht zum Einsatz kommen.

Reine Aufwärmküchen und Teeküchen benötigen im Regelfall keine weitergehenden Regelungen für raumabschließende Bauteile. Die Nutzung wird häufig in Unterrichtsräume und Lehrerzimmer integriert.

Bibliotheken

Bibliotheken sind unter dem Aspekt der hohen Brandlastendichte zu betrachten. Zündquellen können heute nicht mehr ausgeschlossen werden, da innerhalb der Bibliotheken oft EDV-Arbeitsplätze integriert sind. Eine brandschutztechnisch wirksame Abtrennung zu anderen Bereichen aufgrund des Schutzes der hohen Sachwerte hinsichtlich eines Brandübertrags scheint sinnvoll. Magazine sollten mindestens mit Trennwänden der Gebäudeklasse ausgeführt werden.

EDV-Räume

EDV-Räume haben gegenüber den regulären Unterrichtsräumen eine wesentlich höhere Installationsdichte, die aber mit der einer Büro-Nutzung durchaus vergleichbar ist. Befinden sich dort auch besondere technische Werkzeuge, beispielsweise 3-D-Drucker, ergibt sich möglicherweise eine andere Risikobeurteilung, welche sich aus den zu verarbeitenden Kunststoffen und der Zündquellen ergeben. Eine verzögerte Branderkennung ist fast zwangsläufig, da die Geräte oftmals nicht unter ständiger Aufsicht betrieben werden können. Da ein separater Aufstellraum meist aus Gründen des Gesundheitsschutzes erforderlich wird, kann aus brandschutztechnischer Sicht eine Trennwand entsprechend der Gebäudeklasse sinnvoll sein.

Zeichensäle, Kunst- und Werkräume

Zeichensäle sind meistens mit Klassenräumen vergleichbar und es bedarf in der Regel keiner Trennwände. Anders als in Zeichensälen werden in Fachräumen für Kunst und Werken Gefahrstoffe, z. B. in der Form von Reinigungs- und Lösungsmitteln, verwendet und auch gelagert. Es kann aber davon ausgegangen werden, dass aufgrund von betrieblichen Schutzmaßnahmen kein Raum mit Explosions- oder erhöhter Brandgefahr vorliegt. Es ist schutzzielorientiert festzulegen, ob Trennwände entsprechend der Anforderung an die Gebäudeklasse vorzusehen sind.

Das Aufstellen eines Brennofens für Töpferarbeiten ist in jedem Raum zulässig. Die erforderlichen Brandschutzmaßnahmen ergeben sich aus den Produktinformationen, z. B. über Abstände und angrenzende Oberflächen. Ein separater Aufstellraum wird meist aus Gründen des Gesundheitsschutzes erforderlich. Auch hier ist eine ständige Aufsicht der Geräte nicht gegeben, sodass eine Ausführung von Trennwänden entsprechend der Gebäudeklasse sinnvoll scheint.

In der Hausmeisterwerkstatt werden unter Umständen feuergefährliche Arbeiten durchgeführt. Welche Art von Arbeiten zu berücksichtigen ist, muss durch den Bauherrn vorgegeben werden.

Werkstätten

Da die MSchulbauR auch die berufsbildenden Schulen umfasst, sind Werkstätten, die über eine vollständige technische Ausstattung verfügen, besonders zu betrachten. Eine Einstufung dieser Räume ist stets differenziert vorzunehmen, da die Brandgefahren nicht allgemeingültig beschrieben werden können. So haben Schreiner- und Schlosserwerkstätten ein wesentlich höheres Gefahrenpotential als Werkräume einer allgemeinbildenden Schule. Arbeitsgeräte und Werkzeuge bergen ein deutlich erhöhtes Brandrisiko, eine Einstufung als Raum mit Explosions- oder erhöhter Brandgefahr sollte mit dem Bauherrn abgestimmt werden.

Erforderliche Trennwände zu Räumen mit Explosions- oder erhöhter Brandgefahr (REeB)

Trennwände sind immer erforderlich zu Räumen mit Explosions- oder erhöhter Brandgefahr, REeB. Die Anforderung an diese Trennwände ergibt sich aus § 29 Abs. 3 MBO, wonach Trennwände von REeB immer feuerbeständig vorzusehen sind. Wenn REeB als Nutzung festgelegt werden, betrifft die Anforderung feuerbeständig alle angrenzenden Bauteile und unter Umständen das gesamte Gebäude einschließlich Statik. Die Einstufung eines Raumes als REeB ist also hinsichtlich der baurechtlichen Konsequenzen sorgfältig zu bedenken. Sofern es in der Planung möglich ist, kann es in Gebäuden der Gebäudeklassen 3 und 4 brandschutztechnisch sinnvoll sein, REeB im Kellergeschoss unterzubringen, wo die Anforderung feuerbeständig ohnehin einzuhalten ist.

Hinweis

- Im Brandschutznachweis sind REeB zu kennzeichnen (siehe Kapitel 5.6).

Die Einstufung eines Raumes als REeB ist im Brandschutznachweis darzustellen. Es stellt sich die Frage, ob diese Räume deshalb auch durch den Brandschutzplaner festzulegen sind. Das Gefahrenpotential dieser Räume in Schulen ergibt sich allein aus *„dem Umgang oder der Lagerung von Stoffen in der konkreten baulichen Anlage"* (Auslegungshilfe: Sonderbauten, 2011) und nicht aus dem Bauwerk. Demnach kann die Einstufung von Räumen als REeB nur durch den Bauherrn und Nutzer erfolgen.

Räume mit Explosionsgefahr

„Eine Explosionsgefahr ist insbesondere gegeben, wenn in einer baulichen Anlage die Gefahr des Auftretens einer explosionsfähigen Atmosphäre in gefahrdrohender Menge besteht (vgl. § 2 Abs. 8, 9 Betriebssicherheitsverordnung – BetrSichV)“ (Auslegungshilfe: Sonderbauten, 2011). Der Arbeitgeber müsste demzufolge auch ein Explosionsschutzdokument erstellen; Installationen und Geräte müssten mit Explosionsschutz ausgestattet sein.

Letztlich müsste auch die Rettungsweglänge auf 20 m reduziert werden (vgl. ASR A2.3, 2007, Abschnitt 5, Abs. 2).

Die Vorgaben zum Explosionsschutz ergeben sich aus einer Vielzahl von nachgeordneten Vorschriften, teils auch speziell für Schulen. Eine hilfreiche und wichtige Zusammenstellung aller Anforderungen ist die Richtlinie zur Sicherheit im Unterricht (RiSU) (2019). In Teil I sind verbindliche Regelungen für die Schulträger enthalten. Es werden für den Schulbetrieb relevante Technische Regeln für Betriebssicherheit (TRB) und Technische Regeln für Gefahrstoffe (TRGS) zusammengeführt und hinsichtlich der Relevanz im Schulalltag bewertet. Dort findet sich unter Punkt I-3.2.1 auch der Verweis: *„Wenn nach dieser RiSU verfahren wird, ist grundsätzlich kein Explosionsschutzdokument nach § 6 Abs. 9 GefStoffV erforderlich“.*

Aufgrund der starken Einschränkungen an gelagerten Mengen und den betrieblichen Abläufen, die durch DGUV und Arbeitsschutz festgelegt werden, kann eine Explosionsgefahr im Arbeits- und Aufbewahrungsbereich minimiert werden.

Damit dürfte eine baurechtliche Einstufung der naturwissenschaftlichen, technischen und künstlerischen Unterrichtsbereiche als Räume mit Explosionsgefahr in der Regel nicht erforderlich sein.

Praxistipp

Da nur vermutet werden kann, dass es auf Grund der zahlreichen Sicherheitsvorschriften an Schulen keine Räume mit Explosionsgefahr gibt, sollte der Nachweisersteller beim Bauherrn eine Bestätigung hierüber einholen.

Räume mit erhöhter Brandgefahr

Der Begriff „erhöhte Brandgefahr“ wird ebenfalls häufig ohne nähere baurechtliche Definition verwendet. Es ist also im Einzelfall zu entscheiden, ob ein solcher Raum vorliegt.

Die Richtlinie zur Sicherheit im Unterricht (RiSU) (2019) betrachtet Explosions- und Brandgefahr getrennt:

„Eine erhöhte Brandgefahr ist z. B. gegeben, wenn in diesen Räumen entzündbare Flüssigkeiten vorhanden sind oder eine Gasversorgung installiert ist“ (Teil III-1.1, S. 119).

Unter diesem Aspekt können die weiteren, häufig in Schulen vorgesehenen Räume besser eingeschätzt werden:

- Chemieübungsräume und Labore
- Physik- und Biologielehrsäle

Chemieübungsräume und Labore

Bereits die MBASchulR 1976 stellte in den Nummern 3.15.5 und 3.15 fest, dass es *„Räume oder Raumgruppen mit erhöhter Brandgefahr"* gibt. Es wurden beispielhaft „Schülerübungsräume für Chemie" aufgeführt. Die sich daraus ergebenden Konsequenzen: Löschdecken, 2 günstig gelegene Ausgänge, Türen in Fluchtrichtung aufschlagend und feuerbeständige Wände mit feuerhemmend und selbstschließenden Türen.

Dass gleichwertige Regelungen in der aktuellen MSchulbauR nicht mehr enthalten sind, kann dahingehend interpretiert werden, dass es sich um Vorschriften zur Unfallverhütung und zum Arbeitsschutz handelte, welche ohnehin aus sich heraus gelten. Es ist zu vermuten, dass die Sicherheitsbestimmungen in Schulen so hoch sind, dass im Unterricht an allgemeinbildenden Schulen verwendete explosive Substanzen nur in äußerst geringen Mengen vorliegen und eine Explosionsgefahr nicht gegeben ist. Allerdings ist in diesen Räumen regelmäßig ein Gasanschluss vorgesehen und damit verbunden auch eine Zündquelle (Bunsenbrenner). In Versuchen werden Gasgemische etc. zur Explosion gebracht. Eine erhöhte Brandgefahr scheint also gegeben. Dementsprechend ergeben sich die Anforderungen aus der MBO und es werden feuerbeständige Wände erforderlich.

Gerade bei Gebäuden, welche baurechtlich nur die Anforderung feuerhemmend erreichen müssen und in Holzbauweise errichtet werden sollen, ist die Ausführung feuerbeständig technisch nicht möglich und die geforderte Feuerwiderstandsklasse F90 mit einem erheblichen Mehraufwand verbunden. Es sollte daher durch den Bauherrn geprüft werden, ob mit Sicherheitsschränken gearbeitet werden kann, welche eine 90-minütige Feuerwiderstandsfähigkeit haben, um für die raumabschließenden Wände auf die Anforderungen an Trennwände entsprechend der Gebäudeklasse abzustellen. Diese könnten dann als Räume besonderer Nutzung beurteilt werden.

Für fachspezifische Berufsschulen mit größeren Laborbereichen in Verbindung mit Übungsplätzen sollten die Lagerräume feuerbeständig ausgeführt werden, da die Lagermengen meist nicht mehr in Sicherheitsschränken aufbewahrt werden können. Hier ist es oft einfacher, den ganzen Bereich brandschutztechnisch abzuteilen und auch die Übungsplätze einzubeziehen.

Physiksäle, Biologielehrsäle

Ob Trennwände für Physiklehrsäle erforderlich sind, ist abhängig von der Ausstattung festzulegen. Gleiches gilt für Biologielehrsäle. Ein ausschlaggebendes Kriterium als REeB könnte die Planung von Gasanschlüssen oder die Lagerung von leicht entzündlichen Flüssigkeiten sein. Eine Planung analog zu Chemiesälen kann unter Umständen sinnvoll sein, um die Raumnutzungen flexibel zu halten.

Fazit

Regelungen zum Bedarf und zu den Anforderungen von Trennwänden wären eine sinnvolle Ergänzung in der MSchulbauR, vor allem um die Ausbildung von Teilbereichen zu ermöglichen, um neue pädagogische Konzepte baulich umzusetzen. Des Weiteren könnte es hilfreich sein, „besondere Räume" zu definieren, für die Trennwände in Qualität der tragenden und aussteifenden Bauteile genügen.

Das Schutzziel, die Brandausbreitung innerhalb der weitläufigen Geschosse von Schulgebäuden ausreichend lang zu begrenzen, kann durch die Abwägung der o. g. Maßnahmen erreicht werden. Auch die Durchführung von wirksamen Löscharbeiten wird durch die Möglichkeit der Parzellierung verbessert.

Öffnungen in Trennwänden müssen feuerhemmende, dicht- und selbstschließende Abschlüsse haben. Eine höhere Anforderung für Türen in feuerbeständigen Trennwänden besteht auch in Bildungseinrichtungen nicht. Allerdings sollte eine rauchdichte Ausführung unter dem Aspekt der Rettungswegführung für Abschlüsse in bestimmten Trennwänden beachtet werden.

Damit weitergehende Anforderungen aus den Bereichen Arbeits- und Unfallschutz einfließen können, sollte im Rahmen der Vorabstimmung des Brandschutznachweises explizit um Angaben des Bauherrn und Betreibers gebeten werden (siehe Kapitel 3.4.1 und 3.4.2).

5.2.3 Brandwände

Der § 30 MBO regelt die Erfordernis von Brandwänden und macht Vorgaben, um die Brandausbreitung innerhalb ausgedehnter Gebäude ausreichend lang zu verhindern.

Allgemeine Anforderungen der MBO

Die Unterteilung von ausgedehnten Gebäuden in Brandabschnitte ist in § 30 Abs. 2 Nr. 2 MBO geregelt. Demnach sind in Abständen von 40 m innere Brandwände erforderlich. Die Anforderung an die Ausführung der Brandwände, einschließlich der Öffnungen, sind in § 30 Abs. 3 bis 11 MBO geregelt.

Erleichterungen der MSchulbauR für Abstände von Brandwänden

Gegenüber der MBO bietet die MSchulbauR in Nummer 2.2. die Erleichterung, den o. g. Abstand auf 60 m zu erweitern. Dieser Punkt ist unter den Aspekten der Schutzziele, der Brandausbreitung und der wirksamen Löscharbeiten neu zu prüfen, da sich deren Rahmenbedingungen geändert haben. Zum Zeitpunkt der Einführung der 60-m-Regel in der MBASchulR 1976 wurde von der Verwendung von nichtbrennbaren Materialien ausgegangen und auch die Bauweise der Schulen mit kleinteiligen Klassenräumen wirkte der Brandausbreitung entgegen. Die neuen Schulkonzepte sehen offene

Raumkonzepte vor und bis einschließlich Gebäudeklasse 4 sind brennbare Baustoffe zulässig.

Hier könnte der Blick auf die 60-m-Regel nach der Landesbauordnung Rheinland-Pfalz zielführend sein, da es dort eine Regelzulässigkeit in § 30 Abs. 2 Nr. 3 gibt. Demnach sind „*innerhalb ausgedehnter Gebäude in Abständen von höchstens 60 m*“ Brandwände vorzusehen. Dies gilt dort für alle Gebäude unabhängig von deren Konstruktion. Es ist allerdings auf die Beschränkung der Gebäudetiefe auf 40 m zu achten. Ein weiterer Aspekt für die Beurteilung der Brandabschnittsgrößen, nämlich die geringe Brandlastendichte in Schulen aufgrund der Gebäudenutzung, wirkt sich positiv aus (siehe dazu Kapitel 4.4.1).

Fazit

Es bestehen keine Bedenken, Brandabschnittsgrößen von 60 m × 40 m für Schulgebäude als zulässig zu erachten, ohne dass Kompensationsmaßnahmen erforderlich werden. Das Schutzziel, die Brandausbreitung auf andere Brandabschnitte ausreichend lange zu verhindern, kann eingehalten werden. Je nach Bundesland ist hierfür ein Abweichungsantrag von der Landesbauordnung zu stellen. Es ist auf eine gute Zugänglichkeit für die Feuerwehr zu achten.

Weitere Anforderungen an Brandwände der MSchulbauR

Die Ausführung der Brandwand hinsichtlich des Feuerwiderstands wird ebenfalls in Nummer 2.2 MSchulbauR geregelt: „*In Gebäuden, deren tragende Bauteile hochfeuerhemmend oder feuerhemmend sein dürfen, sind anstelle von Brandwänden nach Satz 1 Wände, die auch unter zusätzlicher mechanischer Beanspruchung hochfeuerhemmend sind, zulässig*“.

Für die Gebäudeklassen 2 und 3 bedeutet dies eine Erhöhung der Anforderungen gegenüber der MBO, nämlich die Berücksichtigung der zusätzlichen mechanischen Beanspruchung. Für die Gebäudeklasse 4 und die Gebäudeklasse 5 ändern sich die Anforderungen nicht.

Allerdings könnte nach MSchulbauR nun, trotz der Einstufung in die Gebäudeklasse 5, die Anforderung an die Brandwand reduziert werden, wenn die tragenden Bauteile hochfeuerhemmend sein dürften, also das Gebäude in die sog. 400 m^2-Abschnitte unterteilt wird (siehe auch Kapitel 5.1.1).

Da nur wenige Schulen mit Aufenthaltsräumen über 13 m OKFFB Gelände Höhe gebaut werden, wäre eine echte Brandwand der Gebäudeklasse 5 nur noch ab dieser Höhe erforderlich.

Fazit

Es wäre sinnvoll, die Ausführung der Brandwände ausschließlich von der Gebäudeklasse abhängig zu machen. In Bezug auf die Brandbekämpfung und die wirksamen Löscharbeiten macht es Sinn, auf ein der Gebäudegröße entsprechendes Sicherheitsniveau abzustellen. Da die Brandlasten und Gebäudetypologien mit Bürogebäuden vergleichbar sind, genügen in der Regel die Anforderungen nach § 30 Abs. 3 MBO; die Ausführung der Brandwand sollte entsprechend der Gebäudeklassen geplant werden.

Öffnungen in Brandwänden nach der MSchulbauR

Die MSchulbauR sieht in Nummer 2.2 Satz 3 eine Erleichterung für Öffnungen in Brandwänden vor, wenn diese sich im Bereich von notwendigen Fluren befinden. Unter der Voraussetzung, dass sich beiderseits einer Brandwand ein notwendiger Flur befindet, dessen Wände in einem Bereich von 2,5 m zur Brandwand keine Öffnungen haben, darf die Anforderung an die Tür in der Brandwand auf feuerhemmend, rauchdicht und selbstschließend reduziert werden.

Es spricht für den Erhalt der Regelung, dass die im notwendigen Flur befindlichen Brandlasten so gering sind, dass die Werte der Einheitstemperaturkurve nicht erreicht werden und ein 30-minütiger Feuerwiderstand ausreicht, um eine Brandweiterleitung ausreichend lang zu verhindern.

Da die meisten Entwürfe für Schulgebäude keine notwendigen Flure mehr vorsehen, stellt sich die Frage, ob auch hier eine zusätzliche Erleichterung geregelt werden könnte. Hierfür wären folgende Parameter ausschlaggebend: Brandlasten in den angrenzenden Räumen, dauerhafte Parzellierung der angrenzenden Räume, Anforderung an Öffnungen innerhalb des 2,5-m-Bereichs.

Die Planung von Sanitärkernen kann dabei als günstig und dauerhaft berücksichtigt werden.

Die flexiblen Nutzungsmöglichkeiten, die in Schulen beispielsweise an Unterrichtsräume gestellt werden, lassen es nicht zu, verlässliche Aussagen zur Anordnung von brandlastenfreien Bereichen innerhalb von Unterrichtsräumen oder Lernbereichen in der Nähe von Öffnungen in Brandwänden zu treffen.

Auch die brandschutztechnische Parzellierung von Räumen ist oftmals für die langfristige Nutzbarkeit der Schule nicht gewünscht. Allerdings können durch die Ausbildung von Teilbereichen durchaus Argumente für eine weitergehende Abweichung für Öffnungen in Brandwänden vorliegen. Dies gilt auch bei großen, brandlastarmen Raumvolumen wie Turnhallen, oder der Nutzung von Treppenräumen als Brandwandersatz.

Ein Argument für die Erleichterung von der Anforderung an Türen in Brandwänden ist die Handhabung der Tür und deren beachtliches Gewicht für jüngere Schüler. Da die Türen oft auch schallschutztechnisch von Bedeutung sind, kann nur zum Teil mit Feststellanlagen gearbeitet werden. Dies sollte bei der Planung von Türen mit brandschutztechnischer Anforderung berücksichtigt werden.

Fazit

Die Analyse zeigt, dass neben der bestehenden Erleichterung für Öffnungen in Brandwänden keine weitere Erleichterung allgemeingültig regelbar ist.

Es ist unter Umständen vertretbar, ein Gebäude im Rahmen einer Abweichung ohne Brandabschnitt zu betrachten und durch Kompensationsmaßnahmen die Brandausbreitung ausreichend lang zu verhindern, wie z. B. brandschutztechnisch wirksame Maßnahmen an Fassaden und Dächern und besonders durch eine kleinteilige Parzellierung.

Brandwände, die Gebäudeabschlusswände sind, sind von den Erleichterungen auszunehmen, da hier nachbarrechtliche Belange betroffen werden.

5.2.4 Decken

Die Vorgaben des § 31 „Decken" MBO regeln die ausreichende Standsicherheit im Brandfall und die ausreichende Widerstandsfähigkeit gegen Brandausbreitung. Decken haben also zugleich eine tragende und eine raumabschließende Funktion.

Allgemeine Anforderungen der MBO

Die Anforderungen an die Decken richten sich nur nach der Einstufung in die Gebäudeklasse. Dadurch werden die Ausdehnung und die Höhenentwicklung des Gebäudes in Bezug zur Feuerwiderstandsfähigkeit hinsichtlich des Tragverhaltens und des Raumabschlusses gesetzt.

Anforderungen der MSchulbauR

Die MSchulbauR stellt in Nummer 2.1 differenzierte Anforderungen nur an die tragenden und aussteifenden Bauteile. Es ist davon auszugehen, dass für Decken die Anforderungen nach § 31 MBO anzuwenden sind.

Anders als bei den Trennwänden, welche in der Feuerwiderstandsfähigkeit der tragenden und aussteifenden Bauteile ausgeführt werden müssen, werden die Anforderungen der Decken unmittelbar von der Einteilung in die Gebäudeklasse geregelt. Dies könnte nun zur Folge haben, dass das Tragwerk eines Schulgebäudes hochfeuerhemmend sein darf, die Decke jedoch feuerbeständig sein muss. Dies bestätigt, dass die Erleichterung für die hochfeuerhemmende Bauweise entsprechend der MSchulbauR nicht umgesetzt werden kann.

Lichthöfe (siehe Abb. 5.3) oder Atrien mit einer Überdachung sind brandschutztechnisch als Deckenöffnung zu beurteilen, auch wenn sie unbeheizt und nicht begehbar sind. Deckenöffnungen müssen *„Abschlüsse mit der Feuerwiderstandsfähigkeit der Decke haben"*, stellt § 31 Abs. 4 Satz 3 der MBO fest. Da hier zur Belichtung der tiefen Grundrisse meist großzügige Verglasungen ausgeführt werden sollen, muss je nach Planung überlegt werden, welche Feuerwiderstandsfähigkeit sachgerecht ist. Allgemeinverbindliche Regelungen sind schwer zu treffen.

Abb. 5.3: Lichthof als Deckenöffnung; Entwurf: v-architekten GmbH, Köln (Foto: Tankred Winter, München)

Abb. 5.4: Mehrgeschossige Halle im Luitpold-Gymnasium, München

Erleichterungen für Wände und Türen von Hallen

Formal handelt es sich bei mehrgeschossigen Hallen ebenfalls um großzügige Deckenöffnungen, die im § 31 Abs. 4 MBO geregelt werden. Damit ist das Schutzziel des § 30 MBO zur Beurteilung heranzuziehen, demnach müssen Decken *„als tragende und raumabschließende Bauteile zwischen Geschossen im Brandfall ausreichend lang standsicher und widerstandsfähig gegen die Brandausbreitung sein"*.

Bereits seit der MBASchulR 1976 sind über mehrere Geschosse reichende Hallen zulässig (siehe Abb. 5.4). Zum damaligen Zeitpunkt waren Türöffnungen zu angrenzenden Räumen und Fluren mit dicht- und selbstschließenden Türen zu versehen. Anforderungen an die Wände wurden nicht geregelt.

Die Anforderung an die Türen hat sich seitdem verschärft und wird in der aktuellen MSchulbauR Nummer 2.4 mit feuerhemmend, rauchdicht und selbstschließend geregelt. Auch Anforderungen an die Wände von Hallen, sofern es keine Außenwände sind, wurden mit der MSchulbauR eingeführt. Die Wände müssen nun entsprechend der Anforderung an die Geschossdecken ausgeführt werden, d. h. mindestens feuerhemmend sein. Führt die Halle bis in das Kellergeschoss, so ergibt sich aus den Erläuterungen, dass die Wände der Anforderung an die Kellergeschossdecke entsprechen müssen, also stets feuerbeständig ausgeführt werden müssen.

In Hallen sind Brandlasten nicht ausgeschlossen, dennoch geht man von einer ähnlichen Situation wie bei Treppenräumen aus, die ebenfalls Geschosse miteinander verbinden und die mittels Treppenraumwänden und feuerhemmenden, rauchdichten und selbstschließenden Türen die Brandausbreitung verhindern. Auch dürfen Rettungswege durch Hallen führen. Des Weiteren müssen Hallen über Rauchableitungsöffnungen verfügen.

Unter dem Aspekt der Rettungswegführung erscheint die derzeitige Regelung in Nummer 2.4 MSchulbauR zu den Hallen sinnvoll und hilfreich.

Weitere Erleichterungen für Deckenöffnungen

Bisher sind in der MSchulbauR keine weiteren Erleichterungen für Deckenöffnungen geregelt. Die Zulässigkeit von Öffnungen in Decken ist daher abschließend nach § 31 Abs. 4 Nr.1 MBO wie folgt festgelegt: Deckenöffnungen sind in der Gebäudeklasse 1 und 2 zulässig. Das ist ein Vorteil für Raumkonzepte in kleinen Schulen.

Die zweite Regelung betrifft Deckenöffnungen innerhalb von Nutzungseinheiten mit nicht mehr als 400 m^2 in nicht mehr als 2 Geschossen (§ 31 Abs. 4 Nr. 2 MBO). Es wird eine Obergrenze festgelegt und die Brandausbreitung auf einen 400 m^2 großen Bereich begrenzt. In Bezug auf offen gestaltete Grundrisse sind raumübergreifende Deckenöffnungen auch in Lernbereichen naheliegend. Aus diesem Grund wäre es möglich, hier die bestehende Erleichterung von § 31 Abs. 4 Nr. 2 MBO auch innerhalb von Teilbereichen zuzulassen. Dadurch wäre auch eine Regelung für Deckenöffnungen in überdachten Atrien oder für Lichtröhren, die der Belichtung tieferer Gebäude dienen, geschaffen.

Fazit

Die Erleichterung für Deckenöffnungen in Teilbereiche bis 400 m^2 ohne weitere Kompensationsmaßnahmen erscheint mit Blick auf Nutzungseinheiten für Büro- und Verwaltung naheliegend. Es bestehen keine Bedenken in Bezug auf den Brandschutz, da die Brandausbreitung auf eine Fläche von 400 m^2 begrenzt wird, die von der Feuerwehr gut beherrschbar ist. Die Verteilung der Fläche auf 2 Geschosse innerhalb einer Teilnutzungseinheit ist ebenfalls noch sehr übersichtlich. Zu beachten ist, dass trotz der Geschossverbindung die Unabhängigkeit der Rettungswege erhalten bleibt.

Die Planung von Deckenöffnungen stellt unter dem Aspekt der 400 m^2-Regel eine genehmigungspflichtige Abweichung dar.

5.2.5 Dächer

Die Vorgaben des § 32 „Dächer“ MBO regeln die ausreichende Widerstandsfähigkeit gegen eine Brandbeanspruchung von außen durch Flugfeuer und strahlende Wärme.

Allgemeine Anforderungen der MBO

Bedachungen müssen die Anforderungen an eine harte Bedachung erfüllen. Eine geringere Anforderung ist für die Gebäudeklasse 1 bis 3 zulässig, sofern größere Abstände zu Grundstücksgrenzen oder zu anderen Gebäuden auf dem gleichen Grundstück eingehalten sind.

Anforderungen der MSchulbauR

Die MSchulbauR stellt keine Anforderungen an die Ausbildung der Dächer. Dies bedeutet, dass § 32 MBO anzuwenden ist. Die in § 32 MBO festgelegten Anforderungen dienen der Vorbeugung der Brandausbreitung zwischen Gebäuden und stellen die wirksamen Löscharbeiten sicher.

Fazit

Es besteht kein Bedarf, die Anforderungen an Dächer von Schulen gesondert zu regeln. Da Schulen meist über sehr ausgedehnte Dachflächen verfügen, sei an dieser Stelle auf die MVV TB verwiesen.

5.2.6 Zusammenfassung zu raumabschließenden Bauteilen

Anhand der bisherigen Ausführungen sollte der Abwägungsprozess hinsichtlich der raumabschließenden Bauteile durch den Brandschutzplaner im Rahmen des Brandschutznachweises möglich sein. Die Widerstandsfähigkeit gegen Brandausbreitung wurde in der Zusammenschau von Erleichterungen und erhöhten baulichen Anforderungen erläutert. Weitergehende Anforderungen und Abweichungen wurden hinsichtlich der Schutzziele entsprechend des § 14 MBO überprüft:

- Vorbeugen der Brandentstehung und Brandausbreitung
- Sicherstellung von wirksamen Löscharbeiten

Es dürfen beim objektspezifischen Abwägungsprozess des Brandschutzplaners keine Bedenken brandschutztechnischer Art bestehen. Auch das Schutzziel der Sicherstellung der Personenrettung ist hier bereits zu berücksichtigen. Dieses wird im nächsten Kapitel hinsichtlich der Rettungswege eingehend beurteilt.

5.3 Festlegung der Anforderungen an Rettungswege

Bei der Überprüfung der Rahmenbedingungen für die Rettungswege hinsichtlich ihrer Anwendbarkeit auf die Grundrissgestaltung für die neuen pädagogischen Konzepte wird zu deren Beurteilung neben der MBO und der MSchulbauR auch die MVStättVO herangezogen.

Das Schutzziel „Sicherstellung der Rettung von Menschen“ hat oberste Priorität. Im Schulgebäude gilt dies umso mehr, da Kinder besonders schutzbedürftig sind und der Aufsichtspflicht der Schule unterliegen. Die Rettungswege dienen gleichzeitig als Angriffswege der Feuerwehr und sind bei Bildungseinrichtungen neben der Sicherstellung von wirksamen Löscharbeiten auch im Hinblick auf die Suche nach vermissten Personen zu betrachten.

5.3.1 Unabhängigkeit der Rettungswege

Die MBO regelt in § 33 MBO die allgemeine Notwendigkeit von 2 voneinander unabhängigen Rettungswegen.

Allgemeine Anforderungen der MBO

Da Schulen Sonderbauten sind, bei denen regelmäßig Bedenken bestehen, den zweiten Rettungsweg über Rettungsgeräte der Feuerwehr sicherzustellen, wird in Schulen grundsätzlich von 2 baulichen Rettungswegen ausgegangen (§ 33 Abs. 3 Satz 2 MBO). Zwei voneinander unabhängige Rettungswege liegen im Übrigen auch dann vor, wenn beide Rettungswege innerhalb des Geschosses über denselben notwendigen Flur zu verschiedenen Treppenräumen oder Ausgängen ins Freie führen (siehe Flurkonzepte in Abb. 5.5).

Ebenso besteht theoretisch die Möglichkeit, beide Rettungswege über einen Sicherheitstreppenraum zu führen. Dem Sicherheitstreppenraum wird hier keine weitere Beachtung geschenkt, da Treppen in Schulgebäuden die alltägliche Erschließung der Geschosse für viele Personen darstellen und deshalb in der Regel ohnehin mehrere Treppen zur Verfügung stehen. Zudem ist die Ausführung eines Sicherheitstreppenraumes mit einem erheblichen technischen Aufwand verbunden.

Anforderungen der MSchulbauR

Die MSchulbauR stellt allgemeine Anforderungen, die das Grundkonzept von unabhängigen baulichen Rettungswegen erweitern:

„Für jeden Unterrichtsraum müssen in demselben Geschoss mindestens zwei voneinander unabhängige Rettungswege zu Ausgängen ins Freie oder zu notwendigen Treppenräumen vorhanden sein“ (Nummer 3.1 MSchulbauR).

Diese Regelung stellt eine Verschärfung des § 33 Abs. 1 MBO dar, nach dem nur für die gesamte Nutzungseinheit in jedem Geschoss mindestens 2 voneinander unabhängige Rettungswege ins Freie führen müssen. Die MSchulbauR schließt damit sog. gefangene Räume als Unterrichtsräume aus.

Wenn beide Rettungswege zunächst gemeinsam über einen anderen Raum führen, sind sie nicht voneinander unabhängig. Diese Regelung ist für gefangene Räume hinsichtlich der Rettungswegführung innerhalb von Clustern und Lernlandschaften zu berücksichtigen, z. B. über Ausnahmeregelungen in Anlehnung an die Rettungswegführung in Nutzungseinheiten bis 200 m^2 und Büro- und Verwaltungseinheiten bis 400 m^2.

Die in Kapitel 2.3 vorgestellten Grundrisskonzeptionen führen vom bekannten „additiven System“ bis zu dem heute überwiegend gewünschten „integrierenden System“. Für beide Systeme sollte bereits zu einem frühen Zeitpunkt des Entwurfes eine Rettungswegstrategie angedacht werden, um die Unabhängigkeit beider Rettungswege für jeden Unterrichtsraum sicherzustellen. Da nicht davon ausgegangen werden kann, dass jede Schulbauplanung auf Basis der neuen pädagogischen Konzepte zu den gleichen Grundrisslösungen führt, sollten weitergehende Anforderungen und Ausnahmen im Rahmen der Rettungswegführung geregelt werden.

Es scheint daher sinnvoll, am Grundsatz der unabhängigen Rettungswege nach Nummer 3.1 MSchulbauR festzuhalten und diesen auf alle Aufenthaltsräume anzuwenden, um ein einheitliches Rettungswegekonzept einzuführen.

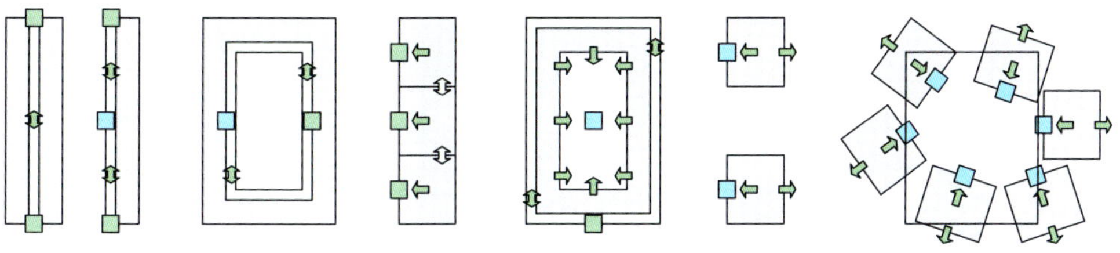

Abb. 5.5: Rettungswegstrategien

Im Wesentlichen unterscheidet man folgende Konzeptionen als Grundlage für Rettungswegstrategien:

- Flur-Konzept
- Bypass-Konzept
- Fluchtbalkon-Konzept
- Ausbildung von Teilbereichen

Diese können auch in Kombinationen miteinander vorkommen (siehe Abb. 5.5).

5.3.2 Rettungswegführung nach MSchulbauR

Der Verlauf der Rettungswege in Schulen über notwendige Flure und notwendige Treppen ergibt sich aus § 33 Abs. 2 MBO.

Allgemeine Anforderungen der MBO

Der Rettungsweg führt über notwendige Flure und Treppen zu Ausgängen ins Freie.

Anforderungen der MSchulbauR

Die MSchulbauR regelt nicht nur die weitergehende Unabhängigkeit der Rettungswege (siehe Kapitel 5.3.1), sondern eröffnet auch neue Möglichkeiten für die Rettungswegführung:

„[2]Anstelle eines dieser Rettungswege darf ein Rettungsweg über Außentreppen ohne Treppenräume, Rettungsbalkone, Terrassen und begehbare Dächer auf das Grundstück führen, wenn dieser Rettungsweg im Brandfall nicht gefährdet ist; dieser Rettungsweg gilt als Ausgang ins Freie." (Nummer 3.1 Satz 2 MSchulbauR).

Rettungswege über Außentreppen

Es muss der Nachweis geführt werden, dass die Nutzung der Außentreppe *„ausreichend sicher ist und im Brandfall nicht gefährdet werden kann"* (§ 35 Abs. 1 Satz 3 Nr. 3 MBO). Diese Beurteilung ist durch den Nachweisersteller im Brandschutznachweis nachvollziehbar zu erbringen.

Abb. 5.6: Außentreppe Grundschule mit Tagesheim an der Helmholtzstraße in München; Entwurf: Hess/Talhoff/Kusmierz Architekten und Stadtplaner, München

Gegen diesen Verlauf des Rettungsweges bestehen keine Bedenken, unter der Voraussetzung, dass die Berechnung der Rettungsweglänge entsprechend der Besonderheiten des Entwurfes wie in Kapitel 5.3.6 vorgenommen wird. Ein Beispiel für einen Rettungswegverlauf über eine Außentreppe zeigt die Abb. 5.6.

Rettungswege über Rettungsbalkone, Terrassen und begehbare Dächer

Der Begriff „Rettungsbalkon" wird in der MBO nicht definiert. Daher sind keine Anforderungen an die Ausführung geregelt. Da Rettungsbalkone eine zunehmende Bedeutung für die Entwicklung von Rettungswegstrategien in Schulen haben, wird auf die möglichen Ausführungsvarianten in Kapitel 5.3.5 ausführlicher eingegangen. Abb. 5.7 zeigt ein Beispiel für Rettungsbalkone am Gymnasium Grünwald. Auch ein begehbares Dach kann als zweiter Rettungsweg genutzt werden (siehe Abb. 5.8).

Abb. 5.7: Rettungsbalkone am Gymnasium Grünwald; Entwurf: BKS & Partner Bauer Reichert Seitz Architekten mbB, München (Foto: Laura Reichert, München)

Abb. 5.8: Begehbares Dach als zweiter Rettungsweg, Grundschule St.-Konrad in Haar bei München; Architekt: M.K. Dezsoe, Glonn

Abb. 5.9: Notwendige Treppe als Rettungsweg in einer zweigeschossigen Halle, Erasmus-Grasser-Gymnasium, München

Rettungswege durch Hallen

Eine weitere Erleichterung der MSchulbauR ist die Führung eines der beiden Rettungswege durch eine Halle gemäß Nummer 3.2: *„Einer der beiden Rettungswege nach Nummer 3.1 darf durch eine Halle führen"*. Der Rettungsweg über eine Halle darf auch der erste Rettungsweg sein.

Die MSchulbauR regelt ferner: *„diese Halle darf nicht als Raum zwischen einem notwendigen Treppenraum und dem Ausgang ins Freie dienen"* (Nummer 3.2). Das bedeutet: Eine Treppe darf als Rettungsweg innerhalb einer Halle geführt werden, der Rettungsweg führt von dort unmittelbar ins Freie (siehe dazu Abb. 5.9). Nicht zulässig ist hingegen die Führung des Rettungsweges durch einen sicheren Treppenraum in die Halle und von dort ins Freie.

Es ist zulässig, die Halle als horizontalen Rettungsweg bis zu einem notwendigen Treppenraum heranzuziehen. Da die Halle de facto ein Aufenthaltsbereich ist und sich dort stets Brandlasten befinden, wird in der MSchulbauR sichergestellt, dass die Halle aber nicht wie ein notwendiger Flur zum Nachweis von beiden Rettungswegen herangezogen werden kann. Nur einer der beiden Rettungswege darf über die Halle führen.

Rettungswege in andere Brandabschnitte

Die Führung eines baulichen Rettungsweges in einen anderen Brandabschnitt ist bisher baurechtlich nicht geregelt. Die MBO sieht nur Ausgänge ins Freie oder zu Treppenräumen vor. Die ASR beschreibt die Bemessung der Fluchtweglänge bis zu einem Notausgang und definiert diesen als gesicherten Bereich: *„Als gesicherte Bereiche gelten z. B. benachbarte Brandabschnitte oder notwendige Treppenräume"* (ASR A2.3, 2007, Abschnitt 3.5).

Eine solche Regelung wird zur Sicherstellung horizontaler Rettungswege in Krankenhäusern häufig praktiziert. Hinsichtlich der Ausbildung barrierefreier Rettungswege kann dieses Konzept auch in Schulen angewandt werden, wenn es sich um einen von 2 baulichen Rettungswegen handelt.

5.3.3 Treppen

In § 34 MBO werden die Anforderungen an die ausreichende Sicherheit und Begehbarkeit im Brandfall für Treppen geregelt.

Allgemeine Anforderungen der MBO

Von besonderem Interesse sind die Anforderungen des § 34 Abs. 4 MBO an tragende Bauteile der Treppe in Abhängigkeit von der Gebäudeklasse. Konkrete Planungsgrundlage ist die technische Baubestimmung zu Gebäudetreppen DIN 18065: „Gebäudetreppen – Begriffe, Messregeln, Hauptmaße“ (2020).

Anforderungen der MSchulbauR

Die MSchulbauR stellt keine Anforderungen an die tragenden Bauteile von Treppen. Die Anforderungen richten sich also nach § 34 Abs. 4 MBO in Abhängigkeit von der Gebäudeklasse.

Die MSchulbauR fordert in Nummer 4 hinsichtlich der sicheren Begehbarkeit von Treppen die Ausführung von Treppen mit Tritt- und Setzstufen. Gewendelte Treppenläufe sind nicht zugelassen. Geländer und Umwehrungen müssen unabhängig von der Absturzhöhe mindestens 1,1 m hoch sein. Hinsichtlich der Breite von Treppen werden weitergehende Anforderungen vorgesehen, siehe Kapitel 5.3.7.

Neue Anforderungen für tragende Bauteile von Treppen

Nach § 34 Abs. 4 MBO wird keine Anforderung an die tragenden Bauteile der Treppe für die Gebäudeklasse 1 und 2 gestellt. Da das Schutzniveau für die tragenden und raumabschließenden Bauteile in Schulen bereits auf die Gebäudeklasse 3 angehoben ist, muss geprüft werden, ob aus Gründen der Vereinheitlichung hier ebenfalls das Schutzziel der Gebäudeklasse 3 angestrebt werden soll, um ein durchgängiges Konzept zu erhalten.

Diese Maßnahme dient der Verbesserung der Rettungswege und des Angriffsweges der Feuerwehr. Die Anhebung des Sicherheitsniveaus für die Gebäudeklasse 1 und 2 auch für die tragende Konstruktion der Treppen auf die Anforderungen der Gebäudeklasse 3 ist eine konsequente Maßnahme. Die Anforderung für Schulen in den Gebäudeklassen 1 und 2 wäre demnach, die tragenden Bauteile der Treppe aus nichtbrennbaren Baustoffen oder feuerhemmend herzustellen. Die Ausführung der Treppen für die Gebäudeklassen 3 bis 5 bleibt unverändert entsprechend der MBO (siehe Abb. 5.10).

Abb. 5.10: Treppenlauf feuerhemmend und aus nichtbrennbaren Baustoffen; Entwurf: KarlundP Architekten, München (Foto: Jens Weber, München)

Ob die Trittstufen geschlossen ausgeführt werden sollten, wie es z. B. § 8 Abs. 9 MVStättVO regelt, wäre bei der Schaffung eines abschließenden Regelwerkes für Schulen zu prüfen. Brandschutztechnisch wird diese Anforderung nicht für relevant erachtet (siehe Abb. 5.10).

Hinweis

> Die DGUV Regel 102-601 „Branche Schule" (2019) macht zur Planung von Treppen einschließlich dem richtigen Steigungsverhältnis genaue Angaben.

5.3.4 Treppenräume

Der § 35 MBO „Notwendige Treppenräume, Ausgänge" regelt die Sicherstellung der Rettungswege.

Allgemeine Anforderungen der MBO

Das Schutzziel wird erreicht, wenn notwendige Treppen in einem eigenen, durchgehenden Treppenraum liegen und die Ausführung der Treppenraumwände und deren Öffnungen die Nutzung der notwendigen Treppe im Brandfall ausreichend lange ermöglicht.

Hinweis

> Besonders Treppenräume in der Gebäudeklasse 4 und 5 können ein Schulgebäude brandschutztechnisch gliedern und als sog. weiche Brandwände dienen.

Treppenräume nach der MSchulbauR

In der MSchulbauR wird in Nummer 3.1 Satz 1 zunächst festgelegt, dass die Rettungswege entweder ins Freie oder zu Treppenräumen führen müssen. In Nummer 2.3 der MSchulbauR wird eine Verschärfung gegenüber der

MBO vorgenommen. Es soll auch für die Gebäudeklassen 1 und 2 ein Treppenraum vorgesehen und das Schutzniveau der Gebäudeklasse 3 angestrebt werden. Die Wände von notwendigen Treppenräumen sind für die Gebäudeklassen 1 bis 3 demnach feuerhemmend auszuführen. Im Übrigen gelten für die Treppenraumwände und die Öffnungen in diesen Wänden die jeweiligen Anforderungen des § 35 MBO.

Die MSchulbauR sieht in Nummer 3.1 Satz 2 und 3 auch Erleichterungen von der Führung des Rettungsweges über Treppenräume vor: „[2]*Anstelle eines dieser Rettungswege darf ein Rettungsweg über Außentreppen ohne Treppenräume, Rettungsbalkone, Terrassen und begehbare Dächer auf das Grundstück führen, wenn dieser Rettungsweg im Brandfall nicht gefährdet ist; dieser Rettungsweg gilt als Ausgang ins Freie.*" Außerdem heißt es dort: „*Einer der beiden Rettungswege nach Nummer 3.1 darf durch eine Halle führen*".

Fazit

Die Forderung von Treppenräumen und die Anhebung des Sicherheitsniveaus auf die Gebäudeklasse 3 könnte eine richtige Maßnahme zur Sicherstellung der Rettungswege sein. Die Feuerwiderstandsfähigkeit sollte nicht geringer als die der tragenden Konstruktion sein. Ein Bedarf, die Anforderungen für die Gebäudeklasse 3 bis 5 für Schulen gesondert zu regeln, ist nicht feststellbar.

Es ist möglich, ein Schulgebäude ohne Treppenräume zu planen, wenn einer der beiden Rettungswege über eine Halle führt und der andere Rettungsweg über offene Gänge und Außentreppen verläuft. Dies ist eine wesentliche Erleichterung für neue Konzepte von Schulgebäuden.

5.3.5 Notwendige Flure und offene Gänge

In § 36 Abs. 1 Satz 1 MBO heißt es zu notwendigen Fluren: „*Flure, über die Rettungswege aus Aufenthaltsräumen oder aus Nutzungseinheiten mit Aufenthaltsräumen zu Ausgängen in notwendige Treppenräume oder ins Freie führen (notwendige Flure), müssen so angeordnet und ausgebildet sein, dass die Nutzung im Brandfall ausreichend lang möglich ist.*"

Allgemeine Anforderungen der MBO

Die Anforderungen an die notwendigen Flure regelt der § 36 MBO „Notwendige Flure, offene Gänge". Flure, über die Rettungswege führen, sind nach § 36 Abs. 1 Nr. 3 MBO ab einer BGF von 200 m^2 als notwendige Flure auszuführen. Dies gilt auch für Schulgebäude.

Bei einer Ausbildung entsprechend der horizontalen Rettungswege nach § 36 Abs. 2 bis 6 MBO darf bei beiden Optionen der Abb. 5.11 davon ausgegangen werden, dass bei dieser Ausführung der Rettungsweg im Brandfall nicht gefährdet ist und ein ausreichendes Sicherheitsniveau erreicht wird. Beispiele für notwendige Flure zeigen die Abb. 5.12 und 5.13.

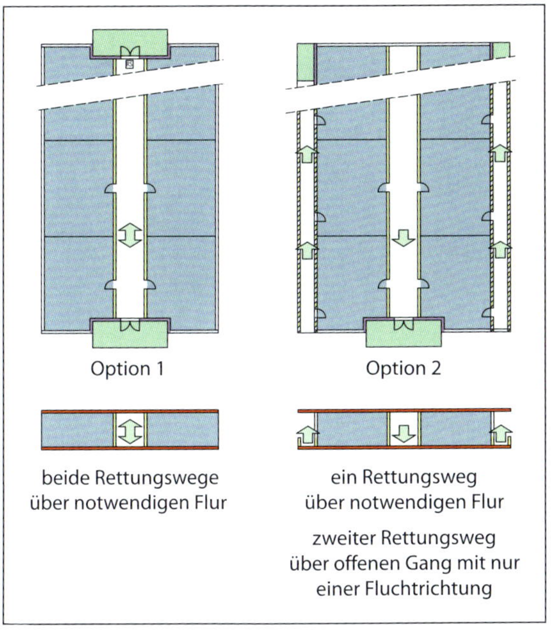

Abb. 5.11: Notwendiger Flur im Gebäudeinnern und vor Außenwänden nach MBO

Abb. 5.12: Notwendiger Flur; Entwurf: v-architekten GmbH, Köln

Abb. 5.13: Notwendiger Flur im St. Anna Gymnasium, München; Entwurf: KarlundP Architekten, München (Foto: Jens Weber, München)

Abb. 5.14: In eine Flurwand integrierte Vitrine in der Grundschule St.-Konrad in Haar bei München; Architekt: M.K. Dezsoe, Glonn

Anforderungen der MSchulbauR

Weitergehende Regelungen an die Ausführung der notwendigen Flure und offenen Gänge werden in der MSchulbauR nicht getroffen. Dies bedeutet, dass die Umsetzung des § 36 MBO hinsichtlich der brandschutztechnischen Anforderungen auch für Schulen ausreichend ist. Glasvitrinen in Wänden zwischen notwendigen Fluren und Klassenräumen müssen entsprechend der Wandqualität ausgeführt werden (siehe Abb. 5.14). In oberirdischen Geschossen ist die Anforderung entsprechend § 36 Abs. 4 MBO feuerhemmend.

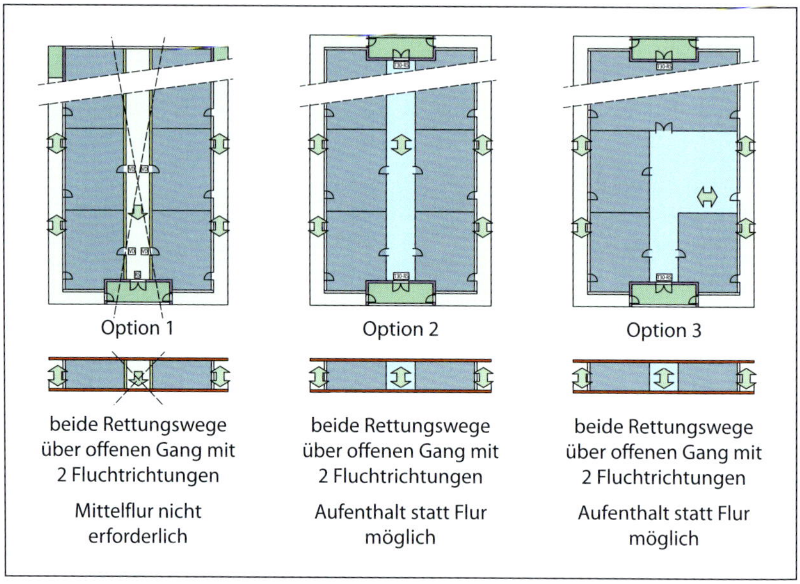

Abb. 5.15: Zulässige Rettungswegführung über offene Gänge nach MBO und MSchulbauR

Auch offene Gänge müssen dem Sicherheitsniveau des notwendigen Flures entsprechen. Hier ist auf die ausreichend lange Nutzung im Brandfall in einem anderen Geschoss, bzw. in einem anderen Teilnutzungsbereich, zu achten. Auch der Brandfall innerhalb von ausgedehnten Lernbereichen ist zu prüfen.

Offene Gänge und Rettungsbalkone

Die Rettungswegführung über offene Gänge ist in § 36 MBO geregelt. Es handelt sich formal um einen ins Freie verlegten notwendigen Flur. Offene Gänge sind entsprechend § 36 Abs. 4 bis Abs. 6 MBO zu planen. Dabei ist zu beachten, dass die Anforderungen an die Decken und das Tragwerk von offenen Gängen entsprechend der Gebäudeklasse berücksichtigt werden müssen.

Verfügt der offene Gang über 2 Fluchtrichtungen, wie in Abb. 5.15 Option 1, bestehen keine Anforderungen an die Ausführung der Außenwände und Brüstungen. Die Laufplatte ist weiterhin in Qualität der Decke entsprechend der Gebäudeklasse vorzusehen. Ferner dürfen aufgrund der Anbindung des offenen Gangs an 2 Treppen beide Rettungswege über den offenen Gang nachgewiesen werden.

Der in der Abb. 5.15 Option 1 dargestellte Mittelflur wird nicht zum Nachweis der Rettungswege herangezogen und muss deshalb nicht als notwendiger Flur ausgebildet werden. Eine Nutzung des Bereichs als Erschließungszone von Aufenthaltsräumen mit Garderoben ist zulässig. Eine Nutzung als Aufenthaltsbereich ist jedoch unzulässig, da die Erschließungszone nicht über 2 unabhängige Rettungswege verfügt. Für eine solche Nutzung ist die Anbindung an einen zweiten Rettungsweg zu planen, siehe Abb. 5.15 Option 2 und Option 3.

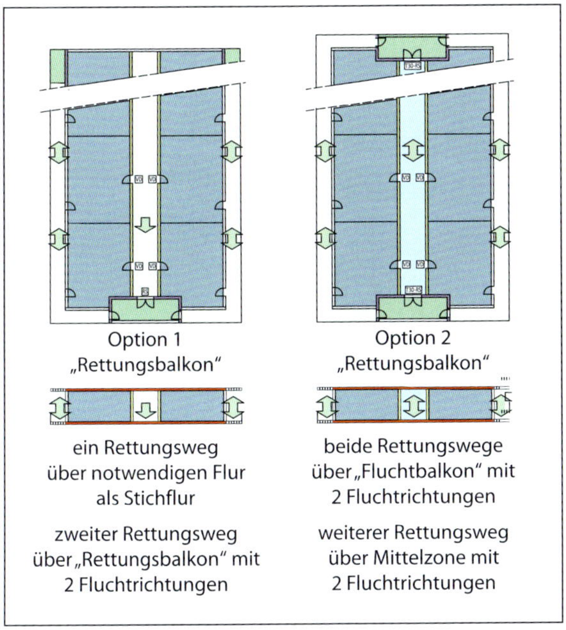

Abb. 5.16: Rettungsbalkone ohne Anforderung

Der offene Gang bietet also den größtmöglichen Spielraum für die Anordnung verschiedener Aufenthaltsbereiche und Nutzungen in Schulgebäuden. Die Größe der erschlossenen Flächen ist nicht von einer Unterteilung in Teilbereiche abhängig. Die Abmessungen von Lernbereichen werden nur durch die Rettungsweglänge eingeschränkt.

Häufig soll der offene Gang transparent und leicht als nichtbrennbare Konstruktion ohne brandschutztechnische Anforderung geplant werden. Meist soll die Laufplatte aus Gitterrosten ausgeführt werden. Für diese Ausführung bietet sich die Bezeichnung „Rettungsbalkon" an, da an Balkone ebenfalls keine brandschutztechnischen Anforderungen gestellt werden. Wie bereits in Kapitel 5.3.2 erwähnt, sind die in Nummer 3.1 Satz 2 MSchulbauR aufgeführten „Rettungsbalkone" baurechtlich nicht geregelt.

Denkbare Anwendungsmöglichkeiten für Rettungsbalkone:

- Ertüchtigungsmaßnahmen von bestehenden Schulen
- Schaffung eines zweiten Rettungsweges, um eine Stichflursituation im ersten Rettungsweg zu beheben, wenn der Rettungsbalkon über 2 Fluchtrichtungen verfügt
- Schaffung eines zweiten Rettungsweges, wenn der notwendige Flur als Mittelzone mit Brandlasten genutzt werden soll

Rettungsbalkone müssen immer über 2 Fluchtrichtungen verfügen. Insbesondere die Führung beider baulicher Rettungswege über einen Rettungsbalkon erscheint unwahrscheinlich. Jede Art der Rettungswegführung über Rettungsbalkone ohne brandschutztechnische Anforderung stellt eine Abweichung von der MBO dar. Bei der Planung und Ausführung hinsichtlich der ausreichend langen Nutzung im Brandfall für jeden Einzelfall geprüft werden.

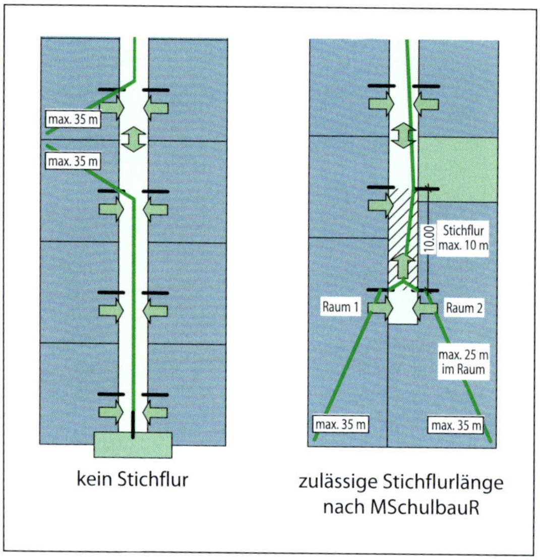

Abb. 5.17: Stichflurlängen nach MSchulbauR

Weitergehende Anforderungen für Stichflure

Für notwendige Flure mit nur einer Fluchtrichtung ist in Nummer 3.3 MSchulbauR die Stichflurlänge auf 10 m beschränkt (siehe Abb. 5.17). Damit wird der § 35 Abs. 3 Satz 3 der MBO präzisiert, wonach Rettungswege günstig angeordnet werden müssen: „[3]*Sind mehrere notwendige Treppenräume erforderlich, müssen sie so verteilt sein, dass sie möglichst entgegengesetzt liegen und dass die Rettungswege möglichst kurz sind*".

Da der gleichzeitige Ausfall beider horizontaler Rettungswege nicht ausgeschlossen werden kann, trägt die Stichflurregelung für Schulen zu einer Erhöhung des Sicherheitsniveaus bei.

Die Regelung der MSchulbauR gilt strenggenommen für alle Stichflursituationen – unabhängig davon, ob beide bauliche Rettungswege über diesen Abschnitt des notwendigen Flures führen oder ob nur ein Rettungsweg nachgewiesen wird. Wird einer der beiden Rettungswege jedoch baulich unabhängig vom Stichflur ausgeführt, z. B. über eine Außentreppe aus dem betreffenden Raum, sollten in der Regel keine Bedenken bestehen, längere Stichflure zuzulassen.

Nicht immer kann, wie in Lösungsansatz 1 der Abb. 5.18, der Ausgang aus Raum 1 vom Aufenthaltsraum zum notwendigen Flur so verschoben werden, dass die max. Stichflurlänge wieder eingehalten wird. Manchmal kann ein direkter Zugang zu einem Treppenraum geschaffen werden. Der erste Rettungsweg würde direkt in den Treppenraum nachgewiesen werden und der zweite Rettungsweg über den notwendigen Flur zu einem weiteren Treppenraum.

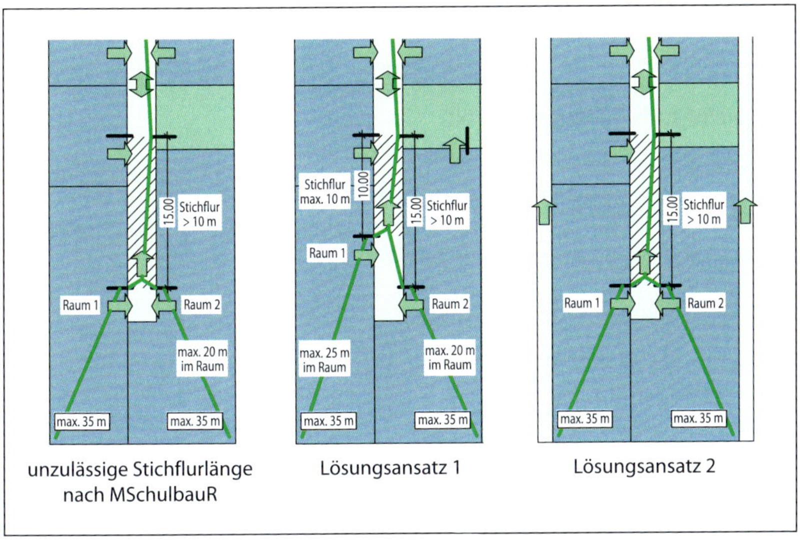

Abb. 5.18: Alternative Lösungen bei Überschreitung der Stichflurlänge nach MSchulbauR

Bei Lösungsansatz 2 der Abb. 5.18 ist es möglich, den ersten Rettungsweg von den Räumen 1 und 2 über den notwendigen Flur zum Treppenraum zu führen und den zweiten Rettungsweg über den offenen Gang zu einem weiteren Treppenraum.

Beide Lösungsansätze sind individuell für jedes Bauvorhaben zu prüfen und schutzzielorientiert zu betrachten, denn sie stellen ggf. Abweichungen von den jeweiligen bauordnungsrechtlichen Vorschriften der Länder dar.

Verzicht auf notwendige Flure innerhalb von Lernbereichen

Die Stichflurreglung stellt die günstige Verteilung der Rettungswege sicher. Deshalb ist auch bei der Führung von Rettungswegen innerhalb von Lernbereichen auf eine günstige Anordnung der Rettungswege zu achten. Nicht immer kann dies unkompliziert über die Ausbildung von offenen Gängen und Rettungsbalkonen erreicht werden, die in Abb. 5.15 und Abb. 5.16 dargestellt sind.

Es sind also auch Lösungen für die Umsetzung der Raumkonzeptionen von neuen pädagogischen Konzepten ohne notwendige Flure anzudenken. Der Verzicht auf notwendige Flure hat einen erheblichen Einfluss auf den Verlauf der Rettungswege. Da Flure als möblierte Bereiche genutzt werden (Klassenraum und Klassenraum Plus) oder ganz aufgelöst werden sollen (Lerncluster und Lernlandschaften), sind Erschließungskonzepte in Analogie zu Nutzungseinheiten von Büro- und Verwaltungsbauten naheliegend. Hierauf wird im Kapitel 5.3.9 näher eingegangen.

5.3.6 Bemessung der Rettungsweglänge

Die Rettungsweglänge wird in § 35 Abs. 2 MBO geregelt.

Allgemeine Anforderungen der MBO

Die Rettungsweglänge ist auf 35 m Entfernung beschränkt. Die Bemessung erfolgt von jeder Stelle eines Aufenthaltsraumes bis zum Ausgang in einen notwendigen Treppenraum oder ins Freie. Über diese Entfernung wird letztlich auch die Größe einer Nutzungseinheit begrenzt.

Rettungsweglängen nach der MSchulbauR

In der MSchulbauR finden sich keine Festlegungen bezüglich der Rettungsweglängen. Damit ist im Regelfall die MBO anzuwenden. Für Versammlungsräume gilt die MVStättVO.

Bei den in der Abb. 5.19 aufgeführten Beispielen Klassenzimmer und Turnhalle wird die Rettungsweglänge in Luftlinie bemessen. Dabei sind feste Bauteile, wie z. B. Wände und Stützen, zu berücksichtigen. Durch diese darf nicht hindurch gemessen werden. Die Rettungsweglänge darf gemäß § 35 Abs. 2 MBO max. 35 m bis zum Ausgang ins Freie oder zum Treppenraum betragen. Eine Begrenzung der Rettungsweglänge innerhalb der Aufenthaltsräume ist im Regelfall nicht vorgesehen. Nur wenn die Stichflurregelung greift, ist eine Beschränkung auf 10 m im notwendigen Flur zu berücksichtigen. Auch bestehen keine Vorgaben über die Anzahl der Ausgänge aus den Aufenthaltsräumen.

Bei Versammlungsräumen in Schulen, welche über feuerwiderstandsfähige, meist feuerbeständige Trennwände verfügen, darf die Bemessung der Rettungsweglänge auf Basis der MVStättVO erfolgen. Dabei wird zwischen der Rettungsweglänge innerhalb und außerhalb des Versammlungsraumes unterschieden.

„[1]*Die Entfernung von jedem Besucherplatz bis zum nächsten Ausgang aus dem Versammlungsraum [...] darf nicht länger als 30 m sein*" (§ 7 Abs. 1 Satz 1 MVStättVO).

Diese ist allerdings als tatsächliche Lauflinie zu bemessen (vgl. § 7 Abs. 6 MVStättVO). Zu berücksichtigen ist, dass Aufenthaltsräume in Versammlungsstätten bereits ab 100 m^2 Grundfläche mindestens 2 möglichst weit auseinander und entgegengesetzt liegende Ausgänge ins Freie oder zu Rettungswegen haben müssen (vgl. § 6 Abs. 5 MVStättVO). Zusätzlich kann die Rettungsweglänge bis zum Treppenraum oder dem Ausgang weitere 30 m betragen (vgl. § 7 Abs. 3 MVStättVO).

Eine Verlängerung der Rettungsweglänge entsprechend der MVStättVO sollte nicht pauschal angesetzt werden. Unter Berücksichtigung der Ausführung von Trennwänden und der günstigen Anordnung von Ausgängen aus Lernbereichen ist dies im Einzelfall als Abweichung von der MBO denkbar, wenn die zulässige Länge nicht eingehalten werden kann.

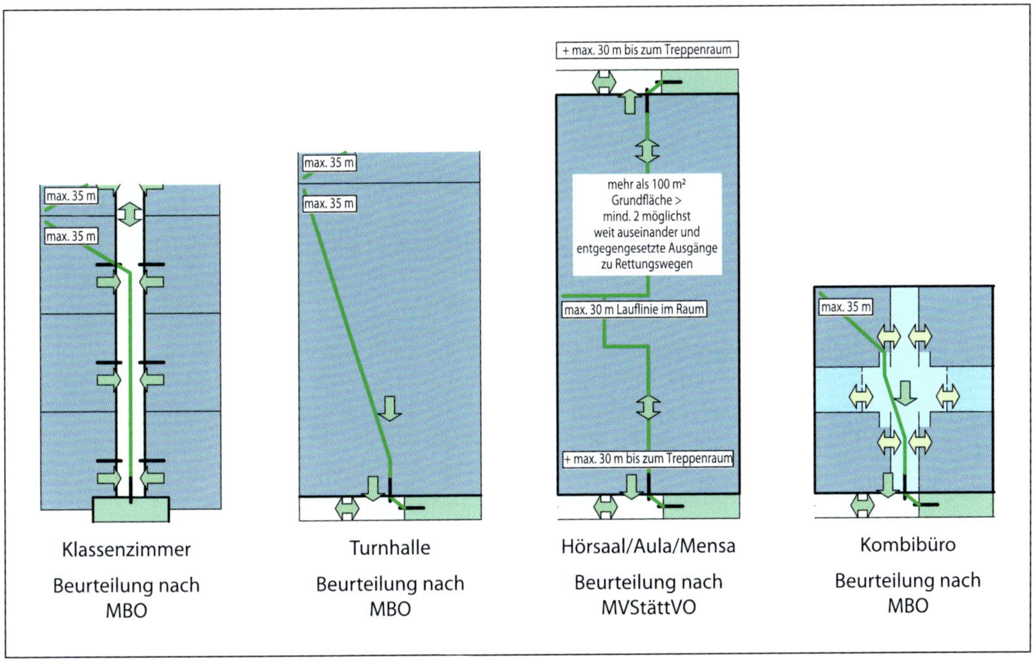

Abb. 5.19: Rettungsweglängen nach MBO und MVStättVO

In Großraum- und Kombibüros ist die Berechnung der Rettungsweglänge von jeder Stelle eines Aufenthaltsraumes bis zum Treppenraum oder bis zum Erreichen einer notwendigen Treppe als Außentreppe nach 35 m in Luftlinie entsprechend der MBO zu bemessen. Es ist zu prüfen, ob dies auch auf die modernen Grundrisskonzepte in Schulen übertragbar ist.

Wichtig scheint dabei, dass feste Einbauten und feste Möblierung innerhalb der Lernbereiche bei der Bemessung der Rettungsweglänge zu berücksichtigen sind, insbesondere innerhalb der Erschließungsbereiche.

Da zudem das Kriterium der Stichflurlänge nicht berücksichtigt wird, sollte für die neuen Grundrisskonzepte in Zusammenhang mit der Grundrissanordnung und den räumlichen Gegebenheiten schutzzielorientiert die Anzahl der Ausgänge aus den Lernbereichen festgelegt werden, um möglichst entgegengesetzte Rettungswege analog MVStättVO zu schaffen, siehe Kapitel 5.3.9.

Ausgang ins Freie nach der MSchulbauR

Der Rettungsweg wird immer bis zum Treppenraum oder bis zum Ausgang ins Freie bemessen. In Nummer 3.1 MSchulbauR wird geregelt, welche Arten von Rettungswegen als Ausgang ins Freie gelten, nämlich:

„Außentreppen ohne Treppenräume, Rettungsbalkone, Terrassen und begehbare Dächer [die] auf das Grundstück führen, wenn dieser Rettungsweg im Brandfall nicht gefährdet ist; dieser Rettungsweg gilt als Ausgang ins Freie."

Dies bedeutet eine erhebliche Erleichterung, da die Rettungsweglänge, z. B. über Rettungsbalkone nicht mehr bis zur notwendigen Treppe oder dem Treppenraum gemessen werden müsste, wie es für einen offenen Gang vor einer Außenwand nach § 36 „Notwendige Flure, offene Gänge" MBO erforderlich wäre. Die Berechnung der Rettungsweglänge für Schulen dürfte an der Fassade enden, unabhängig, ob der Ausgang ins Freie erdgeschossig liegt oder sich in einem beliebigen Obergeschoss befindet.

Rein theoretisch könnte ein umlaufender offener Gang die Rettungsweglänge sicherstellen und die erforderlichen Rettungswegbreiten über großzügige Treppen in einer Halle abgedeckt werden.

Es bestehen aber Zweifel, ob die Bemessung der Rettungsweglänge bis zu einem Ausgang ins Freie für offene Gänge und erst recht für Rettungsbalkone ausreichend ist. Eine beliebige Verlängerung der Rettungsweglänge durch Rettungsbalkone sollte nicht erfolgen dürfen. Ferner ist zu bedenken, dass ein umlaufender potenziell ungeschützter Rettungsbalkon aufgrund von Geschossverbindungen oder offenen Raumkonzepten möglicherweise gefährdet ist.

Für erdgeschossige Terrassen und große Flachdächer, bei denen sich die Personen nicht nur aus verrauchten Räumen, sondern auch von einem Brandherd entfernen können, ist die Berechnung der Rettungsweglänge bis zu diesen Ausgängen eher unproblematisch.

5.3.7 Bemessung der Rettungswegbreite

Der § 34 Abs. 5 MBO legt fest, dass die nutzbare Breite der Treppenläufe und Treppenabsätze notwendiger Treppen für den größten zu erwartenden Verkehr ausreichen muss. Entsprechendes gilt auch für die notwendigen Flure (siehe § 36 Abs. 2 MBO).

Allgemeine Anforderungen der MBO

Die Anforderung an die Bemessung von Treppenlaufbreiten ist in der DIN 18065 geregelt. Diese legt eine Breite für baurechtlich notwendige Treppen für Gebäude im Allgemeinen mit mindestens 1 m lichter Breite fest. Für die Breite von notwendigen Fluren trifft die MBO keine konkretisierenden Regelungen.

Treppen und Flurbreiten nach der MSchulbauR

Die MSchulbauR regelt eine Ober- und Untergrenze für die nutzbare Breite von notwendigen Treppen. Die Mindest-Breite beträgt 1,2 m gemäß Nummer 3.4 Satz 3c und die max. Breite beträgt 2,4 m gemäß Nummer 4.1. Die MSchulbauR orientiert sich damit an Werten, welche auch in der MVStättVO festgelegt sind. Dies ist eine logische Folgerung, die der zügigen Evakuierung und Verhütung von Unfällen in Paniksituationen geschuldet sein dürfte.

Die tatsächlich nutzbare Breite von notwendigen Treppen ist in Abhängigkeit zu den in der Realität darauf angewiesenen Benutzern zu berechnen, also bezogen auf die Gesamtzahl aller im Gebäude befindlicher Personen. Die MSchulbauR baut auf der Modul-Betrachtung von Schritten in 60 cm auf (siehe Abb. 5.20). Eine Interpolation ist demnach nicht möglich: „*Staffelungen sind nur in Schritten von 0,60 m zulässig*" (Nummer 3.4 Satz 2 MSchulbauR. Diese Sichtweise bestätigen auch die Erläuterungen zur MSchulbauR (2009).

Interpolation der Rettungswegbreite

Die derzeit gültige Fassung der MVStättVO sieht jedoch nicht mehr die Modul-Betrachtung in Schritten von 60 cm vor. Es sind nun Zwischenwerte zulässig, sofern die lichte Mindestbreite eines jeden Teils von Rettungswegen 1,2 m beträgt (siehe Abb. 5.20). Die Begründung für die geänderte Berechnungsmethode aus den Erläuterungen der ARGEBAU zu § 7 Abs. 4 MVStättVO lässt sich auch auf Schulgebäude anwenden:

„*Da die der Bemessung nach Satz 2 Halbsatz 1 zugrunde liegende europäische Norm DIN EN 13200 die Staffelung von Rettungswegbreiten nur in Schritten von 0,60 m (Satz 4 a. F.) nicht mehr enthält und wissenschaftlich nicht nachgewiesen ist, dass sich kürzere Räumungszeiten ausschließlich bei einer modularen Steigerung der Rettungswegbreite ergeben, ist diese Regelung entfallen. Satz 2 Halbsatz 2 lässt nunmehr die Ermittlung von Zwischenwerten (Interpolation) zu*" (Begründung zur MVStättVO, 2014).

Hinweis

Die Fluchtwegbreiten nach ASR A.2.3 sollten durch den Bauherrn vorgegeben werden, da sie von den baurechtlich erforderlichen Breiten abweichen können. Bei Anwendung der ASR A.2.3 gilt die Vermutungswirkung. Im Rahmen einer Gefährdungsbeurteilung sind Abweichungen von der 60 cm-Modul-Betrachtung möglich.

Ermittlung der Breiten von vertikalen Rettungswegen

Die Rettungswegbreiten sind über die Geschosse hinweg zu addieren, wie es auch nach der MVStättVO erforderlich ist. Es stellt sich jedoch die Frage, ob es wirklich erforderlich ist, zusätzliche Treppen zu planen, um alle horizontalen Rettungswegbreiten aufzunehmen, oder ob es zulässig sein kann, je nach Nutzungskonzept auf die tatsächliche Anzahl der Schüler und Lehrer abzuzielen und nicht von einer gleichzeitigen Vollbelegung aller Räume in allen Geschosse auszugehen.

Aufgrund der geschossweisen Verteilung der Nutzer werden die Rettungswegbreiten im Evakuierungsfall auch nicht gleichzeitig ausgeschöpft. Die Möglichkeit der Interpolation sollte in Absprache mit dem Arbeitsschutz geprüft werden.

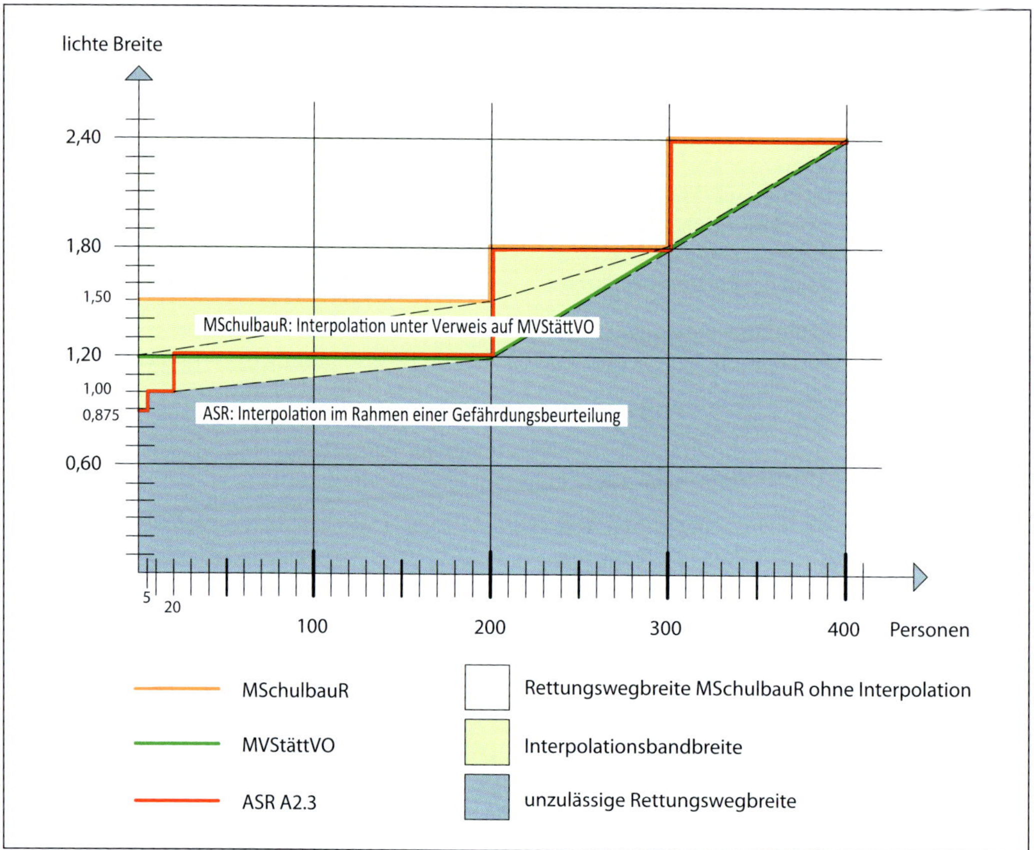

Abb. 5.20: Interpolation der Rettungswegbreite

Ermittlung der Breiten von horizontalen Rettungswegen

„[1]*Die nutzbare Breite […] der notwendigen Flure […] muss mindestens 1,20 m je 200 darauf angewiesener Benutzer betragen*“ (Nummer 3.4 Satz 1 MSchulbauR). Auch hier orientiert sich die MSchulbauR an den Werten der MVStättVO. Zusätzlich zur geforderten Mindestbreite von 1,2 m wird allerdings für Flure eine lichte Breite von 1,5 m erforderlich (siehe Abb. 5.21).

„[3]*Es muss jedoch mindestens folgende nutzbare Breite vorhanden sein bei* […] *b) notwendigen Fluren 1,50 m*“ (Nummer 3.4 Satz 3b MSchulbauR). Dieser Wert ist jedoch nicht kompatibel mit der dort ebenfalls vorgegebenen notwendigen Treppenbreite von 1,2 m. Aus den Erläuterungen zur MSchulbauR, zu Nummer 3.4, geht hervor, dass diese Abmessung der Barrierefreiheit geschuldet ist: *„Die Mindestbreite der Türen von 0,9 m für Unterrichtsräume und sonstige Aufenthaltsräume sowie der notwendigen Flure von 1,50 m entspricht dem barrierefreien Bauen nach DIN 18024 – Teil 2, Ausgabe November 1996“.*

Regelungen zur Barrierefreiheit sollten nicht mehr in der MSchulbauR aufgeführt werden, weil mit der DIN 18040-1 eine umfangreiche Planungsgrundlage als eingeführte technische Baubestimmung zur Verfügung steht, die zwingend anzuwenden ist.

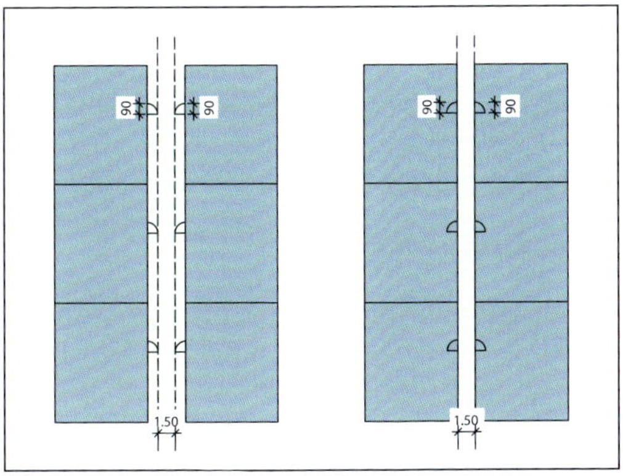

Abb. 5.21: Breiten notwendiger Flure nach MSchulbauR in Abhängigkeit von der Aufschlagrichtung der Türen

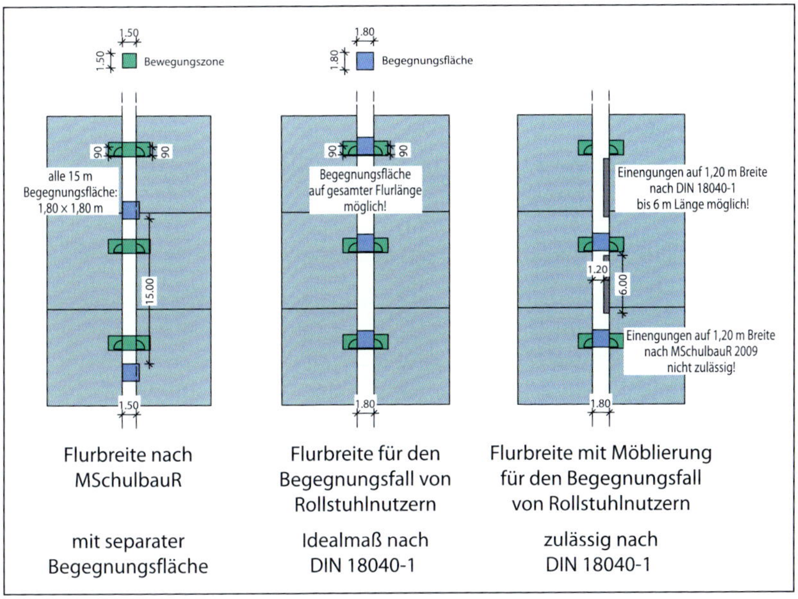

Abb. 5.22: Rettungswegbreiten aufgrund der Barrierefreiheit

Für die weitergehenden Anforderungen an Flurbreiten, die hinsichtlich der Barrierefreiheit zu regeln sind, können, je nach Schulkonzept, unterschiedliche Breiten aus der DIN 18040-1 sinnvoll sein (siehe Abb. 5.22).

Fazit

Folgende Vorgehensweise wird für die Bemessung der Rettungswegbreiten vorgeschlagen: Zunächst muss die lichte Breite eines jeden Teiles von Rettungswegen mindestens 1,2 m betragen. Dann wird die größtmögliche Personenzahl berücksichtigt. Die lichte Breite eines jeden Teiles von Rettungswegen wird auf mindestens 1,2 m je 200 der darauf angewiesenen Personen erhöht. Zwischenwerte (Interpolation) sollten mit dem Bauherrn abgestimmt werden. Daran anschließend werden die Flächen hinsichtlich der Barrierefreiheit nach DIN 18040-1 berücksichtigt.

Rettungswegbreite von offenen Gängen

Die Rettungswegbreite von offenen Gängen sollte 1,2 m nicht unterschreiten und, wie oben beschrieben, nach der Zahl der darauf angewiesenen Personen ermittelt werden. Dies stellt unter Umständen eine Abweichung von der Mindestanforderung von 1,5 m aus Nummer 3.4. Satz 3b MSchulbauR dar.

Rettungswegbreiten von Ausgängen aus Klassenräumen

Nach Nummer 3.4 Satz 3a MSchulbauR muss die nutzbare Breite von Ausgängen aus Unterrichtsräumen und Aufenthaltsräumen mindestens 0,9 m betragen. Dieser Wert orientiert sich an der MVStättVO, wie sich aus den Erläuterungen zur MSchulbauR (2009) ergibt. Je nach Belegungsdichte ist diese Breite nach der ASR A2.3 (2007) entsprechend der Vermutungswirkung bereits nicht mehr ausreichend und es wird meistens eine lichte Durchgangsbreite von 1,05 m realisiert.

Rettungswegbreiten von Bypass-Türen

Die nutzbare Breite von Bypass-Türen sollte analog zu Ausgängen aus Unterrichtsräumen mindestens 0,9 m betragen. Einzelfallbezogen ist zu prüfen, ob diese Breite ausreichend ist.

Rettungswegbreiten von Ausgängen aus Lernbereichen

An dieser Stelle erscheint es wichtig, die Rettungswegbreiten nicht nur für notwendige Flure und Klassenräume, sondern auch hinsichtlich der Ausgänge aus den Lernbereichen zu diskutieren, da die Personenzahlen und die Flächen nicht mehr mit den Annahmen der MSchulbauR vergleichbar sind. Die Schülerzahlen können innerhalb von Lernbereichen, abhängig von der Jahrgangsstärke, stark variieren, deshalb sollten die Anzahl der Ausgänge sowie deren Breite an dieser Stelle neu geregelt werden und sich nach der Personenzahl und der Größe der Lernbereiche richten. Um bei der Systematik der MVStättVO zu bleiben, ist zu beachten, dass für Räume mit mehr als 100 m^2 oder einer Nutzung für mehr als 100 Personen in Lernbereichen mindestens 2 Ausgänge mit je 0,9 m Breite vorhanden sein müssten (vgl. Tabelle 5.1).

Rettungswegbreiten innerhalb von Lernbereichen

Die MVStättVO sichert die Rettungswege innerhalb von Veranstaltungsräumen über die Einführung von Gängen in §10 Abs. 4 und 5. Auch die Muster-Verkaufsstättenverordnung und die Muster-Industriebaurichtlinie ergänzen das Rettungswegsystem um Hauptgänge. Gegen die Einführung analoger Regelungen spricht, dass die Nutzer in Schulen ihre Lernbereiche kennen und ortskundig sind. Ähnlich der Büro- und Verwaltungsnutzungen ergeben sich die Rettungswege aus der Möblierung und der alltäglichen Begehbarkeit. Sie sollten auch veränderlich sein können.

Allerdings kann es im Schulalltag schwierig sein, Rettungswege freizuhalten, ohne diese exakt zu definieren. Ob eine Definition der Rettungswegbreiten innerhalb der Lernbereiche erforderlich ist, sollte von der Größe, der Anzahl der Nutzer, der Lage der Ausgänge und der geplanten Möblierung abhängig

Tabelle 5.1: Breite von Ausgängen aus Unterrichtsbereichen

	Nutzung	Fläche	mind. Anzahl der Ausgänge	lichte mind. Breite je Ausgang	Personenzahl
Additives System	Klassenzimmer und sonstige Aufenthaltsräume	bis 100 m²	1	0,90 m	Klassenstärke
	Klassenraum Plus und ähnliche Raumabfolgen	bis 200 m²	1–2	0,90 m	Klassenstärke 1–2
Integrierendes System	Lernbereich, z. B. Cluster	bis 400 m²	2	0,90 m	unter 100 Personen
	Lernbereich, z. B. Cluster	über 400 m²	2	1,20 m	mind. 1,20 m je 200 Personen
	Lernbereich, z. B. Lernlandschaften	über 400 m²	2	1,20 m	mind. 1,20 m je 200 Personen
Räume mit besonderer Funktion	Turnhalle		2	0,90 m	Klassenstärke
	besondere Räume		1–2	0,90 m	max. Klassenstärke
	Pausenhalle		2	1,20 m	mind. 1,20 m je 200 Personen
	Versammlungsräume		2	1,20 m	mind. 1,20 m je 200 Personen

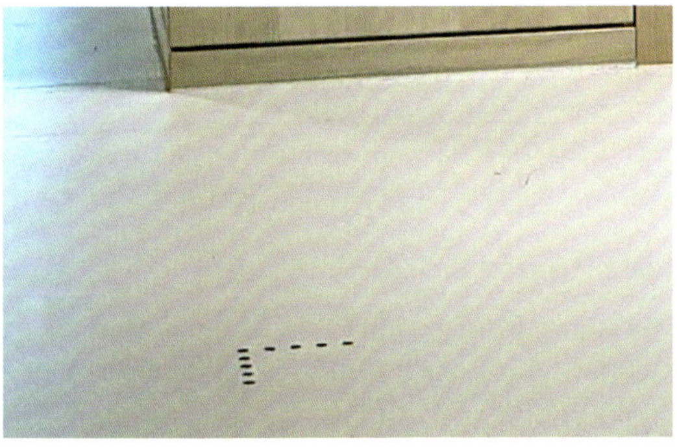

Abb. 5.23: Bodenmarkierung für die Freihaltung von Rettungswegen innerhalb von Erschließungszonen; Entwurf: v-architekten GmbH, Köln

gemacht werden. Je nach Rettungswegverlauf wäre eine Markierung dieser Hauptgänge denkbar, die im laufenden Betrieb als Unterstützung dient, um Rettungswegzonen freizuhalten. Zur Kennzeichnung könnten folgende Möglichkeiten eingesetzt werden:

- Abgrenzung im Fußbodenbelag durch Material- oder Farbwechsel
- Markierung mit Linien, Punkten oder Fußspuren (siehe Abb. 5.23)

Baurechtlich können derartige Maßnahmen innerhalb von Lernbereichen mit der Abweichung vom notwendigen Flur begründet werden.

Die Breite der Hauptgänge sollte auf die lichte Breite der Ausgänge abgestimmt sein. Auch für Hallen könnten Hauptgänge definiert werden.

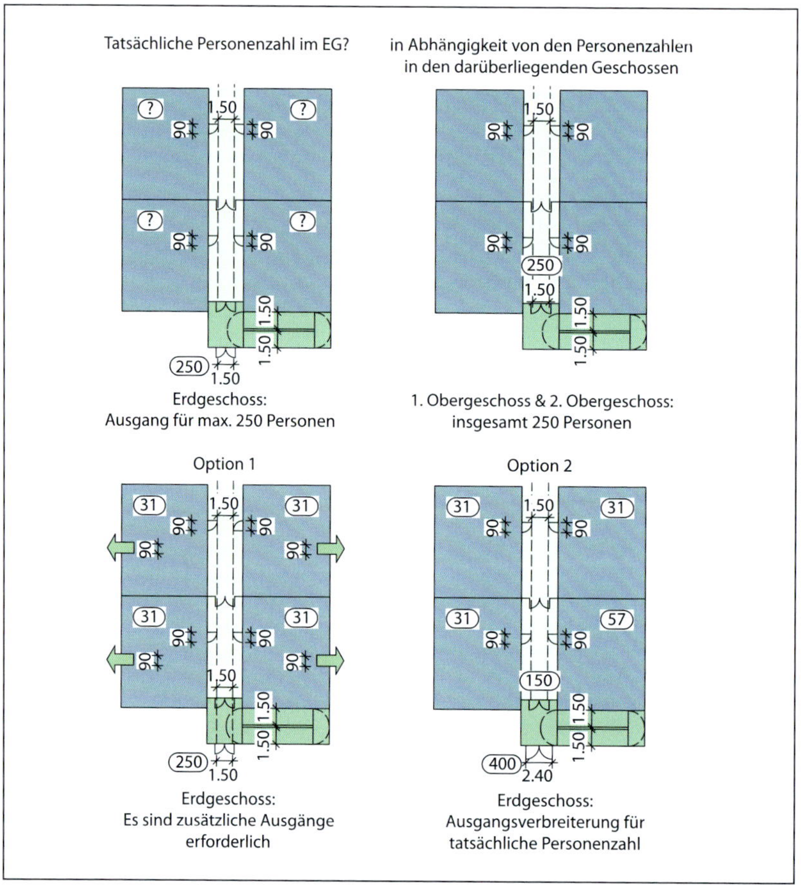

Abb. 5.24: Maximale Personenzahlen bei einer Rettungswegbreite von 1,5 m im gesamten Verlauf

Abstimmung der Rettungswegbreiten untereinander

Die erforderlichen Breiten von Rettungswegen dürfen nicht eingeengt werden. Nummer 3.4 der MSchulbauR ist bei der Ermittlung der Rettungswegbreiten zu berücksichtigen:

„[…] 3*Die erforderliche nutzbare Breite der notwendigen Flure und notwendigen Treppen darf durch offenstehende Türen, Einbauten oder Einrichtungen nicht eingeengt werden.* 4*Ausgänge zu notwendigen Fluren dürfen nicht breiter sein als der notwendige Flur.* 5*Ausgänge zu notwendigen Treppenräumen dürfen nicht breiter sein als die notwendige Treppe.* 6*Ausgänge aus notwendigen Treppenräumen müssen mindestens so breit sein wie die notwendige Treppe.* […]“

Der notwendige Flur muss zwingend 1,5 m breit sein. Türen im Verlauf des Flures dürfen das lichte Maß von 1,5 m nicht einengen, um Satz 3 zu genügen. Dies entspricht bei Interpolation einem Rettungsweg für 250 Personen (siehe Abb. 5.24).

Um Satz 4 zu genügen, dürften die Türen von den Unterrichtsräumen zum notwendigen Flur maximal 1,5 m breit sein.

Allerdings besteht in der Rettungswegabfolge keine Regelung hinsichtlich der lichten Rettungswegbreite zwischen dem notwendigen Flur und dem Treppenraum, siehe Satz 5. Da die Breite der notwendigen Treppe mit 1,2 m zulässig ist und laut Nummer 3.4. Satz 5 MSchulbauR „*Ausgänge zu notwendigen Treppenräumen […] nicht breiter sein als die notwendige Treppe*" sein dürfen, ist zu diskutieren, ob es an der Tür zwischen notwendigem Flur und dem Treppenraum zu einer Reduzierung der Rettungswegbreite kommen darf.

Die MVStättVO fasst die Abfolge der Rettungswegbreiten wesentlich einfacher und eindeutig zusammen: „[2]*Dabei muss die lichte Breite eines jeden Teils von Rettungswegen für die darauf angewiesenen Personen mindestens betragen*" (§ 7 Abs. 4 Satz 2 MVStättVO).

Die Rettungswegbreiten im Verlauf bis zum Ausgang ins Freie werden nur durch die Personenanzahl bestimmt. Für die tatsächlich zu planende Flurbreite sind zusätzlich die Vorgaben der Barrierefreiheit sowie Einbauten und die Aufschlagrichtung von Türen zu berücksichtigen. Dies sollte auch bei Bildungseinrichtungen so gehandhabt werden.

5.3.8 Anforderungen an Türen

Analog zur § 9 MVStättVO könnten alle Anforderungen an Türen in Rettungswegen aber auch die in Trennwänden zusammenfassend geregelt werden.

Aufschlagrichtung

Die Aufschlagrichtung von Türen ist in der MBO nicht geregelt.

Die MSchulbauR regelt in Nummer 5 Satz 2, dass „*Türen im Zuge von Rettungswegen, ausgenommen Türen von Unterrichtsräumen, […] in Fluchtrichtung des ersten Rettungsweges aufschlagen*" müssen. Die Öffnungsrichtung für Türen aus Unterrichtsräumen galt bisher für Klassenzimmer im ursprünglichen Sinne, d. h. mit einer Belegung von ca. 30 Schülern, für die sich keine besondere Anforderung ergab. Dieser Ansatz ist wegen der höheren Personenzahlen auf Lernbereiche nicht übertragbar. Es könnte ein Schwellenwert eingeführt werden, ab dem Türen aus Unterrichtsräumen ebenfalls in Fluchtrichtung aufschlagen müssen, um das gefahrlose Verlassen aus den unterschiedlichen Raumgrößen sicherzustellen.

Aus der Systematik der Teilnutzungseinheiten ergeben sich folgende Zuordnungen:

Lernbereiche bis 200 m²: Hier ist keine Regelung erforderlich. Für das Klassenzimmer und den übersichtlichen Klassenraum Plus könnten weiterhin nach innen aufschlagende Türen ausgeführt werden.

Lernbereiche bis 400 m²: Türen aus dem Erschließungsbereich im Zuge des ersten Rettungsweges sollten in Richtung des Rettungswegverlaufs aufschlagen. An die Aufschlagrichtung von Türen zu weiteren Rettungswegen muss in der Regel keine Anforderung gestellt werden.

Lernbereiche über 400 m²: Türen aus den Erschließungsbereichen müssten nach außen aufschlagen. An die Aufschlagrichtung von Türen aus einzelnen Unterrichtsräumen innerhalb der Lernbereiche zu den weiteren Rettungswegen wird keine Anforderung gestellt.

Bypass-Türen: Oft wird der Rettungswegverlauf über Bypass-Türen in 2 Richtungen vorgesehen. Die Aufschlagrichtung sollte in Richtung des Rettungswegverlaufs für die größere Personenzahl erfolgen.

Brandschutztechnische Anforderungen an Türen

Die MBO regelt die brandschutztechnischen Anforderungen an Türen zu Treppenräumen, notwendigen Fluren und in Trennwänden. Sie sind entsprechend auch für Schulen anzuwenden, da die MSchulbauR, mit Ausnahme der Türen zu Hallen, keine Regelungen trifft.

Weil die Flächen in Unterrichtsbereichen nicht mehr mit einem ursprünglichen Klassenzimmer von 60 m² bis 80 m² vergleichbar sind, sollten die Anforderungen an die Abschlüsse von Öffnungen in Flurwänden und Treppenraumwänden in Abhängigkeit von der Größe der Räumlichkeiten und den damit verbundenen Brandrisiken modifiziert werden.

Welche Anforderungen in Bezug auf die Raumgrößen diskutiert werden könnten, zeigt Tabelle 5.2.

Tabelle 5.2: Anforderungen an Türen in Abhängigkeit zur Fläche und Nutzung

	Nutzung	**Fläche**	**Tür zum notwendigen Flur**	**Tür zum Treppenraum/Halle**	**Verbindungstür zu gleicher Nutzung**
Additives System	Klassenzimmer und sonstige Aufenthaltsräume	bis 100 m²	dichtschließend	feuerhemmend, rauchdicht- und selbstschließend	ohne Anforderung
	Klassenraum Plus und ähnliche Raumabfolgen	bis 200 m²	dichtschließend	feuerhemmend, rauchdicht- und selbstschließend	dichtschließend
Integrierendes System	Lernbereich, z.B. Cluster	bis 400 m² Teilnutzungsbereich	feuerhemmend, rauchdicht- und selbstschließend	feuerhemmend, rauchdicht- und selbstschließend	feuerhemmend, rauchdicht- und selbstschließend
	Lernbereich, z.B. Cluster	über 400 m² Teilnutzungsbereich	feuerhemmend, rauchdicht- und selbstschließend	feuerhemmend, rauchdicht- und selbstschließend	feuerhemmend, rauchdicht- und selbstschließend
	Lernbereich, z.B. Lernlandschaften	über 400 m² Teilnutzungsbereich	feuerhemmend, rauchdicht- und selbstschließend	feuerhemmend, rauchdicht- und selbstschließend	feuerhemmend, rauchdicht- und selbstschließend
Räume mit besonderer Funktion	Turnhalle		dicht- und selbstschließend	feuerhemmend, rauchdicht- und selbstschließend	ohne Anforderung
	besondere Räume		einzelfallbezogen	feuerhemmend, rauchdicht- und selbstschließend	einzelfallbezogen
	Pausenhalle		feuerhemmend, rauchdicht- und selbstschließend	feuerhemmend, rauchdicht- und selbstschließend	ohne Anforderung
	Versammlungsräume		feuerhemmend, rauchdicht- und selbstschließend	feuerhemmend, rauchdicht- und selbstschließend	feuerhemmend, rauchdicht- und selbstschließend

Nach den neuen Raumkonzepten können Teilnutzungseinheiten weit über 400 m^2 über notwendige Flure erschlossen werden. Deshalb reicht die Anforderung „dichtschließend" zur ausreichend langen Nutzung des notwendigen Flures im Brandfall unter Umständen nicht mehr aus. Die Anforderung sollte ab einer Teilnutzungseinheit über 200 m^2 auf feuerhemmend, rauchdicht und selbstschließend erhöht werden.

Da zukünftig Teilnutzungseinheiten mit unterschiedlichen Flächen und Nutzungen zulässig sein sollten, ist auch ein Augenmerk auf die Anforderungen an Türen in Trennwänden zwischen diesen Bereichen zu legen.

An Türen in Trennwänden wird als weitergehende Anforderung die Rauchdichtigkeit als eine sinnvolle Ergänzung erachtet. Dies schützt angrenzende Teilnutzungseinheiten vor Verrauchung und dient der Sicherstellung von Rettungswegen. Eine solche Regelung kann auch hinsichtlich der Sicherstellung von barrierefreien Rettungswegen sinnvoll sein.

In der MSchulbauR werden zusätzlich Brandwände geregelt, die ebenfalls Teil des Rettungswegsystems sein können. Da dies nicht zwingend der Fall sein muss, sollten die Anforderungen jeweils dort geregelt bleiben (siehe Kapitel 5.2.3).

Obentürschließer und Feststellanlagen

In Klassenräumen und im Klassenraum Plus, in denen der Klassenverband erhalten bleibt, sind Obentürschließer zum notwendigen Flur in der Regel nicht erforderlich, da die Evakuierung durch das Lehrpersonal angeleitet und geordnet verläuft. Es ist zu berücksichtigen, dass das Evakuierungsverhalten in Lernbereichen anders ist: Je größer die Einheiten, umso ungeordneter läuft die Evakuierung ab. Es muss auch damit gerechnet werden, dass Schüler eigenständig die Räume verlassen. Um die Sicherheit der notwendigen Flure zu gewährleisten, sind Türen deshalb mit Obentürschließern vorzusehen.

Die MSchulbauR legt in Nummer 5 Satz 1 fest, dass Türen, die selbstschließend sein müssen, nur offengehalten werden dürfen, wenn sie Feststellanlagen haben, die bei Raucheinwirkung ein selbsttätiges Schließen der Türen bewirken und auch von Hand geschlossen werden können. Eine generelle Ausstattung der selbstschließenden Türen in Rettungswegen mit Feststellanlagen oder Freilauftürschließern ist wünschenswert, jedoch aus Kostengründen nicht realisierbar.

5.3.9 Rettungswegverlauf innerhalb von Lernbereichen

Hinsichtlich der neuen räumlichen Strukturen, die durch die neuen pädagogischen Konzepte entstehen, müssen Regelungen für die Rettungswegführung innerhalb der Lernbereiche getroffen werden. Deshalb soll an dieser Stelle der Verzicht auf notwendige Flure in Schulen angedacht werden. Eine solche Erleichterung ist bereits in § 36 Abs. 1 Nr. 4 MBO für Büro- und Verwaltungsgebäude vorgesehen:

„Notwendige Flure sind nicht erforderlich innerhalb von Nutzungseinheiten, die einer Büro- oder Verwaltungsnutzung dienen, mit nicht mehr als 400 m^2;

das gilt auch für Teile größerer Nutzungseinheiten, wenn diese Teile nicht größer als 400 m² sind, Trennwände nach § 29 Abs. 2 Nr. 1 haben und jeder Teil unabhängig von anderen Teilen Rettungswege nach § 33 Abs. 1 hat.“

Diese Ausnahme ist derzeit nicht auf Schulgebäude anwendbar, da sie ausschließlich für die Büro- oder Verwaltungsnutzung gilt. Es sind also bereits ab der Grenze von 200 m² notwendige Flure zu planen, obwohl Schulgebäude durchaus mit Büro- und Verwaltungsnutzungen vergleichbar sind.

Die Vergleichbarkeit der Brandlastendichten von Schulgebäuden und Bürogebäuden wurde in Kapitel 5.2.2 diskutiert und hinsichtlich der Ausbildung von Trennwänden vertieft. Die offenen räumlichen Strukturen für die neuen pädagogischen Konzepte sind der Offenheit von Großraumbüros und Kombibüros ähnlich. Im Nutzerverhalten sind Schulen sogar günstiger als Bürogebäude zu beurteilen. Die Nutzer sind ortskundig und aufmerksam, darüber hinaus üben sie regelmäßig die Gebäudeevakuierung und reagieren im Alarmfall ohne Verzögerung. Eine Vergleichbarkeit von Schulen und Bürogebäuden darf hinsichtlich der Rettungswegführung angenommen werden (vgl. Battran; Mayr, 2020).

Bei Verzicht auf notwendige Flure wäre Voraussetzung, dass eine Unterteilung des Schulgebäudes in Teilbereiche möglich ist und die erforderlichen Trennwände und deren Ausführung geregelt werden.

Im nächsten Schritt wäre eine erweiterte Definition der Teile von Rettungswegen erforderlich: Es müsste festgelegt werden, dass zur Rettungswegführung neben der Treppe und dem notwendigen Flur auch der Erschließungsbereich innerhalb von Lernbereichen mit Hauptgängen herangezogen werden darf.

Dabei ist zu überlegen, ob nur einer oder beide Rettungswege über den Erschließungsbereich führen können und ob Regelungen für die Fluchtrichtung getroffen werden müssen. Dabei ist auch die günstige Lage von Ausgängen mit entgegengesetzten Fluchtrichtungen zu berücksichtigen. Aus der Begrenzung der Stichflurlänge auf 10 m nach Nummer 3.3 MSchulbauR kann geschlossen werden, dass der Regelfall nicht nur die Ausbildung von 2 baulichen Rettungswegen verlangt, sondern zusätzlich auch deren Verteilung in 2 entgegengesetzte Fluchtrichtungen vorsieht.

Die Ausführung einer automatischen Brandmeldeanlage lässt sich vermeiden, wenn Teilnutzungseinheiten ausgebildet werden und je nach Größe eine andere ausreichende Brandfrüherkennung möglich ist, wie z. B. durch Sichtbeziehungen oder über die günstige Anordnung der Rettungswege (vgl. Moderne Schulbau- und Unterrichtskonzepte, 2015).

Der Rettungswegverlauf über die Erschließungsbereiche innerhalb der Lernbereiche soll für das „integrierende System“, welches bei den neuen pädagogischen Raumkonzepten überwiegend angetroffen wird, überprüft werden:

Rettungswege für Lernbereiche bis 200 m², Klassenraum Plus

Lernbereiche bis 200 m², meist als Klassenraum Plus bezeichnet, stellen den fließenden Übergang von additiven zu integrierenden Grundrisssystemen dar, siehe hierzu Abb. 2.29, Abb. 2.30 und Abb. 2.31 in Kapitel 2.3.1. Diese

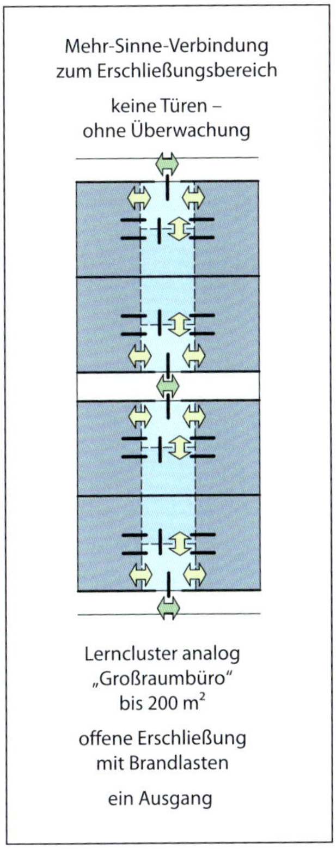

Abb. 5.25: Systematik der Rettungswege für Lernbereiche bis 200 m² mit Sichtverbindungen

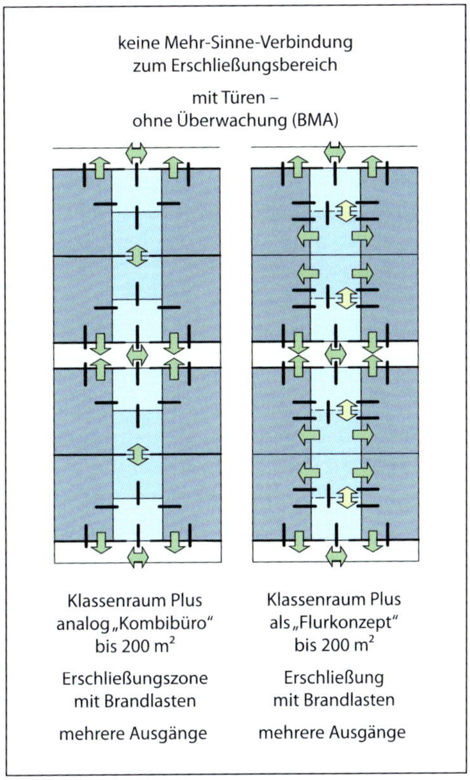

Abb. 5.26: Systematik der Rettungswege für Lernbereiche bis 200 m² ohne Sichtverbindungen

Lernbereiche sind nicht immer durch Trennwände entsprechend § 29 MBO als Teilnutzungseinheiten auszubilden. Die zulässige Fläche der Teilnutzungseinheit ist auf 200 m² beschränkt. Bei dieser Größe ist eine ausreichende Brandfrüherkennung nach dem Mehr-Sinne-Prinzip möglich.

Beide Rettungswege für die gefangenen Unterrichtsräume dürfen über den Erschließungsbereich führen, wenn diese über ausreichende Sichtbeziehungen zu diesem verfügen, was eine rechtzeitige Brandfrüherkennung ermöglicht (siehe Abb. 5.25). Die Situation ist mit einer sonstigen Nutzung in einer Einheit bis 200 m² vergleichbar.

Lernbereiche bis 200 m² mit nur einem Ausgang müssen unmittelbar über einen notwendigen Flur erschlossen werden. Dieser muss zu 2 voneinander unabhängigen Treppenräumen oder Ausgängen ins Freie führen. Notwendige Flure als Stichflure sind unzulässig, da bereits innerhalb des Lernbereichs nur eine Fluchtrichtung gegeben ist.

Nur wenn 2 Ausgänge aus dem Klassenraum Plus in entgegengesetzter Richtung angeordnet sind und diese auf baulich unabhängige notwendige Flure führen, sind Stichflure zulässig. Bei Fehlen der Sichtbeziehungen können mehrere Ausgänge eine Alternative sein (siehe Abb. 5.26).

Für den gefangenen Raum wird dann ein zusätzlicher vom Erschließungsbereich unabhängiger Ausgang, z. B. in einen anderen Teilbereich, erforderlich. Sofern die beiden Teilbereiche zusammen nicht größer als 400 m^2 sind, ist die Tür in der Trennwand dicht- und selbstschließend auszuführen (vgl. Tabelle 5.2).

Die Lernbereiche in Abb. 5.25 und Abb. 5.26 sind so angeordnet, dass keine Teilnutzungseinheiten ausgebildet werden müssen. Der Verzicht auf den notwendigen Flur stellt gegenüber der MSchulbauR und der MBO ggf. eine Abweichung dar.

Rettungswege für Lernbereiche bis 400 m^2, Lerncluster

Ein Lerncluster ist durch Trennwände entsprechend § 29 MBO als Teilnutzungseinheit auszubilden. Die zulässige Fläche der Teilnutzungseinheit ist auf 400 m^2 beschränkt. Beide Rettungswege für die gefangenen Unterrichtsräume dürfen über den Erschließungsbereich führen. Die Situation ist mit einem Kombibüro in einer Büro- und Verwaltungsnutzung bis 400 m^2 vergleichbar. Auch bei dieser Größe erscheint eine ausreichende Brandfrüherkennung nach dem Mehr-Sinne-Prinzip möglich.

Das heißt, dass alle Aufenthaltsbereiche im Lerncluster über eine ausreichende Sicht-, Hör- und Geruchsbeziehung zum Erschließungsbereich verfügen müssen. Kann dies nicht dauerhaft sichergestellt werden, z. B. weil Türen vorgesehen werden, ist eine rechtzeitige Brandfrüherkennung innerhalb der Teilnutzungseinheit vorzusehen. Darauf kann verzichtet werden, wenn alle Unterrichts- und Erschließungsbereiche einen direkten Zugang zu notwendigen Fluren, offenen Gängen, Treppenräumen oder Hallen verfügen.

Lerncluster müssen über mindestens 2 Ausgänge verfügen. (Dies ist bei Büro- und Verwaltungsnutzungen bis 400 m^2 nicht erforderlich.) Die Ausgänge aus der Teilnutzungseinheit müssen günstig, möglichst entgegengesetzt, angeordnet werden (siehe Abb. 5.27).

Die Ausgänge könnten auf notwendige Flure führen, wenn beide voneinander unabhängig sind. Dabei wären Stichflure zulässig. Die Ausgänge können auch in 2 voneinander unabhängige Treppenräume oder zu Ausgängen ins Freie führen. Ein Ausgang darf auch unmittelbar in eine Halle führen. Beide Rettungswege dürfen über denselben notwendigen Flur führen, wenn dieser mit automatischen Brandmeldern (Kenngröße Rauch) überwacht wird. Der Verzicht auf den notwendigen Flur stellt gegenüber der MSchulbauR und der MBO eine Abweichung dar.

Auch die Variante in Abb. 5.28 stellt eine Abweichung dar, weil auch hier beide Rettungswege nicht über einen notwendigen Flur, sondern über die Mittelzone führen. Der offenen Gang mit nur einer Fluchtrichtung ersetzt in dem Beispiel die Sichtverbindungen.

In der Variante in Abb. 5.29 führen beide Rettungswege der Gemeinschaftsräume nicht über einen notwendigen Flur, sondern über die Mittelzone. Ob es sich ebenfalls um eine Abweichung handelt, ist von der Ausbildung der Wand der Mittelzone abhängig. Der direkte Zugang aus den anderen Räumen zu einem notwendigen Flur, Treppenraum oder eine Halle ersetzt in dem Beispiel die Sichtverbindungen.

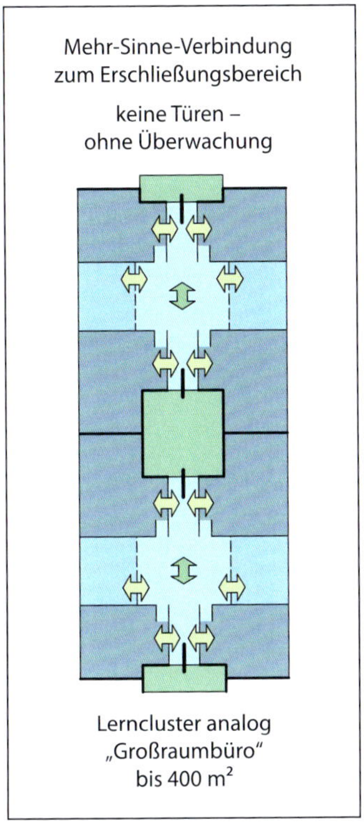

Abb. 5.27: Systematik der Rettungswege für Lernbereiche bis 400 m² mit Sichtverbindung

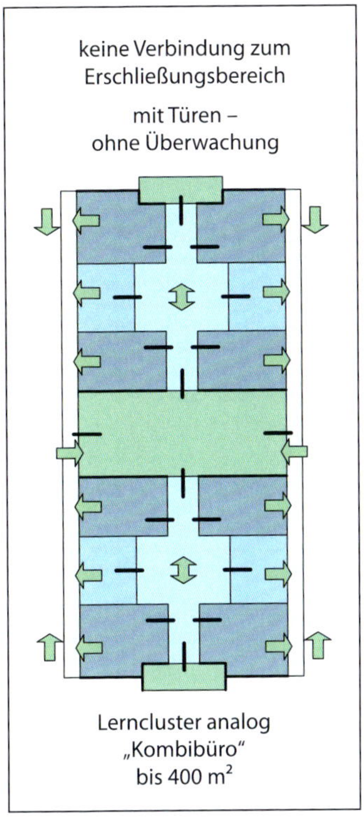

Abb. 5.28: Systematik der Rettungswege für Lernbereiche bis 400 m² ohne Sichtverbindung

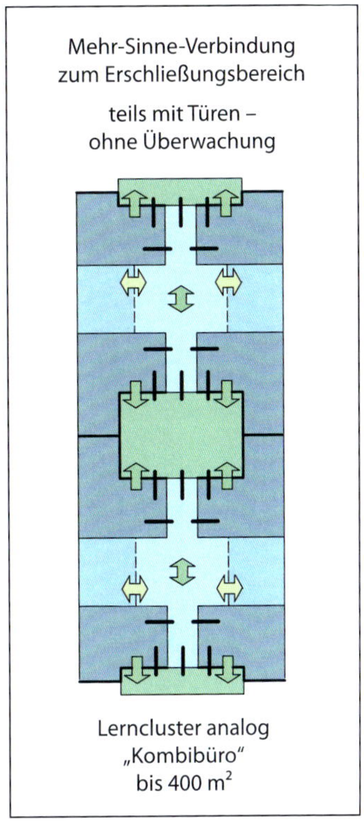

Abb. 5.29: Systematik der Rettungswege für Lernbereiche bis 400 m² mit teilweisen Sichtverbindungen

Es bestehen im Regelfall keine Bedenken, sich an den Obergrenzen von 400 m² für Nutzungseinheiten mit Büro- und Verwaltungsnutzung zu orientieren, innerhalb derer keine notwendigen Flure erforderlich sind. Es handelt sich um eine Abweichung von der MBO und der MSchulbauR. Abweichungen sind für jeden Einzelfall zu prüfen und objektspezifisch zu begründen. Ob eine Abweichung zugelassen werden kann, ist eine Ermessensentscheidung, die von den objektspezifischen Rahmenbedingungen abhängig ist.

Die Abb. 5.27 bis 5.29 gehen von einer offenen Erschließung mit Brandlasten und 2 entgegengesetzten Ausgängen aus.

Rettungswege für Lernbereiche über 400 m², Lerncluster

Sehr häufig überschreitet bereits ein Lernbereich für 4 Schulklassen die Fläche von 400 m². Dementsprechend stellt sich die Frage, ob dann die oben dargestellte Systematik für Teilbereiche bis 400 m² noch anwendbar ist.

Die in Abb. 5.30 dargestellten Rettungswege für Lernbereiche bis ca. 600 m² führen beide nicht über einen notwendigen Flur, sondern die Mittelzone. Beide Varianten stellen eine Abweichung von der MBO dar.

Verfügt der Lernbereich eine ausreichende Mehr-Sinne-Beziehung zur Mittelzone, werden als zusätzliche Maßnahme Bypass-Türen für ausreichend erachtet, die zusätzliche Fluchtrichtungen ermöglichen.

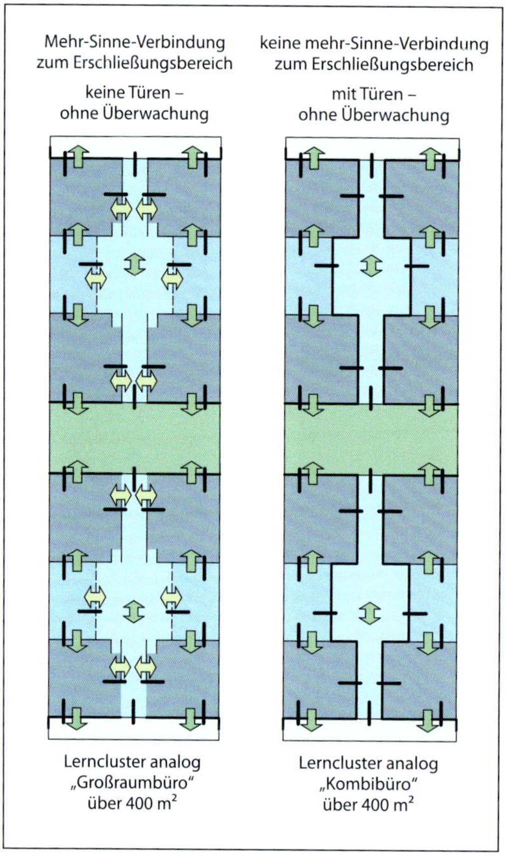

Abb. 5.30: Systematik der Rettungswege für Lernbereiche bis ca. 600 m^2

Erhalten Aufenthaltsräume Wände und Türen, ist der Bezug zur Mittelzone nicht mehr gegeben. Diese Wände und Türen sind in Analogie zum notwendigen Flur auszuführen, damit Bypass-Türen, welche zusätzliche Fluchtrichtungen ermöglichen, unabhängig von der Mittelzone genutzt werden können. Ein direkter Zugang von einem Aufenthaltsraum zu einem notwendigen Flur, Treppenraum oder zu einer Halle ersetzt an dieser Stelle eine Sichtverbindung.

Das Rettungswegkonzept für Lernbereiche bis 1.000 m^2 könnte sich an § 6 Abs. 3 MVStättVO anlehnen, wonach Rettungswege über Gänge und Treppen durch Foyers zu Ausgängen ins Freie geführt werden dürfen, soweit mindestens ein weiterer von dem Foyer unabhängiger baulicher Rettungsweg vorhanden ist. Die Erschließungsbereiche der angrenzenden Lernlandschaft wären mit einem Foyer vergleichbar.

Im Zuge eines Antrags auf Abweichung ist die objektspezifische Situation genau zu beschreiben und es ist durch den Brandschutzplaner abzuwägen, welche weiteren Maßnahmen erforderlich sind. Die Ausführung einer automatischen Brandmeldeanlage lässt sich nicht immer vermeiden.

Die Abb. 5.30 geht von einer offenen Erschließung mit Brandlasten und 2 entgegengesetzten Ausgängen aus.

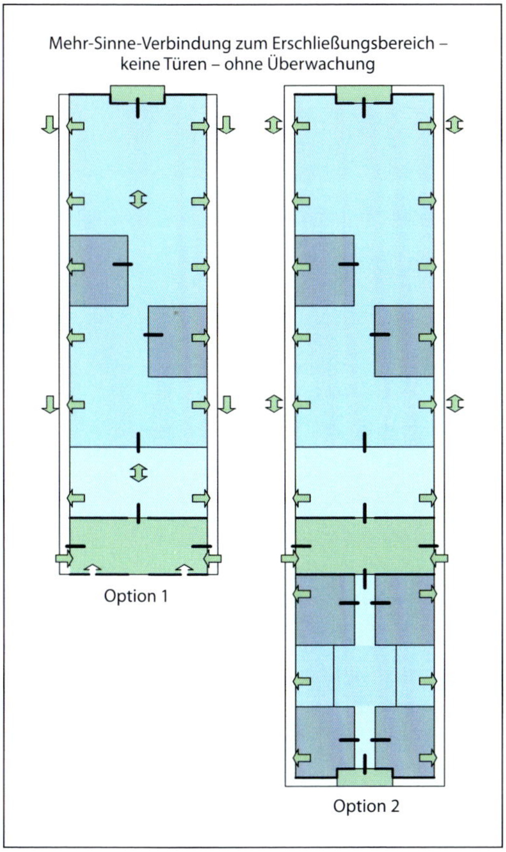

Abb. 5.31: Systematik der Rettungswege für Lernlandschaften über 1.000 m²

Rettungswege für Lernbereiche über 1.000 m² ohne weitere Größeneinschränkung: Lernlandschaften

Eine Lernlandschaft ist mittels Trennwänden entsprechend § 29 MBO als Teilnutzungseinheit auszubilden. Die zulässige Fläche der Teilnutzungseinheit wird durch die Rettungsweglänge beschränkt. Umfasst die Größe des Lernbereichs den ganzen Brandabschnitt, sind Brandwände entsprechend § 30 MBO vorzusehen. Die Situation ist, je nach Raumaufteilung, mit einem Großraumbüro oder Kombibüro in einer Büro- und Verwaltungsnutzung vergleichbar. Die Ausnahmeregelung zum Verzicht auf notwendige Flure ist jedoch nicht anwendbar, da die Größe der Nutzungseinheit weit über 400 m² beträgt.

In einer Lernlandschaft ist die Erschließung in den Aufenthaltsraum integriert. Dieser muss über mindestens 2 Ausgänge verfügen, welche zu 2 voneinander unabhängigen Treppenräumen oder voneinander unabhängigen notwendigen Fluren führen müssen. Notwendige Flure sind als Stichflure zulässig, da innerhalb der Lernlandschaft bereits mindestens 2 Fluchtrichtungen zu jeweils unabhängigen Rettungswegen gegeben sein müssen.

In Option 1 der Abb. 5.31 bietet der offene Gang nur eine Fluchtrichtung und führt zu einem Treppenraum. Der zweite Rettungsweg wird erst durch den zusätzlichen Ausgang aus dem Lernbereich sichergestellt. Gerade bei

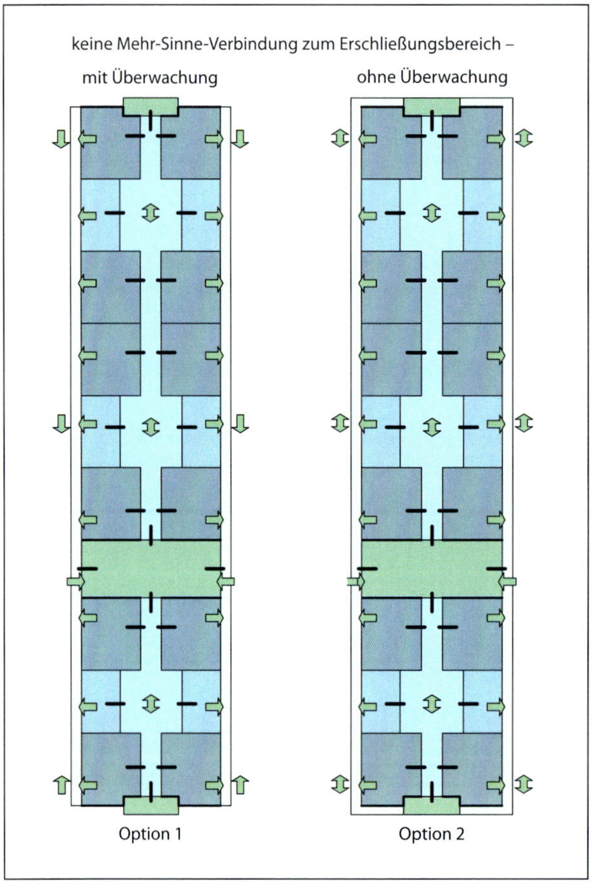

Abb. 5.32: Systematik der Rettungswege für Lernbereiche als Cluster über 1.000 m^2

offenen Grundrissen ist zu beachten, dass im Brandfall möglicherweise beide Rettungswege innerhalb des Lernbereichs ausfallen. Die Situation gilt es – in Verbindung mit der Brandfrüherkennung, den Rettungsweglängen und der Ausführung des offenen Ganges – besonders sorgfältig zu prüfen.

Integrierte Unterrichtsräume müssen über 2 Ausgänge zu Rettungswegen verfügen. Nur einer der beiden Rettungswege sollte über den Aufenthaltsbereich führen. Der weitere Rettungsweg muss über einen direkten Zugang zu einem vom Erschließungsbereich unabhängigen baulichen Rettungsweg führen: z. B. über einen notwendigen Flur, einen offenen Gang an der Fassade oder einen Treppenraum.

In Option 2 der Abb. 5.31 verfügen alle Aufenthaltsbereiche der Lernlandschaft über den offenen Gang über 2 vom Erschließungsbereich unabhängige Rettungswege in entgegengesetzte Richtung. Die Ausführung einer automatischen Brandmeldeanlage lässt sich mit dieser Variante vermeiden. Stellt der offene Gang beide Rettungswege in entgegengesetzte Fluchtrichtung sicher, liegt in der Regel keine Abweichung von der MBO und MSchulbauR vor.

In Option 1 der Abb. 5.32 erhalten Aufenthaltsräume geschlossene Wände und Türen, sodass der Bezug zur Mittelzone nicht mehr gegeben ist. Diese Wände und Türen sind in Analogie zum notwendigen Flur auszuführen, damit der offene Gang mit nur einer Fluchtrichtung unabhängig von der Mittelzone genutzt werden kann. Aufgrund der damit vorgegeben Fluchtrichtung ist in der Regel der gesamte Lernbereich mit automatischen Brandmeldern, Kenngröße Rauch, zu überwachen.

In Option 2 der Abb. 5.32 verfügen alle Räume innerhalb der Lernlandschaft über eine Anbindung an einen offenen Gang. Von dort können 2 entgegengesetzte Treppenräume erreicht werden. Ob eine automatische Brandfrüherkennung erfolgen muss, ist in Bezug auf die wirksamen Löscharbeiten zu prüfen. Aufgrund der Größe des Erschließungsbereichs kann eine ausreichende Sichtbeziehung zum ersten Rettungsweg nicht mehr gewährleistet werden.

Der Erschließungsbereich darf als Aufenthaltsraum genutzt werden, wenn entgegengesetzt liegende Ausgänge zu unabhängigen Rettungswegen erreicht werden können. Die Ausgänge müssen gut einsehbar sein. Der Erschließungsbereich kann alternativ auch an einen offenen Gang anschließen. Kann dies nicht gewährleistet werden, ist es denkbar, den Erschließungsbereich nur für Garderoben zu nutzen. Alternativ ist der gesamte Lernbereich mit automatischen Brandmeldern (Kenngröße Rauch) zu überwachen.

Rettungswege über angrenzende Teilnutzungseinheiten

Es sollten niemals beide Rettungswege über angrenzende Teilnutzungseinheiten führen. Wenn einer der beiden Rettungswege über eine angrenzende Teilnutzungseinheit führt, sollte von dieser aus ein unabhängiger Rettungsweg erreicht werden können. In den Verbindungstüren zwischen den Teilnutzungseinheiten muss eine Sichtverbindung vorgesehen werden. Zum Rettungswegverlauf könnten folgende Regelungen angedacht werden:

Lernbereiche bis 200 m² (Klassenraum Plus)

Da ein Klassenraum Plus auch mit einem Ausgang auskommen kann, darf einer von 2 Ausgängen in eine weitere Teilnutzungseinheit bis 200 m² führen. Dieser Ausgang sollte nach Möglichkeit in den Erschließungsbereich münden, um von dort zu einem notwendigen Flur, einer Halle oder einem Treppenraum zu führen.

Lernbereiche bis 400 m² (Lerncluster)

Einer der beiden Rettungswege darf in den Erschließungsbereich einer angrenzenden Teilnutzungseinheit und von dort zu einem notwendigen Flur, einer Halle oder einem Treppenraum führen. Die Teilbereiche sollten mit einer Brandmeldeanlage mit automatischen und nichtautomatischen Brandmeldern ausgestattet sein.

Lernbereiche über 400 m² (Lerncluster)

Einer der beiden Rettungswege darf in den Erschließungsbereich einer angrenzenden Teilnutzungseinheit und von dort zu einem notwendigen Flur, einer Halle oder einem Treppenraum führen. Zusätzlich sollten Bypass-Türen für eine Verbindung der Teilbereiche so angeordnet werden, dass jeder Raum über 2 Fluchtrichtungen verfügt. Die Teilbereiche sollten mit einer Brandmeldeanlage mit automatischen und nichtautomatischen Brandmeldern ausgestattet sein.

Lernbereiche über 1.000 m² ohne weitere Größenbeschränkung (Lernlandschaft)

Einer Rettungswegführung über angrenzende Teilnutzungseinheiten sollte nicht geplant werden.

5.3.10 Anforderungen an Erschließungsbereiche

Da Erschließungsbereiche der Sicherstellung von Rettungswegen dienen sollen, stellt sich die Frage, ob Anforderungen hinsichtlich der Materialien in diesen Bereichen festgelegt werden müssen, wie es für notwendige Flure der Fall ist. Deshalb sollte für Erschließungsbereiche, in Abhängigkeit von der Anordnung und der Größe der Lernbereiche, geprüft werden, ob

- Bodenbeläge mindestens schwerentflammbar sein müssten,
- Unterdecken und Bekleidungen mindestens schwerentflammbar sein sollten und nicht brennend abtropfen dürfen,
- Dämmstoffe aus nichtbrennbaren Baustoffen bestehen müssten.

Diese Festlegungen lehnen sich an den Anforderungen für Foyers und notwendige Flure in § 5 Abs. 7 MVStättVO an und sollten bei der schutzzielorientierten Betrachtung einzelfallbezogen geprüft werden.

Ausreichende Sichtbeziehung

Um die Brandfrüherkennung zu ermöglichen, soll zu den Erschließungsbereichen eine ausreichende Sichtbeziehung gewährleistet sein. Hierzu erläutert der Arbeitskreis Vorbeugender Brand- und Gefahrenschutz (AGBFbund):

„Eine ‚ausreichende Sichtbeziehung' kann angenommen werden, wenn von einer üblichen Lern- und Arbeitsposition aus eine Brandgefahr und somit eine Verrauchung des Rettungsweges frühzeitig erkannt werden kann. Es ist aufgrund der unterschiedlichen geometrischen Ausführung der Räume und der Lern- und Arbeitspositionen nicht möglich, allgemein gültige Angaben hinsichtlich der erforderlichen Größe der Sichtbeziehungen zu treffen" (Moderne Schulbau- und Unterrichtskonzepte [2014], 2. Begriffe).

Dieser Problematik kann begegnet werden, wenn die Brandfrüherkennung nach dem Mehr-Sinne-Prinzip erfolgt, also neben der Einsehbarkeit ein weiterer Sinn angesprochen wird, wie z. B. die auditive oder die olfaktorische Wahrnehmung.

Für bestimmte Grundrissanordnungen können ggf. weitere Erleichterungen geprüft werden, falls von allen Lern- und Arbeitsplätzen eine Blickbeziehung zu den Ausgängen aus den Teilbereichen besteht.

5.3.11 Anforderungen an Rettungswege hinsichtlich Barrierefreiheit

Die Vorgaben zum barrierefreien Bauen in öffentlichen Gebäuden sind in der DIN 18040-1 geregelt. Die Anforderungen sollten deshalb für Schulgebäude nicht erneut aufgegriffen werden. Zu unterschiedlich können die Schulbauten und die jeweiligen Anforderungen an die Barrierefreiheit sein. So sind die baulichen Anforderungen an eine Schule, die den Inklusionsgedanken erfüllen möchte, andere als an eine Schule, die für spezielle sonderpädagogische Förderschwerpunkte geplant wird.

Allgemeine Anforderungen der MBO

Die Forderung der Barrierefreiheit in öffentlichen Gebäuden ist durch § 50 Abs. 2 MBO geregelt. Zu diesen öffentlich zugänglichen Gebäuden zählen Einrichtungen des Bildungswesens.

Erst mit der Novellierung der MBO im Jahr 2012 ist die Forderung nach Barrierefreiheit auf den „Benutzerverkehr“ ausgeweitet worden. Alle Schüler und Lehrer können also davon ausgehen, dass die DIN 18040-1 für die gesamte Gebäudeerschließung bis hin zu den Klassen- und Lehrerzimmern angewendet wird. Die Umsetzung der DIN 18040-1 ist verpflichtend. Es handelt sich um eine eingeführte technische Baubestimmung (siehe MVV TB).

Rettungswege im inklusiven Schulkonzept

Die Schule mit Inklusionskonzept spiegelt den statistischen Querschnitt der Bevölkerung wider. Dies bedeutet, dass die Alarmierung, Evakuierung und Rettung von Menschen mit motorischen und sensorischen Einschränkungen, wie in jedem anderen öffentlichen Gebäude, entsprechend Abschnitt 4.7 der DIN 18040-1, ausreichend geregelt ist und zwar:

„- *durch die Bereitstellung sicherer Bereiche für den Zwischenaufenthalt nicht zur Eigenrettung fähiger Personen;*
- *durch die Sicherstellung einer zusätzlichen visuellen Wahrnehmbarkeit akustischer Alarm- und Warnsignale vor allem in Räumen, in denen sich Hörgeschädigte allein aufhalten können, z. B. WC-Räume; […]*
- *durch betriebliche/organisatorische Vorkehrungen.“*

Da sich Schulkinder nicht alleine und ohne Aufsicht im Gebäude befinden dürfen, kann die Evakuierung bis zum Treppenraum überwiegend organisatorisch geregelt werden. Im Treppenraum sollte der von der DIN 18040-1 geforderte ausreichende Platz für einen Zwischenaufenthalt vorgesehen werden. Eine getrennte Rettungswegführung oder ein separater Raum für den Zwischenaufenthalt wird nicht empfohlen, da dies zur Trennung des Klassenverbunds und damit zu Panik bei den Kindern führen kann.

Schulen mit Förderschwerpunkten

Obwohl die MSchulbauR in den Erläuterungen ausdrücklich die Regelungen für Sonderschulen umfasst, wurden dort bisher keine speziellen Regelungen für die Rettung von Personen mit eingeschränkter Mobilität oder eingeschränkter Wahrnehmung getroffen.

Zunächst sind die grundsätzlichen Anforderungen an die Barrierefreiheit für öffentliche Gebäude einzuhalten. Die Schwerpunkte von Förderschulen können jedoch sehr vielfältig sein: Für einen Großteil der Schüler mit sonderpädagogischem Förderbedarf sind keine weitergehenden Anforderungen vorzusehen, nämlich für Kinder mit Förderbedarf aufgrund von Lernbehinderungen, Sprachbehinderung und Verzögerungen in der emotionalen- und sozialen Entwicklung.

Der Förderschwerpunkt „Geistige Entwicklung“ bedarf keiner zusätzlichen baulichen Maßnahmen. Es bedarf aber individueller organisatorischer Maßnahmen, um mit diesen Kindern das richtige Verhalten im Brandfall und die Evakuierung zu proben. Der geordnete Ablauf beim Verlassen der Unterrichtsräume im Alarmfall kann von der Schulleitung nicht vorausgesetzt werden, sondern ist von ihr individuell zu organisieren. Dabei ist zu berücksichtigen, dass diese Kinder dazu neigen können sich zu verstecken, den Anweisungen nicht zu folgen oder panisch zu reagieren.

Schulen mit den Förderschwerpunkten „Sehen“ oder „Hören“ benötigen ebenfalls keine zusätzlichen baulichen Lösungen, denn die Nutzer sind mit den Rettungswegen vertraut und die Evakuierung kann regelmäßig geprobt werden. Es besteht jedoch ein erhöhter Regelungsbedarf hinsichtlich der Alarmierung und der Auffindbarkeit der Rettungswege. Hier sollte der Anmerkung aus Abschnitt 4.7 der DIN 18040-1 gefolgt werden:

„Es wird empfohlen, in Rettungswegen mit vorgeschriebenen optischen Rettungszeichen (siehe DIN 4844-1) zusätzliche in Fluchtrichtung weisende akustische Systeme vorzusehen (vorzugsweise Sprachdurchsagen).“

Nur ein sehr kleiner Anteil der Schüler mit Förderbedarf ist hinsichtlich der körperlichen und motorischen Entwicklung beeinträchtigt. An einer Förderschule mit diesem Schwerpunkt beträgt der Anteil dieser Schüler jedoch unter Umständen 100 %. Hier reichen die Anforderungen an die Barrierefreiheit für öffentliche Gebäude nicht mehr aus. Die Personenrettung muss dennoch ohne Fremdhilfe erfolgen können. Es ist bei der Planung nicht davon auszugehen, dass alle Schüler bewegungsunfähig sind. Die meisten können sich jedoch nur langsam und mit Hilfsgeräten fortbewegen. In mehrgeschossigen Schulen stellen Treppen für die allermeisten dieser Schüler ein unüberwindbares Hindernis dar. Vorrang müssen also horizontale Rettungswege haben, die in sichere Brandabschnitte oder Teilnutzungseinheiten führen, um eine schnelle horizontale Räumung über möglichst kurze Wege sicherzustellen. Durch eine effektive interne Alarmorganisation kann im Anschluss aus den sicheren Bereichen die vertikale Evakuierung ohne Zeitdruck erfolgen.

Da die Zugänglichkeit für mehrgeschossige Förderschulen mit diesem Schwerpunkt ohnehin nur mit großzügig angelegten Aufzügen sichergestellt werden kann, bietet sich hier die Ausführung von Evakuierungsaufzügen in verschiedenen Brandabschnitten an.

Eine weitere Alternative könnte auch ein als „Außentreppe“ oder als „Sicherheitstreppenraum“ ausgeführtes Rampengebäude sein (siehe Abb. 5.33 und Abb. 5.34).

Für Schulen mit Förderschwerpunkten ist es schwierig, allgemeingültige Lösungsansätze zu formulieren, da die Handicaps der Schüler sehr unterschiedlich sein können. Die Personenrettung aus Förderschulen dauert unter Umständen wesentlich länger. Deshalb kann für diesen Schultyp eine flächendeckende automatische Brandmeldeanlage sinnvoll sein, um einen wichtigen Zeitgewinn für die Personenrettung zu erreichen. Da dies jedoch sicher nicht für alle Förderschwerpunkte erforderlich ist, sollte nicht generell eine Brandmeldeanlage für Schulen mit Förderbedarf verlangt werden. Hier

Abb. 5.33: Rettungswege in einer Schule mit Förderschwerpunkt körperliche Beeinträchtigungen; Entwurf: BKS & Partner Bauer Reichert Seitz Architekten mbB, München (Quelle: Ernst-Barlach-Schule, München)

Abb. 5.34: Rettungswege über Rettungsbalkone an der Fassade, Ernst-Barlach-Schule in München; Entwurf: BKS & Partner Bauer Reichert Seitz Architekten mbB, München (Foto: Michael McKee, München)

ist es besser, für jede Schule mit Förderschwerpunkten das Konzept der Personenrettung einzelfallbezogen zu entwickeln. Ein Schwerpunkt für die Personenrettung liegt bei diesen Schulen auf einem guten organisatorischen Brandschutz. Die Aufstellung eines Evakuierungskonzeptes ist hierfür die Basis, siehe Kapitel 5.5.3.

5.4 Festlegung von Anforderungen an technische Anlagen und Einrichtungen

Bei der Abwägung, welche technischen Anlagen und Einrichtungen in Schulen zwingend erforderlich sind, sollte man zunächst die aktuellen Anforderungen der MBO und der MSchulbauR hinsichtlich ihrer Relevanz überprüfen. Außerdem sollte auch ein Blick auf bestehende Sonderbauvorschriften geworfen werden, ob die dort geregelten Anforderungen für die Anwendung auf Schulbauten sinnvoll oder sogar erforderlich sind. Die Festlegungen, welche technischen Anlagen oder Einrichtungen erforderlich werden, sollten durch den Brandschutzplaner stets auf den jeweiligen Einzelfall bezogen sein und mit Blick auf die vorhandenen Risiken getroffen werden.

5.4.1 Öffnungen zur Rauchableitung

Sowohl in den jeweiligen Landesbauordnungen als auch in der MSchulbauR werden Regelungen für Öffnungen zur Rauchableitung getroffen.

Hinweis

Regelungen, die über die Anforderung der jeweiligen Landesbauordnung hinausgehen, sollten im Brandschutznachweis für den Bauherrn klar ersichtlich sein, auch wenn sie aus der MSchulbauR abgeleitet werden.

Öffnungen zur Rauchableitung in Treppenräumen

Die MSchulbauR enthält keine weitergehenden Regelungen für Öffnungen zur Rauchableitung in Treppenräumen. Entsprechend der jeweiligen Landesbauordnungen sind, je nach Gebäudeklasse bzw. Lage im Gebäude, Treppenräume mit einer Möglichkeit zur Entrauchung zu versehen. Dies unterstützt wirksame Löscharbeiten, also die Arbeit der Feuerwehr. Die Ausbildung von Öffnungen zur Rauchableitung dient nicht der Personenrettung, deshalb genügt zunächst die Ausführung je nach Landesbauordnung. Deren Inhalt ist in den einzelnen Bundesländern zu diesem Punkt unterschiedlich geregelt, ggf. ist schutzzielorientiert zu argumentieren.

So unterscheidet z. B. die bayerische Bauordnung zwischen Treppenräumen mit ins Freie führenden Fenstern und denen ohne Fenster. Als weiteres Kriterium wird die Gebäudehöhe aufgeführt:

Für ein Schulgebäude der Gebäudeklasse 3 genügen demnach ins Freie führende Fenster mit einem freien Querschnitt von 0,5 m^2 in jedem oberirdischen Geschoss. Dies gilt auch für die Gebäudeklasse 4. In der Gebäudeklasse 5 genügt diese Ausführung ebenfalls, wenn die Gebäudehöhe nicht mehr als 13 m beträgt. Dies dürfte in Schulen häufig der Fall sein.

Ein innenliegender notwendiger Treppenraum, also ein Treppenraum ohne ins Freie führende Fenster, benötigt stets und unabhängig von der Gebäudeklasse eine Öffnung zur Rauchableitung an oberster Stelle mit einem freien Querschnitt von mindestens 1 m^2.

In der Praxis gestaltet sich in Schulen die Anordnung von Fenstern in Treppenräumen oft schwierig. Zum einen schränken Öffnungsflügel die lichten Breiten der Rettungswege ein und stellen damit eine Unfallgefahr dar, zum anderen besteht vielfach der Wunsch, dass die Fensterflügel aus Sicherheitsgründen (Einbruchschutz, Absturzgefahr) absperrbar ausgeführt werden.

Es empfiehlt sich daher, in Treppenräumen Fenster zur Belüftung nur mit Kippbeschlägen auszuführen und von der Rauchableitung unabhängig zu planen.

Deshalb könnte festgelegt werden, dass jeder Treppenraum eine Öffnung zur Rauchableitung an oberster Stelle über Dach oder an der Fassade mit einem freien Querschnitt von 1 m^2 verfügt, unabhängig davon, ob auch Fenster zur Verfügung stehen. Die Flächen sind lichte Öffnungsmaße (geometrische Öffnungsflächen) und keine aerodynamisch wirksamen Flächen. Nach Nummer 10 der MSchulbauR handelt es sich um eine sicherheitstechnische Einrichtung, die mit einer Sicherheitsstromversorgung auszuführen ist (siehe hierzu Kapitel 5.4.7).

Diese Forderung nach einer Vereinheitlichung für Rauchableitung in Treppenräumen von Schulgebäuden dient einer schnelleren und effizienteren

Entrauchung und dient maßgeblich der Unterstützung wirksamer Löscharbeiten durch die Feuerwehr.

Entsprechend § 35 Abs. 8 Satz 4 MBO sollten die Öffnungen zur Rauchableitung *„Vorrichtungen zum Öffnen ihrer Abschlüsse haben, die vom Erdgeschoss sowie vom obersten Treppenabsatz aus bedient werden können."* Die tatsächliche Lage und Ausführung der Bedienelemente sollte nach den örtlichen Gegebenheiten festgelegt werden. Je nach Angriffsweg der Feuerwehr kann es unter Umständen sinnvoll sein, nicht im Erdgeschoss, sondern im Zugangsgeschoss für die Feuerwehr eine Öffnungsvorrichtung vorzusehen.

Öffnungen zur Rauchableitung in Hallen

Geschossübergreifende Hallen in Schulgebäuden kommen sowohl im Bestand als auch im Neubau häufig vor. Unabhängig von der Rettungswegführung werden in Nummer 6 der MSchulbauR Regelungen zur Rauchableitung in Hallen getroffen: *„Hallen müssen zur Unterstützung der Brandbekämpfung entraucht werden können."*

Die Nennung des Schutzziels stellt aber klar, dass auch hier die Rauchableitung nicht der Personenrettung dient. Es muss keine raucharme Schicht nachgewiesen werden. Die freie Öffnungsfläche ist auch nicht als aerodynamische Fläche zu bemessen.

Es genügt, wenn in der Halle entweder *„an der höchsten Stelle Rauchableitungsöffnungen mit einer freien Öffnungsfläche von insgesamt 1 Prozent der Grundfläche oder im oberen Drittel der Außenwände Fenster oder Türen mit einer freien Öffnungsfläche von insgesamt 2 Prozent der Grundfläche"* (Nummer 6 MSchulbauR) vorgesehen werden.

Es wird klargestellt, dass natürliche oder mechanische Rauchabzugsanlagen ebenfalls zulässige Möglichkeiten sind, um den Zweck der Anforderungen zu erreichen (Erläuterungen zur MSchulbauR, 2009, zu Nummer 6).

Allerdings gibt es in den Erläuterungen den Hinweis, dass *„Zuluftflächen, z. B. feststellbare Ausgangstüren, mindestens in der Größe der Rauchableitungsöffnungen im unteren Raumdrittel vorzusehen sind"* (Erläuterungen zur MSchulbauR, 2009, zu Nummer 6). Da nicht jede Halle – anders als Treppenräume – über einen Ausgang ins Freie verfügen muss, ist diese Regelung für Schulgebäude eine sinnvolle Ergänzung.

„Jede Rauchableitungsöffnung nach Satz 2 muss von geeigneter Stelle bedient werden können; die Bedienstellen können zusammengeführt werden; sie sind zu kennzeichnen" (ebd.).

Die tatsächliche Lage und Ausführung der Bedienelemente sollte nach den örtlichen Gegebenheiten festgelegt werden. Die Vorrichtungen zum Öffnen der Rauchableitungsöffnungen in Hallen müssen an eine Sicherheitsstromversorgung angeschlossen werden. Wörtlich heißt es dazu:

„Sicherheitsbeleuchtung, Alarmierungsanlagen und elektrisch betriebene Einrichtungen müssen an eine Sicherheitsstromversorgungsanlage angeschlossen sein" (Nummer 10 MSchulbauR).

Abb. 5.35: Blitzschutzeinrichtung an einer Grundschule mit Tagesheim an der Helmholtzstraße in München; Entwurf: Hess/Talhoff/Kusmierz Architekten und Stadtplaner, München

Fazit

In Verbindung mit den Anforderungen an Wände und Türen werden Hallen dem Treppenraum annähernd gleichgestellt, dürfen jedoch wie ein Aufenthaltsraum mit Brandlasten genutzt werden. Die Regelung zur Rauchableitung ist sinnvoll, da Hallen über große Volumen verfügen und ohne Fenster nach außen errichtet werden könnten. Die Erhöhung des Öffnungsquerschnittes gegenüber Treppenräumen für die Rauchableitungsöffnungen erscheint sinnvoll.

Öffnungen zur Rauchableitung in Versammlungsräumen

Die Anforderungen richten sich nach § 16 MVStättVO.

Öffnungen zur Rauchableitung in Lernbereichen

Auch für größere Lernlandschaften sollte keine Regelung zur Rauchableitung wie in § 16 MVStättVO getroffen werden, da die Unterrichtsräume – anders als bei Versammlungsstätten – über eine natürliche Belichtung und Belüftung verfügen müssen.

5.4.2 Blitzschutzanlagen

Nach § 46 MBO müssen bauliche Anlagen, bei denen nach Lage, Bauart oder Nutzung Blitzschlag leicht eintreten oder zu schweren Folgen führen kann, mit dauernd wirksamen Blitzschutzanlagen versehen werden (siehe Abb. 5.35). Demnach ist für Bildungseinrichtungen schutzzielorientiert festzulegen, ob eine Blitzschutzanlage vorzusehen ist.

Nach MSchulbauR müssen für Schulen stets Blitzschutzanlagen vorgesehen werden. Die Personengefährdung ist ausschlaggebend für diese Forderung.

Darüber hinaus regelt z. B. § 14 Abs. 4 MVStättVO, dass Blitzschutzanlagen auch die sicherheitstechnischen Einrichtungen schützen müssen (äußerer und innerer Blitzschutz). Dieser Umfang wird auch für Schulen als sinnvoll erachtet und ergibt sich auch aus der MV TBB.

5.4.3 Sicherheitsbeleuchtung

Die MBO fordert eine Sicherheitsbeleuchtung nur für bestimmte Treppenräume. Im § 35 Abs. 7 MBO heißt es dazu:

„*[1]Notwendige Treppenräume müssen zu beleuchten sein. 2Notwendige Treppenräume ohne Fenster müssen in Gebäuden mit einer Höhe nach § 2 Abs. 3 Satz 2 von mehr als 13 m eine Sicherheitsbeleuchtung haben.*“

Nach Nummer 8 MSchulbauR muss eine Sicherheitsbeleuchtung in Hallen, durch die Rettungswege führen, sowie in notwendigen Fluren, notwendigen Treppenräumen und in fensterlosen Aufenthaltsräumen und für Sicherheitszeichen im Rettungswegverlauf vorhanden sein. Damit soll eine Panik durch Orientierungslosigkeit vermieden werden.

Sicherheitsbeleuchtung allgemein

Der Sicherheitsbeleuchtung in Schulen kommt heute eine höhere Bedeutung zu als noch vor wenigen Jahren. Es wurde davon ausgegangen, dass die Regelung für wenige Räume genügte:

„*Eine Sicherheitsbeleuchtung wird nur für bestimmte Räume vorgeschrieben, da Schulen in der Regel als Tageseinrichtungen betrieben werden*“ (Erläuterungen zur MSchulbauR, 2009, zu Nummer 8).

Die Betriebszeiten von Schulgebäuden verlagern sich für Betreuungsangebote, für die Nutzung durch Sportvereine und Volkshochschulen immer weiter in die Abendstunden hinein, daher ist dieser Ansatz für die meisten Bildungseinrichtungen, insbesondere Schulen, nicht mehr anwendbar.

Hinzu kommt, dass der bisherige Rettungswegverlauf vom Klassenraum über notwendige Flure zum Treppenraum bzw. Ausgang ins Freie vielfach nicht mehr existiert. Die Regelung aus der MSchulbauR geht hier von überholten Grundrissanordnungen aus. Außerdem nehmen die Raumgrößen und -tiefen zu, was zu Orientierungsschwierigkeiten führen kann. Negative Auswirkungen sind zu erwarten, weil die Rettungswegführung innerhalb von Lernclustern und Lernlandschaften nicht mehr klar definiert ist. Deshalb ist eine Sicherheitsbeleuchtung zur Sicherstellung der Begehbarkeit für die Erschließungsbereiche erforderlich. Auch Räume mit besonderer Funktion sind mit einer Sicherheitsbeleuchtung auszustatten.

Fazit

Der Umfang der Sicherheitsbeleuchtung muss für jedes Gebäude genau geprüft und im Brandschutznachweis festgelegt werden. Ziel der Sicherheitsbeleuchtung ist es, bei Ausfall der allgemeinen Beleuchtung das gefahrlose Verlassen des Gebäudes zu gewährleisten. Hierfür sollte eine Sicherheitsbeleuchtung zusätzlich zu Nummer 8 MSchulbauR auch in Hauptgängen, auf Rettungsbalkonen und Terrassen sowie an Außentreppen vorgesehen werden.

Abb. 5.36: Sicherheitsbeleuchtung (Quelle: Eaton CEAG Notlichtsysteme GmbH, Soest)

Beleuchtung von Sicherheitszeichen

Die MBO trifft keine Aussagen zur Anbringung und Beleuchtung von Sicherheitszeichen. In der MSchulbauR wird geregelt: „*An den Ausgängen zu notwendigen Treppenräumen oder ins Freie müssen Sicherheitszeichen angebracht sein*" (Nummer 3.4 Satz 7). In den Erläuterungen zur MSchulbauR wird der Punkt präzisiert:

„*Die Rettungswege sind zu kennzeichnen (DIN 4844) und müssen eine Sicherheitsbeleuchtung haben (vgl. Nr. 8 und 9)*" (zu Nummer 3.4).

Da die Nutzung der Schule nicht mehr auf die Vormittagszeit beschränkt ist, sollten in Schulen alle Sicherheitszeichen mit einer Sicherheitsbeleuchtung versehen werden.

Sicherheitszeichen mit Sicherheitsbeleuchtung sollten zusätzlich an folgenden Stellen angebracht werden:

- Ausgänge von Lernbereichen
- Ausgänge zu Rettungswegen von Hallen
- Ausgänge von Fachlehrsälen

„Normale" Klassenräume, die an einem notwendigen Flur liegen, benötigen keine Sicherheitszeichen.

Ausführung der Sicherheitsbeleuchtung

Die Planung einer Sicherheitsbeleuchtung (siehe Abb. 5.36) ergibt sich aus den einschlägigen technischen Regelwerken. Es ist möglich, die erforderlichen Sicherheitszeichen bei der Auslegung der Sicherheitsbeleuchtung rechnerisch anzusetzen. Unter Umständen kann bei erdgeschossigen Schulen auf eine Sicherheitsbeleuchtung verzichtet werden, z. B. für Räume , die über einen unmittelbaren Ausgang ins Freie verfügen.

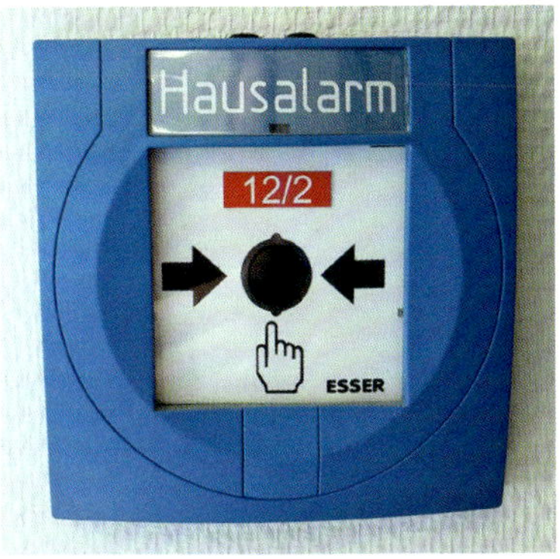

Abb. 5.37: Druckknopfmelder einer internen Alarmierungseinrichtung (Quelle: Rudolf Müller Verlagsgesellschaft GmbH, Köln)

5.4.4 Alarmierungsanlagen

Die MSchulbauR regelt in Nummer 9 Alarmierungsanlagen. Darin wird auch definiert, welches Ziel durch die Alarmierung erreicht werden soll, nämlich *„im Gefahrenfall die Räumung der Schule oder einzelner Schulgebäude“* einzuleiten. Dort heißt es auch:

„[2]Das Alarmsignal muss sich vom Pausensignal unterscheiden und in jedem Raum der Schule gehört werden können“.

Es wird keine Unterscheidung gemacht, ob es sich bei den Räumen um Aufenthaltsräume handelt oder nicht. Zudem wird nicht unterschieden, ob es sich um einen Raum für Schüler oder Lehrer oder anderweitiges Personal handelt. Alle Personen sollen gleichermaßen alarmiert werden.

Dabei ist auch die Alarmierung von Menschen mit sensorischen Einschränkungen, wie in jedem anderen öffentlichen Gebäude, entsprechend Abschnitt 4.7 der DIN 18040-1, zu berücksichtigen. Je nach Schulart ist die Wahrnehmbarkeit nach dem Mehr-Sinne-Prinzip auszuführen. Abhängig von der Schulgröße kann die Alarmierung auch *„durch betriebliche/organisatorische Vorkehrungen“* (DIN 18040-1, Abschnitt 4.7) durchgeführt werden.

Die Alarmierung muss nicht automatisiert erfolgen, sondern sie wird aktiv ausgelöst:

„[3]Das Alarmsignal muss mindestens an einer während der Betriebszeit der Schule ständig besetzten oder an einer jederzeit zugänglichen Stelle innerhalb der Schule (Alarmierungsstelle) ausgelöst werden können“ (Nummer 9 MSchulbauR).

Außerdem stellt die MSchulbauR an dieser Stelle klar, dass es sich um eine interne Alarmierungsanlage, um eine Hausalarmierung handelt, denn es heißt dort zudem:

„[4]An den Alarmierungsstellen müssen sich Telefone befinden, mit denen jederzeit Feuerwehr und Rettungsdienst unmittelbar alarmiert werden können“ (ebd.).

Das Beispiel eines Druckknopfmelders für eine interne Alarmierung zeigt Abb. 5.37. Die frühzeitige Alarmierung der anwesenden Personen im Gebäude ist unabdinglich für die zügige Räumung eines Schulgebäudes. Nur so kann sich der gute organisatorische Brandschutz entfalten und zum Ansatz gebracht werden.

Hinweis

Für den Fachplaner der Alarmierungseinrichtung sind folgende Angaben im Brandschutznachweis wichtig:

- Ziel der Alarmierungsanlage definieren
- Umfang der Anlage festlegen (ggf. Gliederung in unabhängige Gebäude)
- Ansteuerung der Anlage
- Dauer des Funktionserhalts
- Prüfung und Wartung als sicherheitstechnische Einrichtung festlegen

Die MSchulbauR fordert eine Alarmierungsanlage und verwendet damit den gleichen Begriff wie die MVStättVO in § 20. Es sollte also eine Alarmierungsanlage als sicherheitstechnische Einrichtung geplant werden. Inwieweit die Sprechanlage einer Schule in die Alarmierungsanlage zu integrieren ist, sollte vom Brandschutzplaner nach Absprache mit dem Betreiber im Nachweis festgelegt werden. Im Regelfall werden an Schulen keine Sprachanweisungen im Gefahrenfall durchgegeben.

Für die Ausführung einer internen Alarmierungsanlage, hat der AGBFbund eine Empfehlung zu den Anforderungen an diese Einrichtungen herausgegeben. Die dort enthaltenen Regelungen sind auch auf Schulen anwendbar (vgl. Moderne Schulbau- und Unterrichtskonzepte, 2014).

Bei der Planung und Genehmigung von Brandschutznachweisen fehlen häufig die Ansprechpartner, die die unterschiedlichen Gefährdungssituationen festlegen und die Gebäudeevakuierung planen. Deshalb ist die Evakuierungsplanung bei der Erstellung der Brandschutzordnung (siehe Kapitel 5.5.2) bei den Festlegungen zum organisatorischen Brandschutz besonders zu berücksichtigen.

Die Erläuterungen machen deutlich, dass die Ausführung der Alarmierungsanlage nicht nur den Brandfall berücksichtigen soll, sondern auch *„andere mögliche Gefährdungssituationen und die Evakuierungsplanung für das Gebäude“* (Erläuterungen zur MSchulbauR, 2009, zu Nummer 9).

5.4.5 Rauchwarnmelder

Im Rahmen der Vorüberlegungen zum Einsatz von Brandmeldeanlagen, BMA, stellt sich häufig die Frage, ob funkvernetzte Rauchwarnmelder in Schulen eingesetzt werden können (vgl. Empfehlungen zu Anforderungen an Interne Alarmierungsanlagen/-einrichtungen, 2014).

Im genehmigten Bestand können die sog. Heim-Rauchwarnmelder bei gefangenen Nebenräumen (Klassenraum-Plus), z. B. in Bereichen mit fehlender Sichtbeziehung, zum Einsatz kommen, um die Alarmierung und Räumung sicherzustellen. Als Kompensationsmaßnahme für Abweichungen vom Bauordnungsrecht sind Heim-Rauchwarnmelder nicht zulässig.

Bei fehlenden Sichtbeziehungen sind Bypass-Türen eine sinnvolle Alternative.

Abb. 5.38: Druckknopfmelder einer Brandmeldeanlage (Quelle: Rudolf Müller Verlagsgesellschaft GmbH, Köln)

5.4.6 Brandmeldeanlagen

Die MSchulbauR sieht keine Brandmeldeanlage vor. Deshalb sollte nicht grundsätzlich allein aufgrund der Art der Nutzung eine Brandmeldeanlage gefordert werden. Der Nachweisersteller muss in beiden Fällen Überlegungen anstellen, ob eine Brandmeldeanlage eine geeignete Maßnahme ist, den festgestellten Risiken im konkreten Objekt zu begegnen.

Ob eine Brandmeldeanlage (BMA) erforderlich ist, muss also im Rahmen der schutzzielorientierten Planung des Brandschutznachweises genau geprüft werden.

Zwei grundsätzliche Bedingungen für die Forderung nach einer BMA sind in Schulen denkbar:

- als Kompensationsmaßnahme für eine Abweichung
- als weitergehende Anforderung, *„um erhebliche Gefahren abzuwehren, bei Sonderbauten auch zur Abwehr von Nachteilen“* (Art. 54 Abs. 3 Satz 1 BayBO)

Brandmeldeanlage als Kompensationsmöglichkeit

Brandmeldeanlagen sind also nur dort sinnvoll, wo ein schnelles Erkennen und Melden (per Druckknopfmelder oder automatisch) ein Schadensrisiko verringert oder einen Nachteil kompensiert. Überlegungen hierzu sind einzelfallbezogen anzustellen. Ein Beispiel für einen Druckknopfmelder einer solchen Brandmeldeanlage zeigt Abb. 5.38.

Welche Abweichungen sollen kompensiert werden? Hier kommen Abweichungen zu Brandabschnittsgrößen in Frage. Dabei ist zu bedenken, dass in der MSchulbauR sowohl die Vergrößerung der Brandabschnitte als auch geschossübergreifende Hallen geregelt werden, ohne dass eine BMA erforderlich wird.

Auch aufgrund von Abweichungen zu Rettungsweglängen, von fehlenden notwendigen Fluren sowie der Überschreitung von Stichflurlängen könnten Brandmeldeanlagen erforderlich werden.

Welcher Nachteil soll kompensiert werden? Genügt das Schutzniveau auch der besonderen Fürsorgepflicht z. B. gegenüber mobilitätseingeschränkten Schülern. Ist möglicherweise eine Evakuierung nur von Teilen des Gebäudes erforderlich?

Die bestehenden Regelungen aus § 20 MVStättVO zu „*Brandmelde- und Alarmierungsanlagen, Brandmelder- und Alarmzentrale, Brandfallsteuerung der Aufzüge*" kann man auch auf Schulen übertragen.

Im Kapitel 5.3.7 wurde als Obergrenze für Teilnutzungseinheiten 1.000 m^2 festgelegt. Schulen mit einzelnen Räumen über diesem Schwellenwert sollten mit Brandmeldeanlagen mit automatischen und nichtautomatischen Brandmeldern ausgerüstet werden. Da hier keine Übersichtlichkeit des Raumes mehr gegeben ist, sollte die Evakuierung im Brandfall unverzüglich einsetzen.

Ebenfalls sollte eine Brandmeldeanlage vorgesehen werden, wenn in Lernlandschaften über 400 m^2 beide Rettungswege über den Erschließungsbereich führen. Die Brandmeldeanlage stellt in diesem Fall eine Kompensation für die fehlenden notwendigen Flure dar.

Aufzüge in Schulen mit Brandmeldeanlage müssen mit einer Brandfallsteuerung ausgestattet sein, die durch die automatische Brandmeldeanlage ausgelöst wird.

„*Die Brandfallsteuerung muss sicherstellen, dass die Aufzüge ein Geschoss mit Ausgang ins Freie oder das diesem nächstgelegene, nicht von der Brandmeldung betroffene Geschoss unmittelbar anfahren und dort mit geöffneten Türen außer Betrieb gehen*" (§ 20 Abs. 5 MVStättVO).

Dabei sind Evakuierungsaufzüge gesondert zu betrachten.

„*Automatische Brandmeldeanlagen müssen durch technische Maßnahmen gegen Falschalarme gesichert sein. Brandmeldungen müssen von der Brandmelderzentrale unmittelbar und automatisch zur Leitstelle der Feuerwehr weitergeleitet werden*" (§ 20 Abs. 6 MVStättVO).

Grundprinzipien einer Brandmeldeanlage:

- Die Brandentdeckung erfolgt bereits in der Entstehungsphase eines Brandes.
- Die Alarmierung der Gebäudenutzer erfolgt sehr schnell.
- Die Feuerwehr wird unverzüglich alarmiert.
- Gefahrenbereiche können durch die Einsatzkräfte eindeutig lokalisiert werden.
- Eine baurechtlich erforderliche Brandmeldeanlage ist immer zur Feuerwehr aufzuschalten.

Hinweis

Für den Fachplaner der BMA sind Angaben zu folgenden Fragen im Brandschutznachweis wichtig:

- Welches Schutzziel/welche Schutzziele sollen mit der BMA sichergestellt werden?
- Welchen Umfang soll die BMA überwachen?
- Auf welche Kriterien sollen die Brandmelder ansprechen?
- Welche Betriebsart ist vorzusehen?
- Welche Art der Alarmierung ist vorzusehen?
- Werden durch die BMA bestimmte technische Anlagen angesteuert?
- Festlegung als sicherheitstechnische Einrichtung

Im Brandschutznachweis kann auch eine Vorabstimmung mit der Feuerwehrdienststelle zu folgenden Punkten dokumentiert werden:

- Wo liegt die Brandmelderzentrale?
- Sind die Steuerungsfunktionen in einer Brandfallmatrix darzustellen und zu prüfen?
- Wird ein Feuerwehrschlüsseldepot erforderlich?
- Werden Feuerwehrlaufkarten erforderlich?

Abhängig vom Bundesland ist im Brandschutznachweis festzuhalten, dass die BMA als sicherheitstechnische Anlage nach SPrüfV abzunehmen und die Wirksamkeit zu bescheinigen ist und die wiederkehrenden Prüfungen durchzuführen sind.

Die Anforderungen an die Brandmeldeanlage sollten im Brandschutznachweis, unabhängig von der Alarmierungsanlage, geregelt werden. So kann im Zuge der Projektierung beider Anlagen die technisch sinnvollste Lösung durch den Fachingenieur gefunden werden.

5.4.7 Sicherheitsstromversorgung

Bei Ausfall der allgemeinen Stromversorgung dient die Sicherheitsstromversorgung der Weiterversorgung von sicherheitstechnischen Anlagen und Einrichtungen, die baurechtlich gefordert sind (siehe Abb. 5.39).

Nach Nummer 10 MSchulbauR müssen „*Sicherheitsbeleuchtung, Alarmierungsanlagen und elektrisch betriebene Einrichtungen zur Rauchableitung an eine Sicherheitsstromversorgungsanlage angeschlossen sein.*“

Da z. B. elektrisch betriebene Einrichtungen zur Öffnung zur Rauchableitung in Treppenräumen oder Hallen keine sicherheitstechnischen Einrichtungen sind, stellt der Anschluss an eine Sicherheitsstromversorgung hier eine weitergehende Anforderung dar, auf die der Fachplaner für Elektrotech-

Abb. 5.39: Sicherheitsstromversorgung über Batteriesystem (Quelle: Eaton CEAG Notlichtsysteme GmbH, Soest)

nik hingewiesen werden muss. Im Brandschutznachweis sind deshalb alle technischen Einrichtungen und Anlagen, welche mit einer Sicherheitsstromversorgung ausgeführt werden, aufzulisten.

Die Sicherheitsstromversorgung muss nicht zwangsläufig über Notstromaggregate oder Zentralbatterien erfolgen. Es ist ebenfalls möglich, mit Einzelbatterien zu arbeiten. Die Entscheidung über die geeignete Art der Sicherheitsstromversorgung und die Planung erfolgt durch den Fachplaner für Elektro- bzw. Anlagentechnik entsprechend der geltenden Technischen Baubestimmungen. Hierfür benötigt er Angaben des Brandschutzplaners (vgl. Gerber, 2018).

Hinweis

Für den Fachplaner für Elektrotechnik sind folgende Angaben im Brandschutznachweis wichtig:

- Welche Einrichtungen benötigen eine Sicherheitsstromversorgung?
- Welche Räume werden mit einer Sicherheitsbeleuchtung ausgestattet?
- Genügt der Standard für Überbrückungs- und Umschaltzeiten?
- Festlegung der Prüfung und Wartung als sicherheitstechnische Einrichtung

5.4.8 Zusammenfassung der Anforderungen an technische Anlagen und Einrichtungen

Die meisten Schulträger wünschen sich einen möglichst geringe Installationsdichte und wartungsarme Techniken. Es geht bei der Abwägung um den Einsatz von technischen Einrichtungen vor allem um die laufenden Kosten, die Wartung und den Unterhalt sowie in immer mehr Kommunen um eine nachhaltige Planung.

Deshalb werden bauliche Maßnahmen meist bevorzugt. Der Brandschutzplaner sollte dem Bauherrn die technischen Vor- und Nachteile von Varianten aufzeigen können. Dies ist oftmals nur möglich, wenn die Brandschutzplanung bereits von Anfang an in die Projektentwicklung integriert ist.

Abhängig vom Bundesland ist im Brandschutznachweis festzuhalten, ob und wenn ja, welche technischen Anlagen und Einrichtungen als sicherheitstechnische Anlage nach SPrüfV (Sicherheitsanlagen-Prüfverordnung) abzunehmen und deren Wirksamkeit zu bescheinigen sind. Auch die Verpflichtung zur wiederkehrenden Prüfung ist zu regeln. Analoges gilt für die Bestätigungen durch Sachkundige. Für alle technischen Anlagen und Einrichtungen sind die länderspezifischen Regelungen zu beachten, da die Umsetzung der Muster-Verordnung über Prüfungen von technischen Anlagen nach Bauordnungsrecht – MPrüfVO – (Muster-Prüfverordnung) sehr unterschiedlich geregelt ist.

5.5 Festlegungen im Bereich betrieblicher und organisatorischer Brandschutz

Die MBO stellt keine Anforderungen an betriebliche oder organisatorische Maßnahmen. Allerdings kann § 3 Halbsatz 1 MBO dahingehend verstanden werden, dass die Instandhaltung eines Gebäudes auch Maßnahmen im laufenden Betrieb eines Gebäudes zwingend erforderlich macht:

„[1]Anlagen sind so anzuordnen, zu errichten, zu ändern und instand zu halten, dass die öffentliche Sicherheit und Ordnung, insbesondere Leben, Gesundheit und die natürlichen Lebensgrundlagen, nicht gefährdet werden“.

Die meisten Regelungen zum betrieblichen und organisatorischen Brandschutz werden über die Arbeitsstättenverordnung und die nachgeordneten Technischen Regeln zum Arbeitsschutz geregelt. Diese sind im Bauordnungsrecht nicht verankert. Es stellt sich die Frage, ob der Brandschutzplaner überhaupt Angaben zum organisatorischen Brandschutz in der Bauvorlage machen muss. Einen Hinweis geben die Verordnungen und Richtlinien zu Sonderbauten. Hier werden Regelungen zum betrieblichen und organisatorischen Brandschutz getroffen, welche die Anforderungen an den baulichen und anlagentechnischen Brandschutz ergänzen. In der MVStättVO ist der gesamte Teil 4 den Betriebsvorschriften gewidmet. Die MSchulbauR enthält hingegen nur wenige Regelungen zum Betrieb von Schulen.

Brandschutzplaner sollten immer Regelungen zum betrieblichen und organisatorischen Brandschutz formulieren, wenn der Brandschutznachweis auf einem bestimmten vorausgesetzten Nutzerverhalten beruht, das vom Standardgebäude der jeweiligen LBO abweicht.

Praxistipp

Es ist hilfreich, einen Blick auf die Regelungen zum organisatorischen Brandschutz in anderen Sonderbauverordnungen zu werfen. Insbesondere für Schulen mit neuen pädagogischen Konzepten bieten sich die Angaben zu den Betriebsvorschriften der MVStättVO als Orientierungshilfe an.

Die Angaben zum organisatorischen Brandschutz sollen dazu dienen, Brandgefahr und Brandausbreitung zu minimieren, Brandmeldung und Brandbekämpfung frühzeitig sicherzustellen und die Personenrettung frühzeitig einzuleiten. Sie umfassen auch die innerbetriebliche Kontrolle der getroffenen Maßnahmen und die Prüfung und Wartung von sicherheitstechnischen Einrichtungen.

Gerade bei öffentlichen Gebäuden – und hier insbesondere bei Schulen – hat der Nutzer vor Ort keine Kenntnis über den Brandschutznachweis und den darin enthaltenen Angaben. Darüber hinaus ist, je nach behördlichen Strukturen, der Betreiber der Schule nicht gleichzeitig der Bauherr und oftmals ist für den Bauunterhalt eine weitere Stelle zuständig. Besonderes Augenmerk sollte also darauf gelegt werden, dass die Regelungen zum betrieblichen und organisatorischen Brandschutz an die richtigen Adressaten weitergeleitet werden.

Aus der DGUV Regel 102-601 wird ersichtlich, wer für den betrieblichen Brandschutz zuständig ist:

„Als Schulhoheitsträger müssen Sie Ihre Schulleitungen anhalten, die gesetzlichen Vorgaben und Regelungen zu beachten und umzusetzen, Sicherheitsbeauftragte sowie Beauftragte für Brandschutz, Gefahrstoffe oder Strahlenschutz zu bestellen und aktiv bei ihrer Arbeit zu unterstützen, ein Notfall- und Krisenmanagement einzurichten, die Erste Hilfe effektiv und effizient zu organisieren, für eine Brandschutzordnung zu sorgen“ (DGUV Regel 102-601, S. 93).

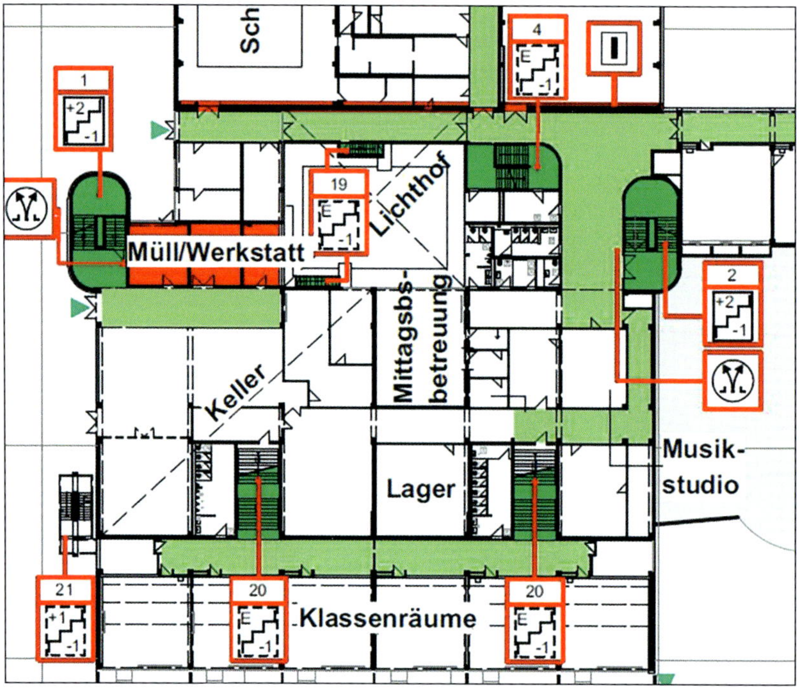

Abb. 5.40: Ausschnitt aus einem Feuerwehrplan nach DIN 14095 (Quelle: ARGE Pätzold + Schmid + Winter Architekten, München)

5.5.1 Feuerwehrplan

In der MSchulbauR findet sich in Nummer 11 die Verpflichtung, wonach der Betreiber der Schule „*im Einvernehmen mit der für den Brandschutz zuständigen Dienststelle Feuerwehrpläne anfertigen und der örtlichen Feuerwehr zur Verfügung stellen*" muss.

Schulen sind heute oft weitläufige Gebäudekomplexe. Sie werden häufig auf größeren Arealen errichtet und bilden mit verschiedenen Bildungseinrichtungen einen Schulcampus. Feuerwehrpläne sind deshalb eine sinnvolle Unterstützung für die Feuerwehr, damit sie im Alarmierungsfall eine schnellere und bessere Übersicht für die taktische Planung hat.

Feuerwehrpläne sind neben den Einsatzkräften der Feuerwehr auch für Personen in der Schule von Belang, welche „besondere Brandschutzaufgaben" im Sinne der Brandschutzordnung nach DIN 14096 „Brandschutzordnung – Regeln für das Erstellen und das Aushängen" (2014) übernehmen.

Feuerwehrpläne sind entsprechend der Norm DIN 14095 „Feuerwehrpläne für bauliche Anlage" (2014) zu erstellen. Die Norm verlangt, dass für die Einsatzkräfte übersichtliche und im Aufbau einheitliche Unterlagen im Einsatzfall vorliegen. Die Erstellung von Feuerwehrplänen ist durch den Betreiber vorzusehen.

Einen Ausschnitt aus einem Feuerwehrplan nach DIN 14095 zeigt Abb. 5.40.

Fazit

Es ist sinnvoll, die Vorgabe der MSchulbauR von Feuerwehrplänen in den Brandschutznachweis zu übernehmen. Da Inhalt und Umfang je nach Objektgröße variieren, sollte vor Erstellung der Pläne immer eine Abstimmung mit der für den Brandschutz zuständigen Dienststelle erfolgen.

5.5.2 Brandschutzordnung

Bei Schulen handelt es sich, ähnlich zu Versammlungsstätten, um Gebäude mit großen Personenzahlen. Da deren Nutzerkreis, im Gegensatz zu den Versammlungsstätten, bekannt ist, können betriebliche und organisatorische Maßnahmen besonders gut umgesetzt werden.

Eine Brandschutzordnung trägt wesentlich dazu bei, das geplante Sicherheitsniveau des Brandschutznachweises im laufenden Betrieb sicherzustellen. Man könnte sagen, dass sie das Bindeglied zwischen baulichem Brandschutz und dem abwehrenden Brandschutz ist. In Nummer 11 MSchulbauR wird gefordert:

„Der Betreiber der Schule muss im Einvernehmen mit der für den Brandschutz zuständigen Dienststelle [...] eine Brandschutzordnung anfertigen und der örtlichen Feuerwehr zur Verfügung stellen."

Die Brandschutzordnung ist nach DIN 14096 zu konzipieren. Diese gliedert sich in 3 Teile, auf die hier nur kurz eingegangen werden soll:

Brandschutzordnung DIN 14096 – Teil A

Der Teil A der Brandschutzordnung wendet sich ausnahmslos an alle Personen, die sich im Schulgebäude aufhalten. Die Ausführung und der Inhalt der Brandschutzordnung Teil A wird in der DIN 14096 vorgegeben. Es handelt sich um einen Aushang, welcher im Regelfall in der Größe DIN A 4 entspricht, und dessen Inhalt gut sichtbar für alle auszuhängen ist. Er enthält die grundlegenden Informationen zur Brandverhütung und zum Verhalten im Brandfall.

Die DIN 14096 gibt keine genaue Stelle vor, an welcher der Teil A der Brandschutzordnung ausgehängt werden muss. Anhaltspunkte ergeben sich aus dem Anhang A zur DIN 14096, dort sind geeignete Orte vorgeschlagen.

Sinnvoll sind zudem auch folgende Orte, an denen Personen häufiger aufhalten:

- schwarzes Brett
- Pausenverkauf
- Wartebereich vor dem Sekretariat
- Klassenzimmer

Abb. 5.41: Sammelstelle auf einem Schulgelände in München

Brandschutzordnung DIN 14096 – Teil B

Der Teil B der Brandschutzordnung wendet sich an alle Personen, die sich regelmäßig im Schulgebäude aufhalten, aber keine näher definierten Brandschutzaufgaben ausfüllen. Dazu gehört das Lehrpersonal sowie alle an der Schule Beschäftigten, wie z. B. die Büromitarbeiter und Amtsmeister.

Auch zur Ausführung und zum Inhalt der Brandschutzordnung Teil B werden in der DIN 14096 Vorgaben gemacht. Die Informationen werden in der Regel für Schulen in kleineren Broschüren im Format DIN A4 zusammengestellt. Auch eine Bekanntmachung im Intranet ist beliebt.

Meist sind sich Lehrkräfte ihrer Verantwortung sehr bewusst, wie Verletzungsgefahren im Schulhaus zu verhindern sind, was bei Unfällen oder im Brandfall zu tun ist. Die Brandschutzordnung Teil B dient aber auch dazu, das Gefahrenbewusstsein hinsichtlich einer Gefährdung durch Feuer und Rauch im Schulalltag zu schärfen.

Ein wichtiger Teil der Brandschutzordnung Teil B ist die Eigenrettung, welche in der DIN 14096 im Abschnitt 7.2.2.j *„in Sicherheit bringen"* aufgeführt ist.

Auf Besonderheiten, welche sich aus dem Brandschutznachweis ergeben, sollte in den Informationen hingewiesen werden. Hierzu gehören z. B. die Rettungswegführung in andere Teilbereiche oder Brandabschnitte bzw. das Vorhandensein von Rettungsaufzügen. Je nach Schulschwerpunkt muss dieser Punkt sehr ausführlich beschrieben werden, sodass es hilfreich sein kann, die Personenrettung in einem eigenen Dokument zu regeln.

Sammelstellen sind unter dem Aspekt „in Sicherheit bringen" ebenfalls in der Brandschutzordnung festzulegen. Der Standort wird in den Flucht- und Rettungsplänen dargestellt. Jede Schulklasse sollte die Lage ihrer Sammelstelle kennen (siehe dazu Abb. 5.41).

Es können Schülern Teile der Brandschutzordnung altersgemäß im Rahmen der Brandschutzerziehung nähergebracht werden. Ebenso ist die altersgemäße Einbindung in den Evakuierungsprozess von Personen mit Behinderung möglich, so z. B. die Evakuierung in sichere Bereiche, Abstellmöglichkeiten von Rollstühlen im Brandfall oder die Benutzung von Evakuierungsstühlen.

Brandschutzordnung DIN 14096 – Teil C

Der Teil C der Brandschutzordnung wendet sich nur an *„Personen mit besonderen Brandschutzaufgaben"*. Die Aufgaben, welche im Teil C näher beschrieben werden, sind vielfältig. Nicht alle Aufgaben müssen von Personen, die sich regelmäßig im Schulgebäude aufhalten, übernommen werden. Entsprechend der ASR A2.2 (2018) sind Brandschutzhelfer vorzusehen.

Die Einhaltung der Brandschutzordnung durch einen externen Beauftragten durchführen zu lassen, welcher auch die regelmäßigen Unterweisungen durchführt, bewährt sich besonders bei Schulen, weil dort der Arbeitsalltag der Pädagogen bereits mit vielen administrativen Themen belastet ist. Zudem ist die Durchsetzung von Maßnahmen zur Brandverhütung durch externe Brandschutzbeauftragte oft einfacher.

Brandschutzordnung im Brandschutznachweis

Da die konkreten Inhalte der Brandschutzordnung wesentlich von der Gefährdungsbeurteilung des Arbeitgebers abhängig sind und hier ein vielschichtiges Regelwerk für Schulen besteht, sollte sich der Ersteller des Brandschutznachweises auf die Forderung nach einer Brandschutzordnung nach DIN 14096 beschränken.

Im Brandschutznachweis sollten deshalb unter dem Gliederungspunkt „Brandschutzordnung" alle Aspekte im Brandschutznachweis aufgelistet werden, die aus Sicht des Brandschutzplaners explizit in die Brandschutzordnung einfließen müssen, damit der Brandschutz als Ganzes ausreichend sichergestellt wird. Hierzu gehören z. B.: die Transparenz von geplanten Sichtverbindungen, die Freihaltung und Sicherstellung von Mindestbreiten von Rettungswegen, insbesondere denen, die nicht den Verkehrsflächen im Normalbetrieb entsprechen. Auch Abweichungen von der jeweiligen Landesbauordnung, die unter Hinweis auf die besonders gute Organisation des Brandschutzes genehmigt werden sollen, sind bei der Erstellung der Brandschutzordnung zu berücksichtigen.

Als Brandschutzplaner empfiehlt es sich, an dieser Stelle den Bauherrn direkt zu benennen und auf die Verpflichtung zur Weitergabe dieser wichtigen Informationen an den Betreiber und die Nutzer einzugehen.

Praxistipp

Als besondere Leistung wird in „Leistungen für Brandschutz" (2015), dem Heft Nr. 17 der AHO-Schriftenreihe, das Mitwirken bei der Erstellung der Brandschutzordnung im Zuge der Objektbetreuung aufgeführt. Dies kann die wichtige Schnittstelle zwischen dem Bau und dem laufenden Betrieb schließen.

5.5.3 Evakuierungs- und Räumungskonzept

Um einen möglichen brandschutztechnischen Leitfaden so flexibel zu gestalten, dass er auch auf Förderschulen angewendet werden kann, ist neben der Brandschutzordnung auch ein Evakuierungskonzept erforderlich. Hier können Maßnahmen, die im Gefahrenfall für eine schnelle und geordnete Räumung der Schule oder einzelner Bereiche erforderlich sind, festgelegt werden. Zudem können spezifische Maßnahmen zur Evakuierung unter besonderer Berücksichtigung von Menschen mit Behinderung geregelt werden. Ziel muss sein, dass die Personenrettung bereits vor dem Eintreffen der Feuerwehr abgeschlossen ist.

Die MVStättVO hat solche Regelungen schon eingeführt und fordert in § 42 Abs. 1 ein „*Räumungskonzept*". An deren Regelungen kann man sich orientieren.

Im Übrigen schreibt die DIN 18040-1 in Abschnitt 5.7 vor, in Brandschutzkonzepten hinsichtlich der Alarmierung und Evakuierung „*die Belange von Menschen mit motorischen und sensorischen Einschränkungen zu berücksichtigen*".

Berücksichtigung im Brandschutznachweis

Im Brandschutznachweis sollten deshalb unter dem Gliederungspunkt „Evakuierungs- und Räumungskonzept" alle Aspekte aufgelistet werden, die aus Sicht des Brandschutzplaners explizit einfließen müssen, damit Evakuierung und Rettung im Sinne des Brandschutznachweises ausreichend sichergestellt werden.

Vielen Brandschutzplanern stellt sich in diesem Zusammenhang die Frage, inwieweit ein Brandschutznachweis weitere Sicherheitsaspekte aufgreifen muss, wie z. B. Amoklauf und andere Gewalttaten an Schulen. Für diese Fälle wird vom Betreiber der Schule und von Spezialisten der Polizei ein sog. Sicherheitskonzept erstellt. Brandschutzplaner können deren Arbeit unterstützen, indem sie in den Plänen zum Brandschutznachweis Rettungswege, welche in beide Richtungen begehbar sein müssen, kennzeichnen oder Türen, die nichtabsperrbar sein müssen, mit einem entsprechenden Symbol versehen.

5.5.4 Flucht- und Rettungsplan

Die Aufstellung von Flucht- und Rettungsplänen, die sich aus der Arbeitsstättenverordnung ergibt, wird in der ASR A2.3 (2007) geregelt. Hier werden dem Betreiber Ermessensspielräume eingeräumt, ob in der gesamten Arbeitsstätte der Aushang von Flucht- und Rettungsplänen erforderlich ist.

Aufgrund von Besonderheiten kann es dennoch sinnvoll sein, den Betreiber über den Brandschutznachweis auf die Notwendigkeit des Aushangs von Flucht- und Rettungsplänen entsprechend ASR A2.3 (2007) hinzuweisen. Denkbar ist z. B. die Darstellung der Rettungswegführung aus den Klassenzimmern, aus Versammlungsräumen oder bei Mischnutzungen von Schulgebäuden aus Räumen, in denen sich auch weniger ortskundige Personen außerhalb der regulären Schulzeiten aufhalten können.

Flucht- und Rettungspläne im Brandschutznachweis

Schulen sollen ein geschützter Raum sein, gleichzeitig haben aber viele Ortsunkundige Zutritt. Es ist daher genau abzuwägen, inwieweit Flucht- und Rettungswegpläne in öffentlich zugänglichen Bereichen ausgehängt werden sollen. Die Abstimmung über den Aushang von Flucht- und Rettungsplänen sollte deshalb in Abstimmung mit dem Sicherheitskonzept erfolgen und nicht durch den Fachplaner im Brandschutznachweis vorgegeben werden.

Da auch für Versammlungsstätten keine Flucht- und Rettungspläne verlangt werden, kann man sich an § 32 Abs. 2 MVStättVO orientieren, wonach in der Nähe des Haupteingangs eines jeden Versammlungsraumes ein genehmigter Plan für die jeweilige Nutzung gut sichtbar anzubringen ist. Für echte Versammlungsräume innerhalb von Schulen ist dies Anforderung verpflichtend.

5.5.5 Nutzen von betrieblichem und organisatorischem Brandschutz

Die MBO enthält keine Regelungen zum organisatorischen Brandschutz. Dennoch ist der besonders in Schulen grundsätzlich gut verankerte betriebliche und organisatorische Brandschutz oftmals ein ausschlaggebender Punkt bei der objektspezifischen Risikobetrachtung.

Durch Regelungen im Bereich des betrieblichen und organisatorischen Brandschutzes kann auf die unterschiedlichsten Rahmenbedingungen im Schulalltag eingegangen und das Sicherheitsniveau gleichbleibend gestaltet werden. Da nur die Schulleitung vor Ort die Besonderheiten der Schüler, Lehrer und des praktizierten pädagogischen Konzeptes kennt, liegt bei ihr eine hohe Verantwortung, mit dem Vorteil, dass sich wandelnden Strukturen vor Ort jeweils ausreichend berücksichtigt werden können. Auf diese Weise können die Schutzziele der MBO auch für die unterschiedlichsten Nutzer und deren Verhalten sowie die unterschiedlichsten Gebäudetypologien ausreichend sichergestellt werden.

Der Betreiber der Schule hat hierfür als Werkzeug den Brandschutznachweis an der Hand, aus dem flexible Regelungen entnommen werden (z. B. Hinweise für ein Evakuierungs- und Räumungskonzept), aber auch ganz konkrete Maßnahmen abgeleitet werden (z. B. Feuerwehrpläne).

5.6 Bauvorlage Brandschutznachweis

Der Brandschutznachweis ist nur ein Teil der Bauvorlagen, siehe hierzu auch Kapitel 3.2.1. Der § 11 der Musterbauvorlagenverordnung, MBauVorlV, regelt die Angaben, welche zu machen sind, damit der Nachweis über den ausreichenden Brandschutz geführt und überprüft werden kann. Der Inhalt des § 11 MBauVorlV kann als *„eine Art Checkliste“* verstanden werden, die *„die ggf. zu bedenkenden Anforderungen an den Brandschutz“* zusammenstellt (Begründung zur MBauVorlV, 2007, zu § 11).

Es besteht keine Regelung, dass der Brandschutznachweis in einer eigenen Bauvorlage, z. B. in einem objektbezogenen Brandschutzkonzept, darzustellen ist. Allerdings ist ein eigenständiger „Brandschutznachweis“ als Bauvorlage für die meisten Bildungseinrichtungen sinnvoll, da der Umfang der Unterlagen in der Regel sehr groß ist.

Hinweis

Der Brandschutznachweis dient nicht nur der Prüfung durch die Untere Bauaufsicht oder den Prüfsachverständigen im Rahmen des Vier-Augen-Prinzips. Im Zuge der Ausführung dient er auch den Werkplanern bei der Ausschreibung und der Bauleitung als Unterstützung. Letztlich stellt ein nachvollziehbarer Brandschutznachweis auch eine wertvolle Dokumentation des Brandschutzplaners im (hoffentlich nie eintretenden) Schadenfall dar.

5.6.1 Allgemeine Angaben

Die Bauvorlagenverordnung unterscheidet dabei zwischen Angaben, welche regelmäßig für jedes Bauvorhaben zu treffen sind, und solchen, die bei Sonderbauten objektspezifisch zum Tragen kommen. Als Erstes sollten die baurechtlichen Beurteilungsgrundlagen entsprechend dem ersten Teil „Allgemeine Vorschriften der MBO“ benannt werden (siehe hierzu auch Kapitel 3).

Selbstverständlich sind auch Aussagen, die sich aus Teil 2 der MBO ergeben, zu folgenden Bereichen zu treffen:

- Flächen für die Feuerwehr
- Zu- und Durchgänge
- Zu- und Durchfahrten
- Bewegungsflächen
- Aufstellflächen für Hubrettungsfahrzeuge sowie zur Löschwasserversorgung

Der Teil 3 „Bauliche Anlagen“ der MBO ist relevant für die materiellen Anforderungen des Gebäudes, die durch den Brandschutzplaner festzulegen sind. Allgemeiner Art sind die Schutzzieldefinition, die Regelungen zu Bauarten und zu Bauprodukten, auf die im Brandschutznachweis im Regelfall nur verwiesen wird.

Regelmäßig sind Angaben zu den Anforderungen erforderlich, welche sich aus Teil 3, Abschnitt 4 „Brandverhalten von Baustoffen und Bauteilen; Wände, Decken, Dächer“ der MBO ergeben.

Praxistipp

Es wird empfohlen, für Schulgebäude die Gliederung der jeweiligen Landesbauordnung im Brandschutznachweis zu übernehmen, da bei nicht geregelten Sonderbauten die brandschutztechnischen Anforderungen zunächst auf dieser Grundlage festgelegt werden. Weitergehende Anforderungen aufgrund schutzzielorientierte Betrachtungen oder von weiterführenden Verordnungen können anschließend den jeweiligen Paragrafen zugeordnet werden.

Ebenfalls immer erforderlich sind die Angaben zu den Anforderungen, die sich aus Teil 3, Abschnitt 5 „Rettungswege, Öffnungen, Umwehrungen“ der MBO ergeben. Auch hier können zusätzlich höhere Anforderungen, z. B. zu Feuerschutzabschlüssen oder die Rettungswegführung über eine Halle oder einen Cluster, eingefügt werden. Weitergehende Anforderungen aus der MVStättVO können ebenfalls bei den jeweiligen Paragrafen ergänzt werden, sodass alle Anforderungen thematisch gebündelt sind.

Die Gliederung der meisten Sonderbauverordnungen baut mehrheitlich auf der MBO auf. Deshalb ist es auch hinsichtlich der Anforderungen an die Rettungswege sinnvoll, deren Gliederung zu übernehmen. Weitergehende Anforderungen können thematisch ergänzt werden.

Die Angaben für die Anforderungen zur Technischen Gebäudeausrüstung aus Teil 3, Abschnitt 6 der MBO dürfen ebenfalls nicht fehlen. Die schulspezifischen sicherheitstechnischen Einrichtungen können dort ergänzt werden.

5.6.2 Objektspezifische Angaben

Wenn es für die Beurteilung erforderlich ist, sind bei Sonderbauten zusätzliche Angaben zu machen.

Eine Bandbreite von zusätzlichen Angaben listet § 11 Abs. 2 MBauVorlV auf, wie z. B. Anzahl und Art der die bauliche Anlage nutzenden Personen, Rettungswegbreiten und -längen, Einzelheiten der Rettungswegführung. Auch Angaben zu technischen Anlagen und Einrichtungen zum Brandschutz und organisatorische Maßnahmen zur Brandverhütung, Brandbekämpfung und Rettung können erforderlich werden.

Bei Schulen können besonders folgende Angaben zusätzlich notwendig werden, um die Nachvollziehbarkeit des Brandschutznachweises sicherzustellen und weitergehende oder geringere Anforderungen zu regeln:

- Beschreibung des pädagogischen Konzeptes mit Angaben zu den Personenzahlen, insbesondere zu Stärke und Anzahl der Klassen, Gesamtschülerzahl und Größe des Kollegiums
- Berechnung und Darstellung der Flächen der Brandabschnitte und Teilbereiche bei Ausbildung von Lernbereichen
- Berechnung der erforderlichen Breiten der Fluchtwege unter baurechtlichem Aspekt, insbesondere Ausgänge aus Klassenzimmern, notwendige Flure, aus den Geschossen in Treppenräume, notwendige Treppen und Ausgänge ins Freie
- Verlauf der Rettungswege im Freien bis zur öffentlichen Verkehrsfläche
- Darstellung des Verlaufs des ersten und zweiten Rettungsweges, insbesondere, um sie unabhängig der Rettungswege für jeden Unterrichtsraum nachzuweisen
- Darstellung der Hauptgänge in Lernbereichen
- Brandschutztechnisch relevante Sondernutzungen und besondere Räume wie Versammlungsräume, Kantinen, Chemiesäle und Werkräume
- Angaben zu sicherheitstechnischen Einrichtungen
- Festlegungen zum betrieblichen und organisatorischen Brandschutz

Fällt die Bildungseinrichtung in den Geltungsbereich einer anderen Richtlinie oder Verordnung, ist diese auch hinsichtlich der dort geforderten zusätzlichen Bauvorlagen zu beachten. Das gilt z. B. für Bereiche, die der MVStättVO unterliegen. Der Teil 5 „Zusätzliche Bauvorlagen" der MVStättVO ist auf Versammlungsräume in Schulen anzuwenden.

Hinweis

Die o. g. Aufzählung kann auch als eine Gedankenstütze dienen, um die für die Brandschutzplanung notwendigen Angaben im Brandschutznachweis der anderen Planungsbeteiligten rechtzeitig einzuholen. Die Aufzählung zeigt Schnittstellen zu anderen Fachplanern auf.

Zu überlegen ist stets, welche weiteren Unterlagen zur Beurteilung von Abweichungen vorgelegt werden müssen, die damit auch Teil der Bauvorlagen werden.

6 Brandschutztechnischer Leitfaden

6.1 Einführung

Für die Aufstellung von Brandschutznachweisen werden derzeit die Anforderungen der MBO, der MSchulbauR und der MVStättVO herangezogen, um den unterschiedlichen baurechtlichen Aspekten von Schulgebäuden mit neuen pädagogischen Konzepten gerecht zu werden und die Schutzziele der MBO zu erreichen.

Die dargestellten Wechselbeziehungen zwischen pädagogischen und architektonischen Konzepten und die sich daraus ergebenden Planungen für Schulen sind nur teilweise von der MSchulbauR und der MBO abgedeckt.

Deshalb wurden die neuen Schultypen hinsichtlich brandschutztechnisch relevanter Risiken im Kapitel 4 untersucht und bewertet und in Kapitel 5 die Anforderungen an Bauteile und Rettungswege hinsichtlich des Erreichens der Schutzziele überprüft. Dabei wurden auch weitergehende Anforderungen formuliert und Vorschläge für brandschutztechnische Erleichterungen entwickelt, sofern klar definierte Voraussetzungen erfüllt werden können.

Mögliche Anforderungen, die von der MBO abweichen, wurden ebenfalls im Kapitel 5 hinsichtlich des Schutzzielgedankens überprüft und Kompensationsmaßnahmen vorgeschlagen.

An dieser Stelle soll der Versuch unternommen werden, individuelle Abwägungen und die persönliche Bewertung der brandschutztechnischen Risiken zu verallgemeinern und diese als Diskussionsgrundlage in einem Leitfaden als „Brandschutztechnische Empfehlungen für den Bau und Betrieb von Schulgebäuden mit neuen pädagogischen Konzepten“ zusammenzufassen.

6.2 Anwendung

Um den Unterschied und die Weiterentwicklung des Leitfadens gegenüber der MSchulbauR zu kennzeichnen, wurde der Titel „Brandschutztechnische Empfehlungen für den Bau und Betrieb von Schulgebäuden mit neuen pädagogischen Konzepten“ gewählt. Die Empfehlungen sollten allgemeingültig und auf alle Schulen, unabhängig vom pädagogischen Konzept, anwendbar sein.

Der Leitfaden lehnt sich an die Gliederung der heute gängigen Sonderbauverordnungen an, wie z. B. der MVStättVO. Er ist demnach folgendermaßen aufgebaut:

- Teil 1: Allgemeine Vorschriften
- Teil 2: Allgemeine Bauvorschriften
- Teil 3: Betriebsvorschriften

Regelungen aus der MSchulbauR und der MVStättVO, die in die Empfehlungen eingeflossen sind, wurden darin teilweise wörtlich übernommen, um möglichst nah bei den bekannten und vertrauten Formulierungen zu bleiben. Da diese in den vorangegangenen Kapiteln bereits ausführlich zitiert und diskutiert wurden, werden sie nicht nochmals als Zitat gekennzeichnet. Es werden auch Begriffe der neuen SchulbauR NRW verwendet. Die Schutzziele werden, wie in Sonderbauverordnungen und Richtlinien üblich, nicht definiert.

Die „Brandschutztechnischen Empfehlungen für den Bau und Betrieb von Schulgebäuden mit neuen pädagogischen Konzepten" sind eine Zusammenfassung relevanter Gesichtspunkte bei der Planung von Schulgebäuden.

Der nachfolgende Leitfaden und die darin gemachten Empfehlungen haben keinen Gesetzescharakter und basieren auf persönlichen Erfahrungen und Kenntnissen. Der Leitfaden und seine Empfehlungen ersetzen somit nicht die objektspezifische schutzzielorientierte Betrachtung des Brandschutzplaners.

6.3 Brandschutztechnische Empfehlungen für Schulgebäude mit neuen pädagogischen Konzepten

Teil 1: Allgemeine Hinweise

1. Anwendungsbereich

1.1 Die Empfehlungen gelten für Anforderungen an allgemeinbildende und berufsbegleitende Schulen, einschließlich Förderschulen, soweit sie nicht ausschließlich der Unterrichtung Erwachsener dienen. Ferner gelten die Empfehlungen für Räume von Horten und Mittagsbetreuungen, welche in Schulgebäuden untergebracht sind. Für sie bestehen die gleichen Anforderungen wie an Unterrichtsräume.

1.2 Soweit in diesen Empfehlungen nichts Abweichendes geregelt ist, sind die Anforderungen der MBO anzuwenden.

2. Begriffe

2.1 Erdgeschossige Schulgebäude sind Schulgebäude mit nur einem Geschoss, deren Aufenthaltsräume alle über direkte Ausgänge ins Freie verfügen. Kellergeschosse und Dachaufbauten, die ausschließlich der Unterbringung technischer Anlagen und Einrichtungen dienen, bleiben außer Betracht.

2.2 Unterrichtsräume sind alle Räume, die dem Aufenthalt von Schülern und Lehrern zur Wissensvermittlung dienen. Auch Räume und Flächen, die zur Vor- und Nachbereitung sowie zur Vertiefung von Wissen durch die Schüler und Lehrer genutzt werden, sind Unterrichtsräume.

2.3 Klassenräume sind Unterrichtsräume mit einer Fläche bis 80 m^2.

2.4 Lernbereiche sind baulich abgeschlossene Unterrichtsbereiche mit einer ihnen zugeordneten Erschließung, die zu Aufenthaltszwecken genutzt werden kann.

2.4.1 Klassenraum Plus bezeichnet Lernbereiche mit einer Fläche bis 200 m^2.

2.4.2 Lerncluster sind Lernbereiche mit einer Fläche bis 400 m^2.

2.4.3 Lernlandschaften sind Lernbereiche mit einer Fläche bis 1.000 m^2.

2.5 Erschließungsbereiche sind Flächen, die Unterrichtsräume erschließen und zugleich dem Aufenthalt von Schülern und Lehrern, auch zu Unterrichtszwecken, dienen.

2.6 Räume mit gehobener Brandgefahr sind Räume, die im Vergleich zu Klassenräumen ein höheres Risiko der Brandentstehung oder der Brandausbreitung aufweisen. Es handelt sich nicht um Räume nach § 29 Abs. 2 Nr. 2 MBO.

2.7 Hallen sind über mehrere Geschosse führende Räume, die sowohl zur Erschließung als auch zu Aufenthaltszwecken genutzt werden.

2.8 Schulen dürfen, unbeschadet ihrer Einstufung in die Gebäudeklasse, in Teilbereiche unterteilt werden, wenn diese Teile brandschutztechnisch durch Trennwände nach Teil 2 Abschnitt 1 Punkt 4 dieses Leitfadens getrennt sind und unabhängig von anderen Teilbereichen über mindestens 2 bauliche Rettungswege verfügen.

Teil 2: Allgemeine Empfehlungen

Abschnitt 1: Bauteile und Baustoffe

3. Tragende Wände und Stützen

3.1 Erdgeschossige Schulgebäude bis 400 m^2 dürfen ohne Feuerwiderstand errichtet werden, wenn alle Aufenthaltsräume über unmittelbare Ausgänge ins Freie verfügen.

3.2 Auf tragende und aussteifende Bauteile sind
- in Gebäuden der Gebäudeklasse 1, 2 und 3 die Anforderungen der MBO entsprechend der Gebäudeklasse 3 anzuwenden.
- in Gebäuden mit einer Höhe von mehr als 7 m die Anforderungen der MBO entsprechend der Gebäudeklasse 5 anzuwenden.

4. Trennwände

4.1 Trennwände sind erforderlich
- zum Abschluss von Lernbereichen
- zum Abschluss von Räumen mit gehobener Brandgefahr

4.2 Die Ausführung der Trennwände richtet sich nach § 29 MBO.

4.3 Öffnungen in Trennwänden nach 4.1 müssen feuerhemmende, rauchdicht- und selbstschließende Abschlüsse haben.

5. Brandwände

5.1 Innere Brandwände gemäß § 30 Abs. 2 Nr. 2 MBO sind in Abständen von nicht mehr als 60 m anzuordnen.

5.2 Die Ausführung von Brandwänden und von Wänden anstelle von Brandwänden richtet sich nach der Gebäudeklasse.

5.3 In Wänden nach 5.1 sind im Zuge notwendiger Flure jeweils feuerhemmende, rauchdichte und selbstschließende Türen zulässig, wenn die angrenzenden Flurwände in einem Bereich von 2,5 m
- beiderseits der Tür keine Öffnungen haben, oder
- Öffnungen über Abschlüsse mit feuerhemmenden, rauchdicht- und selbstschließenden Türen verfügen.

6 Decken

6.1 Decken sind entsprechend der Anforderungen der tragenden und aussteifenden Bauteile auszubilden, jedoch mindestens feuerhemmend.

6.2 Für Decken und Dächer über dem obersten Aufenthaltsraum genügt eine feuerhemmende Ausführung der tragenden und aussteifenden Konstruktion.

6.3 Deckenöffnungen sind innerhalb derselben Teilbereiche mit nicht mehr als insgesamt 400 m^2 in nicht mehr als 2 Geschossen zulässig.

6.4 Deckenöffnungen für über mehrere Geschosse reichende Hallen sind zulässig, wenn die Wände dieser Hallen, ausgenommen Außenwände, die Anforderungen an die Geschossdecken des Gebäudes erfüllen. Türen zwischen Hallen und notwendigen Treppenräumen, notwendigen Fluren und Aufenthaltsräumen müssen feuerhemmend, rauchdicht und selbstschließend sein.

Abschnitt 2: Rettungswege

7. Allgemeine Anforderungen

7.1 Für jeden Unterrichtsraum müssen in demselben Geschoss mindestens 2 voneinander unabhängige Rettungswege zu Ausgängen ins Freie oder zu notwendigen Treppenräumen vorhanden sein.

8 Verlauf der Rettungswege

8.1 Zu den Rettungswegen gehören notwendige Treppen, notwendige Flure und Erschließungsbereiche mit Hauptgängen in Lernbereichen.

8.2 Ein Rettungsweg darf über Außentreppen ohne Treppenräume, über Rettungsbalkone, über Terrassen und über begehbare Dächer auf das Grundstück führen, wenn dieser Rettungsweg im Brandfall nicht gefährdet ist.

8.3 Ein Rettungsweg darf durch eine Halle führen. Diese Halle darf nicht als Raum zwischen einem notwendigen Treppenraum und dem Ausgang ins Freie dienen.

8.4 Ein Rettungsweg darf in einen anderen Brandabschnitt führen, wenn von dort aus ein Rettungsweg erreichbar ist.

9. Treppen, Geländer und Umwehrungen

9.1 Auf tragende Bauteile von Treppen in Gebäuden mit einer Höhe von bis zu 7 m sind die Anforderungen der MBO an diese Bauteile in Gebäuden der Gebäudeklasse 3 anzuwenden.

9.2 Auf tragende Bauteile von Treppen in Gebäuden der Gebäudeklasse 4 und der Gebäudeklasse 5 sind die Anforderungen des § 34 Abs. 4 MBO entsprechend der jeweiligen Gebäudeklasse anzuwenden.

9.3 Für Außentreppen genügen nichtbrennbare Baustoffe.

9.4 Treppen müssen geschlossene Tritt- und Setzstufen haben; dies gilt nicht für Außentreppen.

9.5 Notwendige Treppen dürfen keine gewendelten Läufe haben.

9.6 Geländer und Umwehrungen müssen mindestens 1,1 m hoch sein.

10. Treppenräume

10.1 § 35 Abs. 1 Satz 3 Nr. 1 MBO ist nicht anzuwenden.

10.2 In Gebäuden der Gebäudeklassen 1 und 2 müssen die Wände notwendiger Treppenräume als raumabschließende Bauteile feuerhemmend sein.

10.3 In Gebäuden der Gebäudeklasse 3, 4 und 5 sind die Anforderungen des § 35 Abs. 4 MBO entsprechend der jeweiligen Gebäudeklasse anzuwenden.

11. Bemessung der Rettungsweglänge

Die Rettungsweglänge muss für jede Stelle eines Aufenthaltsraumes als tatsächliche Lauflinie bis zum Treppenraum, bis zur Außentreppe oder zum Ausgang ins Freie berechnet werden. Dies gilt auch innerhalb von Hallen. Die max. Rettungsweglänge darf 35 m nicht überschreiten.

12. Bemessung der Rettungswegbreite

12.1 Die nutzbare Breite eines jeden Teils von Rettungswegen ist in Abhängigkeit von den darauf angewiesenen Benutzern zu berechnen. Die erforderliche Rettungswegbreite darf in Fluchtrichtung nicht verringert werden.

12.2 Die lichte Breite eines jeden Teils von Rettungswegen muss mindestens 1,2 m betragen.

12.3 Die lichte Breite eines jeden Teils von Rettungswegen muss für die darauf angewiesenen Personen mindestens 1,2 m je 200 Personen betragen. Dabei sind Zwischenwerte zulässig (Interpolation).

12.4 Die lichte Breite von Ausgängen aus Unterrichtsräumen und Aufenthaltsräumen muss mindestens vorhanden sein bei

- Klassenzimmern und sonstigen Aufenthaltsräumen bis 80 m^2: 0,9 m
- Lernbereich bis 200 m^2 mit einem Ausgang: 1,2 m
- Lernbereich bis 200 m^2 mit 2 Ausgängen: jeweils 0,9 m

- Lernbereich bis 400 m^2 mit 2 Ausgängen: jeweils mindestens 0,9 m
- Lernbereich > 400 m^2 mit 2 Ausgängen: jeweils mindestens 1,2 m

12.5 Die lichte Breite von notwendigen Treppen richtet sich nach der größtmöglichen zu erwartenden Personenzahl in einem Geschoss.

12.6 Die max. Breite von Treppen darf 2,4 m nicht überschreiten.

12.7 Ausgänge aus Treppenräumen müssen mindestens so breit sein wie die notwendige Treppe.

12.8 Die erforderliche Breite von Rettungswegen darf durch offenstehende Türen, Einbauten oder Einrichtungen nicht eingeengt werden.

12.9 Die erforderliche Breite von Hauptgängen ist in geeigneter Weise ständig freizuhalten.

13. Notwendige Flure

13.1 Notwendige Flure in Lernbereichen bis 200 m^2 sind nicht erforderlich, wenn diese durch Trennwände als Teilnutzungsbereich begrenzt sind und über einen Erschließungsbereich mit mindestens einem Ausgang auf einen notwendigen Flur verfügen, der zu 2 voneinander unabhängigen Treppenräumen oder Ausgängen ins Freie führt. Alle Aufenthaltsräume in diesem Lernbereich müssen über eine ausreichende Sichtbeziehung zum Erschließungsbereich verfügen.

13.2 Notwendige Flure in Lernbereichen bis 400 m^2 sind nicht erforderlich, wenn diese durch Trennwände als Teilnutzungsbereich begrenzt sind und über einen Erschließungsbereich mit mindestens 2 günstig angeordneten Ausgängen verfügen, die zu 2 voneinander unabhängigen Rettungswegen zu Treppenräumen oder Ausgängen ins Freie führen. Alle Aufenthaltsräume in diesem Lernbereich müssen über eine ausreichende Sichtbeziehung zum Erschließungsbereich verfügen.

13.3 Notwendige Flure in Lernbereichen bis 1.000 m^2 sind nicht erforderlich, wenn diese durch Trennwände als Teilnutzungsbereiche begrenzt sind und nur einer der erforderlichen Rettungswege aus den Unterrichtsräumen über den Erschließungsbereich führt. Der weitere Rettungsweg muss über einen direkten Zugang zu einem vom Erschließungsbereich unabhängigen baulichen Rettungsweg führen: z. B. über einen notwendigen Flur, einen offenen Gang an der Fassade oder einen Treppenraum. Der Erschließungsbereich muss über mindestens 2 entgegengesetzt liegende Ausgänge verfügen. Diese müssen zu 2 voneinander unabhängigen Treppenräumen oder notwendigen Fluren führen.

Alle Aufenthaltsbereiche des Lernbereichs müssen über eine ausreichende Sichtbeziehung zum Erschließungsbereich verfügen.

13.4 Notwendige Flure in Lernbereichen über 1000 m^2 sind nicht erforderlich, wenn diese durch Trennwände als Teilnutzungseinheiten begrenzt sind und keiner der erforderlichen Rettungswege über den Erschließungsbereich, sondern über offene Gänge zu 2 entgegengesetzt angeordneten Treppenräumen oder Ausgängen ins Freie führt.

13.5 Notwendige Flure mit nur einer Fluchtrichtung (Stichflure) dürfen nicht länger als 10 m sein. Dies gilt nicht, wenn der Stichflur nur einen von mindestens 2 Rettungswegen aus einem Lernbereich oder Klassenzimmer sicherstellt.

13.6 In Erschließungsbereichen, die als Rettungsweg dienen, müssen Bodenbeläge mindestens schwerentflammbar sein. Unterdecken und Bekleidungen müssen mindestens schwerentflammbar sein und dürfen nicht brennend abtropfen. Dämmstoffe müssen aus nichtbrennbaren Baustoffen bestehen.

14. Türen in Rettungswegen

14.1 Allgemein

Türen im Zug von Rettungswegen müssen in Fluchtrichtung des ersten Rettungsweges aufschlagen. Dies gilt nicht für Klassenzimmer und Lernbereiche bis 200 m^2 und für Räume innerhalb von Lernbereichen. Türen müssen von innen leicht und in voller Breite zu öffnen sein.

14.2 Feststellanlagen

Türen, die selbstschließend sein müssen, dürfen nur offengehalten werden, wenn sie mit Feststellanlagen ausgerüstet sind, die bei Raucheinwirkung ein selbsttätiges Schließen der Türen bewirken. Sie müssen ebenfalls per Hand geschlossen werden können.

14.3 Türen in notwendigen Fluren

In notwendigen Fluren müssen Öffnungen zu Klassenräumen und Lernbereichen bis 200 m^2 über dichtschließende Abschlüsse, zu Lernbereichen über 200 m^2 feuerhemmende, rauchdichte und selbstschließende Abschlüsse und zu Treppenräumen rauchdichte und selbstschließende Abschlüsse verfügen.

Zur Unterteilung notwendiger Flure in Rauchabschnitte ist § 36 Abs. 3 MBO anzuwenden.

14.4 Türen (ausgenommen notwendige Flure) zu Treppenräumen und Hallen sind als feuerhemmende, rauchdicht- und selbstschließende Abschlüsse auszuführen.

Abschnitt 3: Technische Anlagen und Einrichtungen, besondere Räume

15. Rauchableitung

15.1 Treppenräume und Hallen müssen zur Unterstützung wirksamer Löscharbeiten entraucht werden können.

15.2 Treppenräume müssen Öffnungen zur Rauchableitung mit einem freien Querschnitt von mindestens 1 m^2 haben.

15.3 Für Hallen gilt Punkt 15.1 als erfüllt, wenn sie entweder an der höchsten Stelle Rauchableitungsöffnungen mit einer freien Öffnungsfläche von insgesamt 1 % der Grundfläche oder im oberen Drittel der Außenwände Fenster oder Türen mit einer freien Öffnungsfläche von insgesamt 2 % der Grundfläche haben.

15.4 Öffnungen zur Rauchableitung nach den Punkten 15.2. und 15.3. müssen Vorrichtungen zum Öffnen ihrer Abschlüsse haben, die vom Erdgeschoss sowie vom obersten Treppenabsatz aus bedient werden können.

16. Blitzschutzanlagen

Schulen müssen über Blitzschutzanlagen verfügen, die auch die sicherheitstechnischen Einrichtungen schützen (äußerer und innerer Blitzschutz).

17. Sicherheitsbeleuchtung

17.1 Eine Sicherheitsbeleuchtung muss in folgenden Räumlichkeiten vorhanden sein: in notwendigen Fluren, in notwendigen Treppenräumen, in fensterlosen Aufenthaltsräumen, in Erschließungsbereichen sowie in Hallen, durch die Rettungswege führen.

17.2 An Ausgängen zu notwendigen Treppenräumen, Ausgängen ins Freie und an Ausgängen aus Lernbereichen müssen Sicherheitszeichen angebracht werden.

17.3 Für Sicherheitszeichen von Ausgängen und Rettungswegen ist eine Sicherheitsbeleuchtung erforderlich.

18. Alarmierungsanlagen

18.1 Schulen müssen Alarmierungsanlagen haben, durch die im Gefahrenfall die Räumung der Schule oder einzelner Schulgebäude eingeleitet werden kann (Hausalarmierung).

18.2 Das Alarmsignal muss sich vom Pausensignal unterscheiden und in jedem Raum der Schule gehört werden können.

18.3 Das Alarmsignal muss mindestens an einer während der Betriebszeit der Schule ständig besetzten oder an einer jederzeit zugänglichen Stelle innerhalb der Schule (Alarmierungsstelle) ausgelöst werden können. An den Alarmierungsstellen müssen sich Telefone befinden, mit denen jederzeit Feuerwehr und Rettungsdienst unmittelbar alarmiert werden können.

19. Brandmeldeanlagen

19.1 Lernbereiche mit mehr als 1.000 m^2 Grundfläche müssen Brandmeldeanlagen mit automatischen und nichtautomatischen Brandmeldern haben.

19.2 Lernbereiche mit einer Grundfläche bis 1.000 m^2 nach Punkt 13.3 und nur einem Ausgang aus dem Erschließungsbereich müssen über Brandmeldeanlagen mit automatischen und nichtautomatischen Brandmeldern verfügen.

19.3 Lernbereiche mit mehr als 400 m^2, durch die Rettungswege aus anderen Lernbereichen mit mehr als 400 m^2 führen, müssen Brandmeldeanlagen mit automatischen und nichtautomatischen Brandmeldern haben.

19.4 In Schulen mit Brandmeldeanlagen müssen die Aufzüge mit einer Brandfallsteuerung ausgestattet sein, die durch die automatische Brandmeldeanlage ausgelöst wird. Die Brandfallsteuerung muss sicherstellen, dass die Aufzüge ein Geschoss mit einem Ausgang ins Freie oder das diesem nächstgelegene nicht von der Brandmeldung betroffene Geschoss unmittelbar anfahren und dort mit geöffneten Türen außer Betrieb gehen.

19.5 Automatische Brandmeldeanlagen müssen durch technische Maßnahmen gegen Falschalarme gesichert sein. Brandmeldungen müssen von der Brandmelderzentrale unmittelbar und automatisch zur Leitstelle der Feuerwehr weitergeleitet werden.

20. Sicherheitsstromversorgung

Schulen müssen eine Sicherheitsstromversorgungsanlage haben, die bei Ausfall der Stromversorgung den Betrieb der sicherheitstechnischen Anlagen und Einrichtungen übernimmt, insbesondere der Sicherheitsbeleuchtung, der Alarmierungsanlagen, der Brandmeldeanlagen und elektrisch betriebener Einrichtungen zur Rauchableitung.

Teil 3: Empfehlungen zum Betrieb

21. Rettungswege

21.1 Rettungswege auf dem Grundstück sowie Zufahrten, Aufstell- und Bewegungsflächen für Einsatzfahrzeuge von Polizei, Feuerwehr und Rettungsdiensten müssen ständig freigehalten werden. Darauf ist dauerhaft und gut sichtbar hinzuweisen.

21.2 Rettungswege in der Schule müssen ständig freigehalten werden.

21.3 Während des Betriebs müssen alle Türen von Rettungswegen unverschlossen sein.

22. Pflichten der Betreiber

22.1 Der Betreiber ist für die Sicherheit der Schule und die Einhaltung der Vorschriften verantwortlich.

22.2 Während des Schulbetriebs muss der Betreiber oder ein von ihm beauftragter Schulleiter ständig anwesend sein.

23. Brandschutzordnung und Evakuierungskonzept

23.1 Der Betreiber oder ein von ihm Beauftragter hat im Einvernehmen mit der Brandschutzdienststelle eine Brandschutzordnung und ein Evakuierungskonzept aufzustellen. Darin sind die Erforderlichkeit und die Aufgaben eines Brandschutzbeauftragten und der Kräfte für den Brandschutz sowie die Maßnahmen festzulegen, die im Gefahrenfall für eine schnelle und geordnete Räumung der Schule oder einzelner Bereiche – unter besonderer Berücksichtigung von Menschen mit Behinderung – erforderlich sind.

23.2 Das Betriebspersonal ist bei Beginn des Arbeitsverhältnisses und danach mindestens einmal jährlich zu unterweisen. Diese Unterweisung umfasst die Lage und die Bedienung der Feuerlöscheinrichtungen, der Brandmelde- und Alarmierungsanlagen und der Brandmelder- und Alarmzentrale sowie die Brandschutzordnung, insbesondere das Verhalten bei einem Brand oder bei einer sonstigen Gefahrenlage in Verbindung mit dem Evakuierungskonzept sowie die Betriebsvorschriften.

24. Feuerwehrplan/Erschließungsplan

Im Einvernehmen mit der Brandschutzdienststelle sind Feuerwehrpläne anzufertigen und der örtlichen Feuerwehr zur Verfügung zu stellen. Die erforderlichen Hauptgänge in Lernbereichen und Hallen sind in einem Erschließungsplan darzustellen und im Zugangsbereich gut sichtbar anzubringen.

6.4 Ausblick

Diese Empfehlungen betrachten nur brandschutztechnische Mindeststandards, bei deren Anwendung es möglich scheint, eine individuelle Schularchitektur zu verwirklichen. Es stellt sich darüber hinaus die Frage, ob die MSchulbauR fortgeschrieben werden könnte oder ob es sogar sinnvoll wäre, eine Sonderbauverordnung für Schulen zu entwickeln.

Die Einführung einer Musterverordnung über den Bau und Betrieb von Schulgebäuden wäre sinnvoll, um in der Systematik der Verordnungen für Sonderbauten zu bleiben. Die Entwicklung einer Muster-Sonderbauverordnung ist zeitlich und rechtlich sehr aufwendig, sie könnte dann aber in einem gesetzlichen Verfahren erlassen werden und würde eine hohe Planungssicherheit für den Bauherrn und seine Planer bieten. Es ist jedoch zu bedenken, dass eine Sonderbauverordnung ein abschließendes Regelwerk ist. Gerade die Anforderungen an Rettungswege in Förderschulen können so vielfältig sein, dass allgemein gültige Regelungen nur schwer getroffen werden könnten. Dies ließe sich jedoch, wie in anderen Sonderbauverordnungen, durch die Stärkung der organisatorischen Maßnahmen in Betriebsvorschriften regeln.

Die Fortschreibung der MSchulbauR wäre inhaltlich einfach, da wie bisher nur die Mindeststandards festgelegt werden müssen und die Anwendung dieser Richtlinie wie bisher geregelt bleiben kann. Zudem erscheint es juristisch einfacher, ein bestehendes Regelwerk zu ändern, als ein Neues einzuführen. Ein weiterer Vorteil wäre, dass die Einarbeitung zusätzlicher Regelungen für Schulgebäude mit neuen pädagogischen Konzepten in eine bestehende MSchulbauR vermutlich schneller möglich wäre, und so auch kurzfristig eine Grundlage für alle Projektbeteiligten geschaffen werden könnte.

Die Schule bliebe in den meisten Bundesländern ein ungeregelter Sonderbau. Bei der Ermessungsfindung könnte die fortgeschriebene MSchulbauR dennoch sowohl Planer, Untere Bauaufsichten und Prüfsachverständige unterstützen.

7 Schule im Betrieb/im Bestand

Die Funktionsfähigkeit eines Brandschutzkonzeptes erweist sich tagtäglich im laufenden Betrieb der Schule. Dieses Kapitel zeigt anhand von Beispielen auf, welche brandschutztechnischen Fragestellungen häufig auftreten und welche Lösungsmöglichkeiten bestehen.

7.1 Bestandschutz

Für die Einhaltung der Baugenehmigung ist der Bauherr und Eigentümer des Gebäudes verantwortlich, um den sog. Bestandschutz zu wahren. In vielen Schulen besteht immenser Platzmangel. Dies ist zum einen der Fall, weil mehr Schüler aufgenommen werden müssen. Zum anderen müssen Funktionen, wie Förderunterricht, Ganztagsangebote, Mittagsbetreuung, Schulbibliothek oder Speiseräume, zusätzlich integriert werden. Nur ein Teil des Bedarfs kann über Doppelnutzung und Nutzungsverschiebungen gedeckt werden, die meist noch von der Baugenehmigung umfasst sind.

Zum Bestandschutz in bestehenden Gebäuden erläutert die Oberste Baubehörde im Bayerischen Staatsministerium des Innern:

„Bestandsgeschützt ist eine bauliche Anlage, wenn sie genehmigt und genehmigungskonform errichtet worden ist („formeller Bestandschutz") oder wenn sie zum Zeitpunkt ihrer Errichtung geltendem Recht entsprochen hat („materieller Bestandschutz") und danach nicht rechtswidrig geändert worden ist" (Vollzugshinweise zu Brandschutz in bestehenden Gebäuden, 2011, Punkt 1.1).

Häufig werden in Schulen die zahlreichen Nebenräume, wie z. B. Abstellräume, Dachspeicher oder Lagerräume im Keller, welche bisher nicht für den Aufenthalt bestimmt waren, für den erhöhten Raumbedarf herangezogen. Auch wenn manche Nutzungsänderung geduldet wird, weil sie kurzfristig und nur vorrübergehend erforderlich ist, müssen mindestens 2 unabhängige bauliche Rettungswege sichergestellt sein. Um Zweckentfremdungen und Verlust von Bestandschutz zu vermeiden, sollte im Vorfeld immer geprüft werden, ob im Bestand Fehlbelegungen durch andere Nutzungen vorliegen. Typische Beispiele hierfür sind Klassenräume, welche als Abstellraum, Bücherlager oder Einzelbüro genutzt werden. Eine Umstrukturierung ist hier oft nicht nur unbürokratischer und kostengünstiger möglich, sondern auch wesentlich schneller durchführbar als ein Baugenehmigungsverfahren mit vielen Planungsbeteiligten.

Der Schutz von baulichem Eigentum im Sinne von Bestandschutz im Baurecht ist in den Bundesländern in den jeweiligen Landesbauordnungen geregelt.

„Der Bestandschutz endet, wenn Verhältnisse geschaffen werden, die durch die Baugenehmigung (einschließlich der genehmigten Bauvorlagen) nicht abge-

deckt [...] sind“ (Vollzugshinweise zu Brandschutz in bestehenden Gebäuden, 2011, Punkt 1.3).

Im Regelfall ist es für nicht geregelte Sonderbauten wie Schulen einfacher „formellen Bestandschutz“ nachzuweisen, da die Genehmigungen zu diesen Gebäuden meist Auflagen über die bekannten Anforderungen aus dem Baurecht hinaus enthielten. Für den späteren Nachweis von Bestandschutz ist die Aufbewahrung der vollständigen Baugenehmigung mit den Planunterlagen, dem Brandschutznachweis und dem Schriftsatz mit möglichen Auflagen und Hinweisen auf Revisionseinträge zwingend erforderlich.

Der Bauherr sollte sich nicht auf die Archivierung der Unterlagen bei den Bauaufsichten verlassen. Zur Rechtsberatung zum Thema Bestandschutz sollte immer ein Fachanwalt hinzugezogen werden.

Praxistipp

Eine Kopie der Bauantragsunterlagen und der gültigen Baugenehmigung sollte in der Schule vorliegen.

7.2 Wiederkehrende Prüfungen von Schulen

Je nach Bundesland sind wiederkehrende Prüfungen von Sonderbauten unterschiedlich geregelt. Eine regelmäßige Überprüfung durch die Bauaufsichtsbehörde hinsichtlich der Einhaltung der Baugenehmigung ist gesetzlich für Schulen in den wenigsten Bundesländern vorgesehen. In Nordrhein-Westfalen prüfen die Bauaufsichtsbehörden entsprechend des § 10 der Prüfverordnung Schulen in einem Turnus von 6 Jahren.

Dennoch können in regelmäßigen Abständen Begehungen durchgeführt werden. Dies geschieht meist im Rahmen der wiederkehrenden Prüfung von Versammlungsstätten, deren regelmäßige Kontrolle die MVStättVO regelt:

„[1]Die Bauaufsichtsbehörde hat Versammlungsstätten in Zeitabständen von höchstens drei Jahren zu prüfen. [2]Dabei ist auch die Einhaltung der Betriebsvorschriften zu überwachen und festzustellen, ob die vorgeschriebenen wiederkehrenden Prüfungen fristgerecht durchgeführt und etwaige Mängel beseitigt worden sind“ (§ 46 Abs. 3 Satz 1 und 2 MVStättVO).

Diese Vorschrift ist auch auf bereits bestehende Versammlungsstätten und für bestehende Räume, die in den Geltungsbereich der aktuellen MVStättVO fallen, anzuwenden. Der Umfang der wiederkehrenden Prüfungen liegt im Ermessen der Bauaufsichten. Eine gute Übersicht, welche Punkte in diesem Zusammenhang geprüft werden sollten, findet sich in den Handlungsempfehlungen zur Hessischen Bauordnung (2013).

7.3 Brandverhütungsschau – Feuerbeschau

Im Rahmen der Brandverhütungsschau bzw. Feuerbeschau wird keine bauordnungsrechtliche Überprüfung durchgeführt. Die rechtlichen Grundlagen zur Brandverhütungsschau sind in den Bundesländern unterschiedlich geregelt. Inhaltlich wird das gleiche Ziel verfolgt:

„Die Brandverhütungsschau dient dazu, Gefahren für Leben, Gesundheit, Eigentum oder Besitz, die durch Brände oder Explosionen entstehen können, bei bestehenden baulichen Anlagen zu verhüten“ (Positionspapier zum Vorbeugenden Brand- und Gefahrenschutz, 2017, Anlage 2).

Die Begehungen werden meist durch die für öffentliche Sicherheit und Ordnung zuständigen Ämter der Gemeinden durchgeführt und nicht durch die Bauaufsichten. Die Feststellung und Aufnahme von Mängeln liegt im Ermessen derjenigen, die mit der Durchführung der Brandverhütungsschau beauftragt sind. Eine Zusammenstellung möglicher Prüfinhalte hat der AGBFbund veröffentlicht (vgl. „Positionspapier zum Vorbeugenden Brand- und Gefahrenschutz“, 2017).

Für den Betreiber der Schule, insbesondere aber für die Verantwortlichen in den Schulen vor Ort, bieten diese Begehungen zum einen Hilfestellung für die Beurteilung von Gefahren im Falle eines Brandes, zum anderen stellen sie jedoch einen Eingriff in die „Alltagsroutine“ im Gebäudes dar.

7.3.1 Betriebliche Mängel

Im Regelfall werden überwiegend Mängel erfasst, die auf falsches Nutzerverhalten zurückzuführen sind, z. B. ausgehängte Obentürschließer, Dekorationen aus brennbaren Materialien, offene Mülleimer, unzulässig verkeilte Türen mit Brandschutzfunktion. Diesen betrieblichen Mängeln kann im Rahmen der Mitarbeiterunterweisung und der Brandschutzerziehung der Schüler begegnet werden.

Häufig werden in der Brandverhütungsschau betriebliche Mängel vorgefunden, welche durch mangelnden Gebäudeunterhalt entstehen. Dazu gehört z. B. die fehlende Wartung von Türen mit Brandschutzfunktion, Feuerlöschern und anderen sicherheitstechnischen Einrichtungen, wie z. B. Rauchableitungsöffnungen oder Sicherheitsbeleuchtung. Diese Mängel können durch klare Verantwortlichkeiten für den Gebäudeunterhalt vermieden werden.

Insbesondere unzulässige Brandlasten in Rettungswegen sind für alle Beteiligten ein Ärgernis. Regelmäßig müssen im Nachgang an eine Brandverhütungsschau alle Brandlasten aus Rettungswegen entfernt werden. Die hohe Verantwortung gegenüber den Schülern hat Vorrang vor praktischen Erwägungen. Für den laufenden Betrieb bieten die Empfehlungen zur Risikoeinschätzung von Brandlasten in Rettungswegen, welche der AGBFbund veröffentlicht hat, auch für Schulleitungen eine erste Übersicht für den Schulalltag (vgl. Empfehlungen zur Risikoeinschätzung von Brandlasten in Rettungswegen, 2014).

So ist das Aufstellen von Mülleimern in Fluren hinsichtlich des Gebrauchs im Schulalltag unvermeidbar. Es gibt eine Vielzahl von Produkten aus nichtbrennbaren Materialien, teils mit selbstlöschenden Eigenschaften, die eingesetzt werden können, sofern die Rettungswegbreiten nicht eingeschränkt werden.

Anders verhält es sich mit den Schülergarderoben. Diese können meist aus Platzgründen nicht „wegorganisiert“ werden. Zudem ist der Bedarf, je nach Altersstufe, unterschiedlich. Besonders in Grundschulen werden dort neben

Abb. 7.1: Spinde im notwendigen Flur

Jacken an Haken auch Hausschuhe, Turnbeutel sowie Ersatzbekleidung in offenen Fächern aufbewahrt. Meist sind Bänke zum Umkleiden erwünscht. Die Garderoben sollen sich in unmittelbarer Nähe zum Unterrichtsbereich befinden.

In weiterführenden Schulen sollen Schulmaterialien und Sporttaschen in absperrbaren Spinden untergebracht werden (siehe Abb. 7.1). Allerdings müssen diese wegen des häufigen Wechsels in Fachklassen nicht zwingend einem Unterrichtsraum zugeordnet werden, sondern besser gut erreichbar an einer möglichst zentralen Stelle liegen.

Auch im laufenden Betrieb bestehen meist verschiedene Optionen, um auf Brandlasten in Fluren zu reagieren. Die einfachste Möglichkeit ist die Verlagerung der Garderoben in einen separaten Raum, z. B. in ein leerstehendes Klassenzimmer, in einen Raum, der wenig Aufenthaltsqualität hat, oder in einen Gemeinschaftsraum wie Bücherei oder Pausenraum. Kann keine betriebliche Lösung gefunden werden, sollte zunächst das genehmigte Rettungswegkonzept geprüft werden.

Im Bestand sind folgende Optionen denkbar, die häufig verfahrensfrei möglich sind:

- Nachweis anderer baulich unabhängiger Rettungswege
- Bypass-Türen
- Klassenraumtüren
- Türen in verschiedene Rauchabschnitte
- Ertüchtigung von Türen zu bereits genehmigten Pausenhallen

Ein Bauantrag mit Brandschutznachweis wird meist erforderlich bei Nutzungsänderungen von notwendigen Fluren in Spielflure sowie bei der Ausbildung von Clustern, wenn diese einen Eingriff in das Rettungswegkonzept erfordern. Ebenso ist die Nutzungsänderung eines Treppenraumes in eine Halle, z. B. als Gemeinschaftsbereich mit Garderoben, genehmigungspflichtig.

Abb. 7.2: Defekte Rauchschutztür

Abb. 7.3: Kennzeichnung von Türen mit Brandschutzfunktion

7.3.2 Bauliche Mängel

Es können im Protokoll zur Brandverhütungsschau auch bauliche Mängel aufgeführt werden. Allerdings wird dabei kein Abgleich mit der Baugenehmigung durchgeführt und eine Abwägung hinsichtlich des Bestandschutzes findet nicht statt. Da die Begehungen nicht die Anpassung des bestehenden Gebäudes an baurechtliche Vorschriften zum Zweck haben, wird in diesen Fällen die Bauaufsichtsbehörde, welche für die Baugenehmigung zuständig ist, über den Befund der Brandverhütungsschau informiert.

Ein häufiger Mangel, der in bestehenden Schulen anzutreffen ist, ist die unsachgemäße Verlegung von Elektroleitungen. Dies ist der allgemein geringen Installationsdichte in älteren Gebäuden geschuldet, die im modernen Schulalltag nicht mehr ausreicht. Da Schulen häufig über eigene Budgets für elektrische Geräte und EDV-Anlagen verfügen, werden diese oft ohne Kenntnis des Brandschutznachweises nachträglich verkabelt. Um Klassenräume auf kurzem Weg ohne Störung des Unterrichts zu versorgen, werden diese Leitungen häufig in den abgehängten Decken von Fluren verlegt, ohne dass die Anforderungen nach der Leitungsanlagenrichtline beachtet werden.

Derartige Mängel können ebenfalls durch klare Regelungen zum Gebäudeunterhalt vermieden werden. Hierfür muss das Bewusstsein der Schulleitungen vor Ort geschult werden, damit diese erkennen, dass es sich um einen Eingriff handelt, der brandschutztechnisch beurteilt werden muss. Auch wenn es sich um einen Mangel handelt, der im laufenden Betrieb entstanden ist, ist dies ein baulicher Mangel, der von der Bauaufsichtsbehörde beurteilt werden muss.

Ebenso stellen Türen, die ihre Funktion als Rauchschutztür nicht mehr erfüllen, einen baulichen Mangel dar. In Abb. 7.2. ist die Rauchdichtigkeit aufgrund fehlender Dichtungen nicht mehr gegeben, auch der Deckenanschluss ist zu prüfen.

Ein weiterer typischer baulicher Mangel, der bei der Brandverhütungsschau aufgegriffen wird, ist ein fehlender zweiter baulicher Rettungsweg für einzelne Räume, wie er nicht nur bei älteren Gebäuden angetroffen wird. Ob dieser Punkt berechtigt bemängelt wird, lässt sich nur aus der Baugenehmigung entnehmen. Es handelt sich um einen baulichen Mangel, der von der Bauaufsichtsbehörde beurteilt werden muss. Die Situation muss hinsichtlich des Bestandschutzes überprüft werden. Die Bauaufsichtsbehörde kann ggf. Ersatzmaßnahmen anordnen, wie z. B. Bypass-Türen oder Außentreppen.

7.4 Schulimmanente Veranstaltungen

Nicht jede Schule verfügt über einen Versammlungsraum für Veranstaltungen. Deshalb stellt sich immer wieder die Frage, ob die Begrüßungsfeier zum Schuljahresanfang, das Weihnachtskonzert, der Faschingsball oder ein Schulbazar in den Räumen der Schule, wie z. B. der Turnhalle, der Eingangshalle oder der Mensa durchgeführt werden darf oder ob derartige Veranstaltungen entsprechend bei der Bauaufsicht angemeldet werden müssen.

Die rechtlichen Regelungen für die Zuständigkeiten bei diesen Veranstaltungen sind länderspezifisch, sodass es empfehlenswert ist, sich zunächst an die örtlichen Ordnungsämter zu wenden. In Bayern und Niedersachsen werden auch die zuständigen Bauaufsichtsbehörden beteiligt, wenn Veranstaltungen mit mehr als 200 Besuchern nur vorübergehend in Räumen durchgeführt werden, die nicht den Vorschriften der jeweiligen VStättV entsprechen. In Bayern ist eine Veranstaltung *„der zuständigen Bauaufsichtsbehörde unter Angabe von Art, Ort, Zeitpunkt und Dauer der Veranstaltung sowie der voraussichtlichen Teilnehmerzahl rechtzeitig anzuzeigen“* (§ 47 Bayerische VStättV).

Ziel dieser Anzeige ist es, einzelne Veranstaltungen ausnahmsweise in Räumen auch ohne entsprechende Baugenehmigung zu ermöglichen, z. B. ein Vereinsfest in einem Gewächshaus.

Die Oberste Baubehörde in Bayern schreibt zur Klarstellung:

„Veranstaltungen, die mit zum Wesen der spezifischen Nutzung eines Gebäudes gehören, zählen nach unserer Auffassung nicht zu den Veranstaltungen, auf die die Regelung des § 47 VStättV ausgerichtet ist. Zum Wesen der Nutzung eines Schulgebäudes gehört auch die Durchführung bestimmter Arten von Veranstaltungen, die dem Schulbetrieb immanent sind, wie z. B. eine Einschulungsveranstaltung, eine Abiturfeier, ein Elternabend oder eine Aufführung von Schülern vor ihren Eltern und Lehrern. [...] Für sie ist auch die Anwendung des Verfahrens nach § 47 VStättV nicht veranlasst“ (Hinweise zu Veranstaltungen in Schulen, 2011).

Begründet wird diese Klarstellung damit, dass Schulveranstaltungen in der Regel keine *„Veranstaltungen vor externem, ortsunkundigem Publikum“* (ebd.) sind, sondern dem Großteil des Publikums die Räumlichkeiten bekannt sein dürften. Die Oberste Baubehörde weist in diesem Schreiben jedoch darauf hin:

„Die Durchführung solcher schulischer Veranstaltungen liegt, wie der Schulbetrieb, zu dem sie gehören, in der Verantwortung des Betreibers“ (ebd.).

Unabhängig davon, ob eine schulimmanente Veranstaltung für einen Unterrichtsraum, eine Turnhalle oder einen Mehrzweckraum anzeigepflichtig ist oder nicht, sollten durch den Veranstalter, hier also die Schulleitung, immer die Rahmenbedingungen geprüft werden:

Bei der Durchführung sollte die Teilnehmerzahl immer auf die zur Verfügung stehenden Rettungswegbreiten beschränkt werden. Diese kann umgekehrt zum beschriebenen Verfahren in Kapitel 5.3.7 berechnet werden. Dabei ist zu beachten, ob die geplante Veranstaltung gleichzeitig zum Unterricht erfolgt oder außerhalb der Unterrichtszeiten stattfindet. So ist der Schulfasching in der Eingangshalle in den Abendstunden unproblematischer als eine Einschulungsveranstaltung, während im Gebäude bereits regulär unterrichtet wird. Hier kann z. B. ein gestaffelter Unterrichtsbeginn am ersten Schultag Abhilfe schaffen.

Weitere Maßnahmen sind in der Regel betrieblicher Art und können in Anlehnung an die Betriebsvorschriften und mit Blick auf die Anpassungsvorschriften für bestehende Versammlungsstätten nach MVStättVO getroffen werden.

Verschiedene Seiten empfehlen, die Genehmigung mindestens eines Raumes als Versammlungsraum zu beantragen, um flexible Nutzungen zu ermöglichen und auch die Verantwortung für den laufenden Betrieb zu vereinfachen. Im Rahmen einer solchen Nutzungsänderung, ergeben sich jedoch häufig Anpassungspflichten, die weit über den Nachweis von genügend Rettungswegbreiten hinausgehen und kostenintensive brandschutztechnische Ertüchtigungen nach sich ziehen. Diese Vorgehensweise ist genau abzuwägen, zumal der Nutzen für die Schule selbst oft gering ist. Für den Kostenträger ist eine Investition möglicherweise lohnend, wenn damit z. B. auch ein Raum für externe Veranstaltungen geschaffen wird.

Auch wenn die Schule über einen für Veranstaltungen genehmigten Versammlungsraum verfügt, sollte stets geprüft werden, ob im Rahmen der Baugenehmigung möglicherweise Abweichungen erteilt wurden, welche externe Veranstaltungen verbieten. Dies müssen nicht immer brandschutztechnische Gründe haben. Es kann auch aufgrund von Lärmschutz oder fehlenden Stellplätzen zu Einschränkungen kommen.

7.5 Schule gestalten

Da die Aufenthaltszeiten in Schulgebäuden immer länger werden, nimmt auch der Wunsch der Schüler und Lehrer nach Aneignung und Individualisierung des Gebäudes zu. Prinzipiell sollte unterschieden werden, ob eine Maßnahme im Treppenraum, im notwendigen Flur oder innerhalb der Klassenräume durchgeführt wird.

Innerhalb von Klassenräumen, Unterrichtsräumen oder Lernbereichen bestehen in der Regel keine brandschutztechnischen Anforderungen. Es ist darauf zu achten, dass die Rettungswegführung nicht eingeschränkt wird.

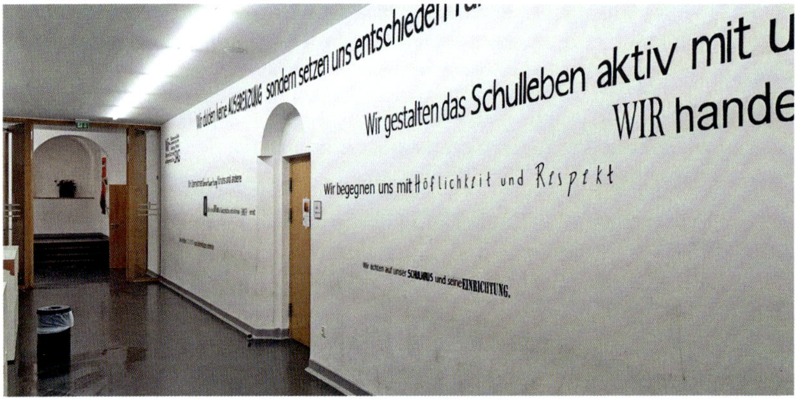

Abb. 7.4: Wandgestaltung im Städt. St. Anna Gymnasium, München

In den allgemein zugänglichen Bereichen ist eine Vielzahl von brandschutztechnischen Regelungen zu beachten. Hinzu kommen Gesichtspunkte aus dem Arbeits- und Unfallschutz. Das Grundprinzip der Rettungswegverläufe und der Rettungswegbreiten sollte durch die Schulhausgestaltung nicht eingeschränkt werden. Dabei entspricht die vorhandene Flurbreite nicht immer der Rettungswegbreite. Diesen Spielraum gilt es zu nutzen. Anhaltspunkt für die Rettungswegbreiten, die tatsächlich freigehalten werden müssen, lassen sich aus der Barrierefreiheit (1,5 m lichte Breite) oder der lichten Breite von Türen im Verlauf der Rettungswege (Türen zu Treppenräumen) ableiten. Die Fläche hinter Türflügeln, die in den Fluchtweg einschlagen, zählt meist nicht zur Rettungswegbreite. Auch bietet sich die Nutzung und die Gestaltung bereits vorhandener Nischen sowie der Enden von Stichfluren an.

Hinsichtlich der Materialien können unterschiedlichste Anforderungen bestehen. Es ist darauf zu achten, dass grundsätzlich keine leichtentflammbaren Baustoffe verwendet werden. Nichtbrennbare Materialien sind (fast) immer unproblematisch, jedoch bei der Verarbeitung oft schwierig. Alle anderen Materialien sind hinsichtlich der Einbausituation einzelfallbezogen zu beurteilen. Bei der Betrachtung ist auch zu berücksichtigen, ob die Gestaltungselemente fest verankert oder nur lose aufgestellt wird.

Hinweis

Die folgenden Beispiele müssen daher stets auf Zulässigkeit im konkreten Einzelfall geprüft werden!

7.5.1 Wände und Decken

Ein einfaches Mittel für die Gestaltung der Schule sind Wandmalereien und Schriften an Wänden.

Diese greifen weder in den Rettungsweg ein, noch stellen sie eine Brandlast dar (siehe Abb. 7.4).

Abb. 7.5: Fliesengestaltung an einer Klassenzimmertür (Foto: Tankred Winter, München)

Malereien können mittels Stuckaturen aus nichtbrennbaren Gips- und Drahtkonstruktionen zu Reliefs weiterentwickelt werden. Wandmosaike können aus nichtbrennbaren Baustoffen wie Keramik oder Glas ausgeführt werden (siehe Abb. 7.5).

Auch das Anbringen von Papier-Tapeten ist im Regelfall nicht schädlich. Diese können zudem – je nach Verwendungsart – leicht wieder entfernt werden. Sie stellen zudem keine unzulässige Bekleidung im notwendigen Flur dar! Durch die flächige Verbindung mit den Wänden ist die Brandgefahr gegenüber lose aufgehängten Papierbahnen sehr stark eingeschränkt. Die DIN 4102-4: „Brandverhalten von Baustoffen und Bauteilen –Teil 4: Zusammenstellung und Anwendung klassifizierter Baustoffe, Bauteile und Sonderbauteile" (2016) beschränkt die Dicke auf max. 0,5 mm, um die Klassifizierung nichtbrennbarer Baustoffe nicht zu beeinträchtigen. Vor der Durchführung sollte Rücksprache mit dem Tapetenhersteller bezüglich des Materials und dessen Verwendung gehalten werden.

7.5.2 Feste Einbauten/Möblierung

Die Schwierigkeit bei der Beurteilung von Möblierung in Rettungswegen besteht darin, dass für diese baurechtlich keine Anforderungen definiert sind. Am häufigsten besteht der Wunsch nach zusätzlichen Sitzgelegenheiten und Polsterecken, auch Pflanzen werden oft gewünscht.

Werden die Rettungswegbreiten nicht eingeschränkt, können Möbel aus nichtbrennbaren Baustoffen in allen Bereichen eingesetzt werden. Sie sind,

Abb. 7.6: Festinstallierte Sitzbank mit Tisch aus nichtbrennbaren Baustoffen im Treppenraum; Entwurf: KarlundP Architekten, München

Abb. 7.7: Nichtbrennbare Baustoffe, siehe Abb. 7.6

sofern sie fest montiert werden, nicht nur in notwendigen Fluren, sondern als Einbauten auch in Treppenräumen zulässig. Als Materialien kommen alle nichtbrennbar klassifizierten Baustoffe der Baustoffklasse A1 und A2 nach DIN 4102-1 „Brandverhalten von Baustoffen und Bauteilen – Teil 1: Baustoffe; Begriffe, Anforderungen und Prüfungen“ (1998), europäisch harmonisiert nach der DIN EN 13501-1: „Klassifizierung von Bauprodukten und Bauarten zu ihrem Brandverhalten“ (2019) in Frage, z. B. Beton, Metall- und Stahlbauteile und nichtbrennbare Textilgewebe sowie Plattenwerkstoffe (siehe Abb. 7.6 und Abb. 7.7).

Eine intensive Einzelfallbetrachtung ist bei der Verwendung von schwerentflammbaren Baustoffen „B1“ nach DIN 4102-1 und normalentflammbaren Baustoffen „B2“ nach DIN 4102-1, beide ebenfalls europäisch harmonisiert nach EN 13501-1, immer vorzunehmen.

7.5.3 Schülerprojekte

Besonders in der Oberstufe steht in den sog. Praxisseminaren den Schülern Zeit zur Verfügung, um nachhaltige Projekte zu entwickeln, von denen alle Schüler profitieren. Zum Beispiel können Schüler die Brandschutzerziehung für ihre Mitschüler organisieren und eine Schulung für die unterschiedlichen Altersstufen planen. Ein solches Projekt vertieft auch für die Organisatoren die erworbenen Kenntnisse. Der Einsatz von Feuerlöschern kann geübt werden, was wiederum deren Missbrauch reduziert.

Ein weiteres Projekt könnte es sein, die Gestaltung eines Leitsystems durch das Schulgebäude nach dem Mehr-Sinne-Prinzip zu entwickeln. Skulpturen

Abb. 7.8: Analyse nutzbarer Flächen im Schulgebäude (Quelle: Jan Weber-Ebnet, München)

Abb. 7.9: Entwurf für Sitzgelegenheiten (Quelle: Jan Weber-Ebnet, München)

aus Stahl können als Wegweiser dienen oder Schautafeln aus Metall das Gebäude in 3-D erklären.

Ein sehr besonderes Beispiel ist die Arbeit „Mikroprojekte" des Abiturjahrgangs 2020 am Gymnasium Neubiberg, welche als Praxisseminar im Rahmen des Kunstunterrichts stattfand (Weber-Ebnet, 2020). Die Schüler wollten mit ihren Arbeiten die Schule mittels Möblierung so gestalten, dass schlecht nutzbare Bereiche oder gar ungenutzter Raum den Kindern aller Jahrgangsstufen mehr Aufenthaltsqualität bieten.

Nach einer anfänglichen Bestandsaufnahme und Analyse durch die Schüler (siehe Abb. 7.8) wurden kleine Entwürfe für Sitzlandschaften, Arbeitsplätze, Garderoben, Fundsachenstelle usw. entwickelt. Diese wurden auch als Modelle gebaut (siehe Abb. 7.9). Das Projekt wurde zunächst von einem Architekten und dem Kunsterzieher begleitet. Die größte Sorge der Schüler bestand darin, dass seitens der Behörden – insbesondere unter dem Verweis auf den Brandschutz – eine Realisierung der Projekte verhindert wird. Da der Schulleitung der Brandschutznachweis für das Gebäude vorlag, konnten

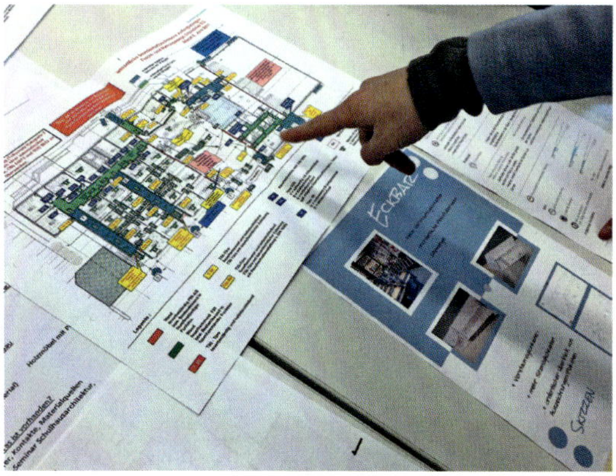

Abb. 7.10: Überprüfung im Brandschutznachweis (Quelle: Jan Weber-Ebnet, München)

Abb. 7.11: Bau von Modellen im Maßstab 1:1 (Quelle: Jan Weber-Ebnet, München)

die verschiedenen Standorte vorab durch eine Brandschutzplanerin brandschutztechnisch beurteilt werden (siehe Abb. 7.10).

Anschließend wurden einige Entwürfe als 1:1 Modelle gebaut, um den Raumeindruck zu prüfen, die Akzeptanz bei den Schülern zu testen und die Schulleitung zu überzeugen (siehe Abb. 7.11).

Im nächsten Schritt folgte ein Abstimmungsgespräch mit der Unteren Bauaufsicht hinsichtlich der Übereinstimmung der Entwürfe mit der Baugenehmigung und dem genehmigten Brandschutznachweis. Die Schüler konnten ihre Projekte vorstellen und das Beratungsgespräch mitverfolgen. Anschließend bezogen die Schüler Anregungen und Einwände der Behörde in die weitere Planung mit ein, so z. B. Aspekte zur Barrierefreiheit oder die Wahl der Materialien nach Baustoffklassen. Nach Klärung der baurechtlichen Aspekte wurden auch die Belange des Unfallschutzes mit dem zuständigen Mitarbeiter der Kommunalen Unfallkasse Bayern abgestimmt. Für die finale

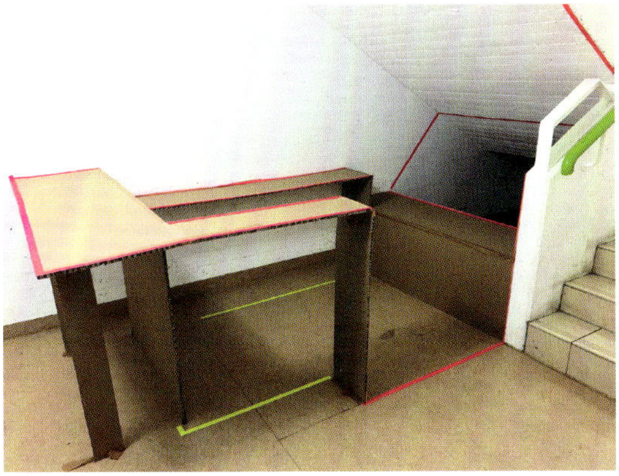

Abb. 7.12: Sitzmöbel unterhalb einer notwendigen Treppe (Quelle: Jan Weber-Ebnet, München)

Umsetzung des Projektes musste außerdem die Erlaubnis des Gebäudeeigentümers und des Betreibers eingeholt werden.

Ein Sitzmöbel unmittelbar neben einem Ausgang aus dem Theatersaal (Versammlungsraum) unterhalb einer notwendigen Treppe schien zunächst brandschutztechnisch nicht realisierbar. Bei der Beurteilung der Planung anhand des bestehenden und genehmigten Brandschutznachweises stellte sich jedoch heraus, dass der Brandschutzplaner bereits in seinem Konzept von 2009 keinen Rettungsweg aus dem Versammlungsraum über diesen Ausgang nachgewiesen hatte. Außerdem wurde die notwendige Treppe nicht innerhalb eines Treppenraumes geplant, sondern als Teil der Pausenhalle betrachtet:

Deshalb konnte die Möblierung aus 25 mm starken Tischlerplatten in Holz ohne Brandschutzanforderung ausgeführt werden. Sie dient nun dem Kartenverkauf bei Theaterveranstaltungen und als Arbeitsplatz zwischen den Schulstunden (siehe Abb. 7.12).

Die Schüler lernten bei diesem Projekt die vielfältigen Problemstellungen und die unterschiedlichen Betrachtungsweisen der Beteiligten kennen. Das Seminar bot damit auch einen Einblick in die unterschiedlichen Berufsfelder im Bereich Architektur, insbesondere den Schwerpunkt Brandschutz.

8 Praxisbeispiele

Im folgenden Kapitel werden anhand von konkreten Beispielen die unterschiedlichen Gebäudetypologien von Bildungseinrichtungen und die damit verbundene schutzzielorientierte Betrachtung aufgezeigt.

Die vorgestellten Projekte unterliegen dem Urheberrecht der Architekten und Nachweisersteller. Sie sind das Ergebnis einer individuellen Planung. Die Brandschutznachweise werden in diesem Buch nur ansatzweise und nicht in allen Einzelheiten und Abweichungen erläutert. In den konkreten Planungen waren darüber hinaus eine Vielzahl von Rahmenbedingungen einzuhalten und brandschutztechnisch zu berücksichtigen.

Als Basis für alle Beispiele dienen die baurechtlichen Grundlagen, welche den Brandschutz betreffen, wie in Kapitel 3 erläutert wurde. Die Nachweise berücksichtigen die Aspekte der Schutzziele des § 14 MBO 2002. Dabei wurde eine Abwägung der besonderen Risiken wie in Kapitel 4 durchgeführt. Sämtliche vorliegenden Brandschutznachweise sind das Ergebnis von schutzzielorientierten Betrachtungen, die individuell auf das Projekt zugeschnitten sind. So ist es erklärbar, dass hier unterschiedliche, andere Wege und Ergebnisse möglich sind als die im Kapitel 5 vorgestellten Regelungen zu Anforderungen. Das Erreichen der Schutzziele und die Festlegung von Anforderungen sind ein eigenständiger Abwägungsprozess. Der anlagentechnische und der organisatorische Brandschutz wurden in allen Nachweisen berücksichtigt.

Die Praxisbeispiele werden zunächst kurz allgemein erläutert. Die Brandschutzanforderungen an Regelbauteile nach der Landesbauordnung, hier die Bayerische Bauordnung (BayBO), werden nur verkürzt dargestellt, um einen Fokus auf die unterschiedlichen Rettungswegkonzepte und Besonderheiten der Planung zu setzen. Verweise auf die MSchulbauR beziehen sich auf die Ausgabe von 2009. Die Abb. 8.1 bietet eine Legende für alle in diesem Kapitel enthaltenen Zeichnungen.

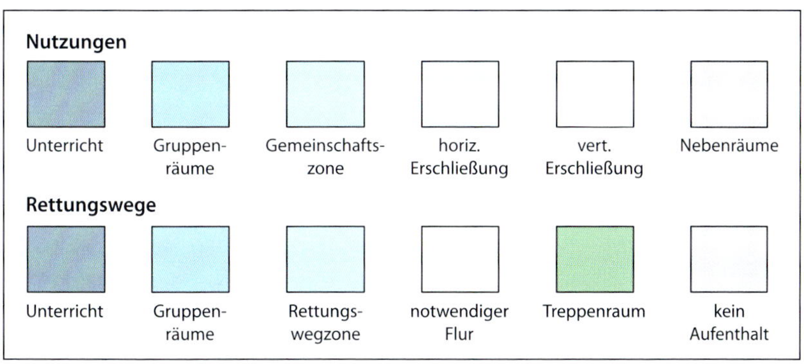

Abb. 8.1: Legende für Gebäudetypologie und Rettungswegstrategie

8.1 Ringschluss über notwendige Flure – Universität Augsburg MRM Gebäude

Abb. 8.2: Institut für Material Ressource Management, MRM, der Universität Augsburg; Entwurf: CODE UNIQUE Architekten GmbH, Dresden (Quelle: CODE UNIQUE Architekten GmbH, Dresden)

Bautafel

Bauherr	**Projektdaten**
Freistaat Bayern, vertreten durch Staatliches Bauamt Augsburg Holbeinstraße 10 86150 Augsburg	max. Ausdehnung: ca. 65 m × 65 m max. Fläche: ca. 4.200 m² Anzahl der Brandabschnitte: 2 Anzahl der Geschosse: KG, EG + 2 Gebäudeklasse: 5 Sonderbautatbestand: > 1.600 m² und Hochschule
Entwurfsverfasser CODE UNIQUE Architekten GmbH Katharinenstraße 5 01099 Dresden	
Nachweisersteller	**Rechtsgrundlagen**
Dipl.-Ing. (FH) Birgit Weldishofer Architektin Prüfsachverständige für Brandschutz Ingenieurbüro für Brandschutz Wankelstraße 3 86356 Neusäß	BayBO und VStättV in Anlehnung zur Abwehr von Nachteilen

Planung

Der Neubau der Universität Augsburg für das Institut für Material Ressource Management wurde als freistehender, quadratischer Baukörper mit 3 oberirdischen Geschossen geplant. Der Gebäudekomplex ist teilweise unterkellert. Lichthöfe gliedern den tiefen Baukörper und gewährleisten die Belichtung. Das Gebäude ist in 2 Brandabschnitte gegliedert und wurde aufgrund der Ausdehnung und der Höhenentwicklung in die Gebäudeklasse 5 eingestuft.

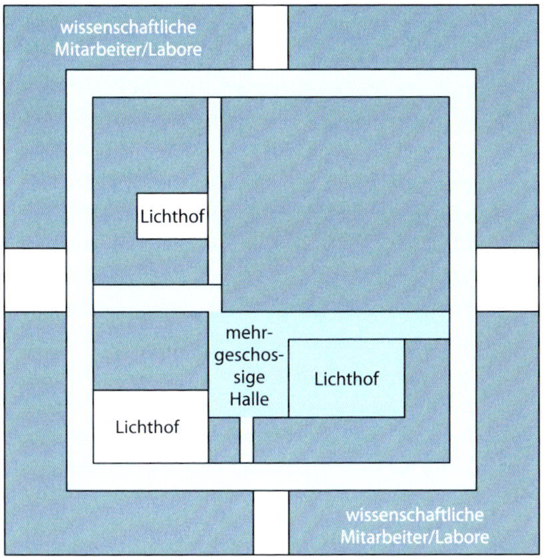

Abb. 8.3: Vereinfachte Gebäudetypologie mit Nutzungen, Regelgeschoss

Die 3 unterschiedlichen Forschungsbereiche teilen sich das Gebäude. Der Hauptzugang liegt in einem dreigeschossigen Hof, der im Erdgeschoss zur Straße geöffnet ist. Hier befinden sich ein Foyer als zweigeschossige Kommunikationszone und der Lehrbereich mit einem Hörsaal und mehreren Seminarräumen. In den angrenzenden und darüber liegenden Räumen sind sich Büros für wissenschaftliche Mitarbeiter und Verwaltung sowie Versuchshallen und Labore.

Bauteile allgemein

Die tragenden und raumabschließenden Bauteile einschließlich der Decken wurden feuerbeständig ausgeführt. Die Außenwände wurden aus nichtbrennbaren Baustoffen errichtet und deshalb ohne Feuerwiderstand ausgeführt. Zwischen den Fensterbändern wurde eine hinterlüftete Fassade aus Metallkassetten und Streckmetall vorgesehen. Für diese Ausführung wurde auf Anlage 2.6 zur DIN 18516-1 der zum Zeitpunkt der Planung geltende Liste der Technischen Baubestimmungen verwiesen. Darüber hinaus war im Bereich der Treppenräume gänzlich auf brennbare Baustoffe zu verzichten.

Über dem Hörsaal wurde eine feuerbeständige Decke zum Lichthof ausgebildet. Die Rauchableitungsöffnungen unterschreiten den Abstand von 5 m zu den aufgehenden Fassaden nur geringfügig um ca. 5 %. Aus Sicht der Nachweiserstellerin ist keine schnelle Brandweiterleitung durch die Wärmestrahlung über die Rauchabzugsöffnung zu befürchten, deshalb wurden an den aufgehenden Fassaden keine Maßnahmen verlangt.

Die Ausbildung von Trennwänden war erforderlich, um Teil-Nutzungseinheiten auszubilden und Deckenöffnungen zu sichern. Sie war aber zudem notwendig, um Räume wie z. B. Gasflaschenräume und Chemie-Lagerräume, für die eine Explosions- oder erhöhte Brandgefahr festgestellt wurde, gegenüber anderen Nutzungen abzugrenzen. Schutzzielorientiert wurden u. a. Trennwände für Versuchshallen und Technikräume festgelegt. Alle

Abb. 8.4: Hörsaal im Institut für Material Ressource Management; Entwurf: CODE UNIQUE Architekten GmbH, Dresden (Quelle: CODE UNIQUE Architekten GmbH, Dresden)

Trennwände führte man feuerbeständig aus. Das Tragwerk des obersten Geschosses wurde ebenfalls feuerbeständig geplant, um den oberen Anschluss der Trennwände feuerbeständig zu gewährleisten.

Das Gebäude ist mit einer in Ost-Westrichtung verlaufenden Brandwand in 2 Brandabschnitte unterteilt, deren Länge dennoch knapp 65 m beträgt. Diese Länge wurde durch eine feuerbeständige Wand, die sich in Nord-Südrichtung durch das Gebäude schlängelt, in etwa hälftig geteilt. Die Anordnung von notwendigen Fluren und Treppenräumen sowie die Ausbildung von feuerbeständigen Trennwänden im Bereich der Versuchshallen parzellieren das Gebäude. Abweichend wurden die Brandwände nicht überall 30 cm über Dach geführt, sondern es wurden beidseitig mind. 1,25 m feuerbeständige Kragplatten geplant.

Der Flachdachaufbau wurde im Bereich der Brandwände (2,5 m Streifen) mit Ausnahme einer brandlastarmen Abdichtungsfolie nichtbrennbar mit einer harten Bedachung aus nichtbrennbaren Baustoffen (Kies) ausgeführt.

Feuerhemmende, rauchdichte und selbstschließende Türen als Abschlüsse von Öffnungen in den Brandwänden wurden aufgrund der Lage im Bereich brandlastarmer Flure und des Foyers als ausreichend erachtet. Im Bereich der Treppenräume konnte der Verlauf der Brandwände deckungsgleich mit den Treppenraumwänden geplant werden.

Rettungswegführung

Im Gebäude wurden überwiegend notwendige Flure für die horizontale Rettungswegführung ausgeführt. Diese verbinden alle Treppenräume in einem Ringschluss miteinander. Das Foyer, eine mehrgeschossige Halle, dient im Regelfall nicht als Nachweis der Rettungswege aus den Obergeschossen. Stichflure konnten allerdings durch Zugänge zum Foyer vermieden werden, siehe dazu Abb. 8.5

Der Planausschnitt in Abb. 8.6 zeigt in etwa ein Viertel der Grundrissfläche im zweiten Obergeschoss.

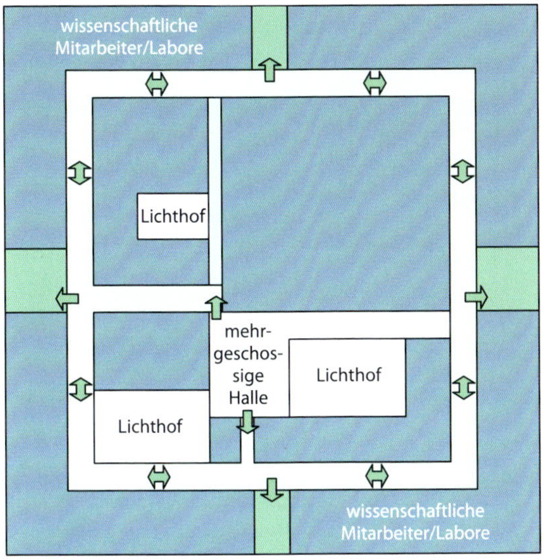

Abb. 8.5: Vereinfachte Darstellung der Rettungswegstrategie, Regelgeschoss

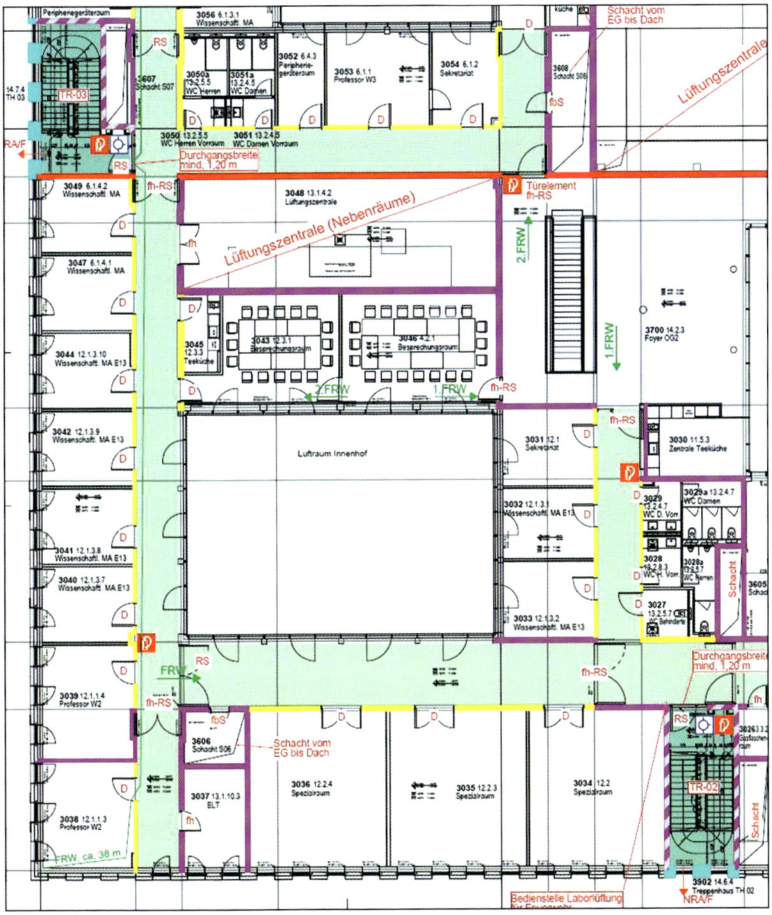

Abb. 8.6: Ringförmige Rettungswegführung über notwendige Flure; Brandschutzplanung: B. Weldishofer, Neusäß (Quelle: Weldishofer Planungsbüro für Brandschutz, Neusäß)

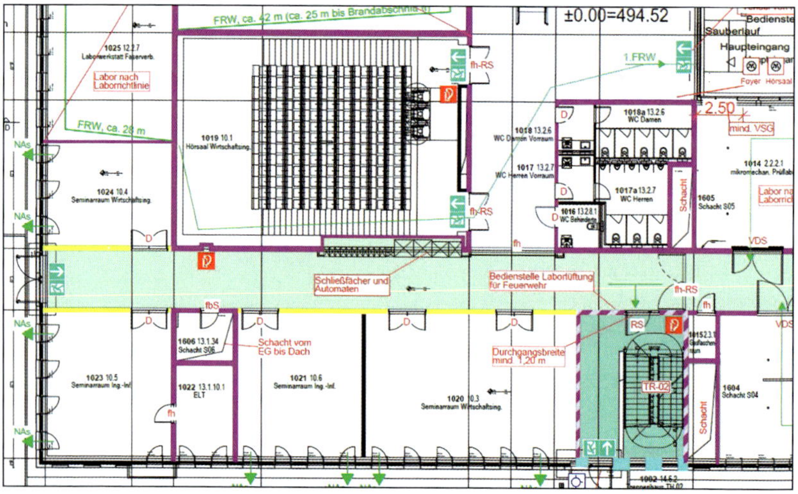

Abb. 8.7: Unabhängige Rettungswegführung im Erdgeschoss; Brandschutzplanung: B. Weldishofer, Neusäß (Quelle: Weldishofer Planungsbüro für Brandschutz, Neusäß)

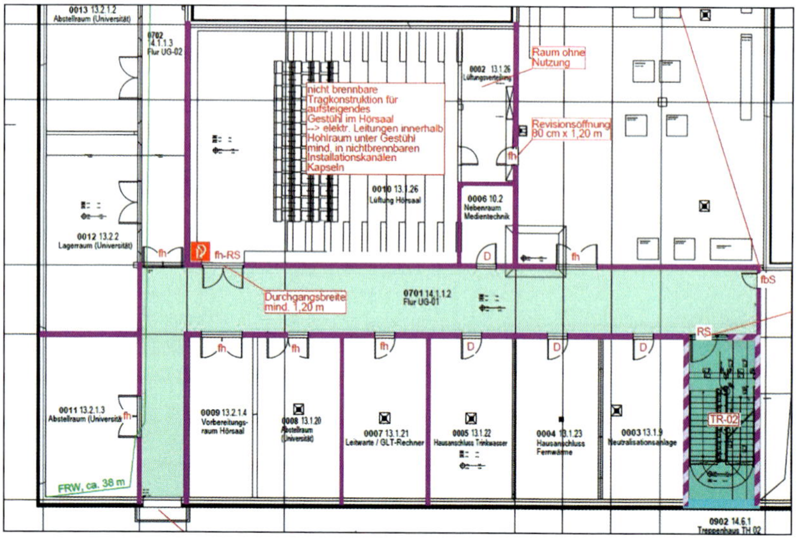

Abb. 8.8: Unabhängige Rettungswegführung im Erdgeschoss und Untergeschoss; Brandschutzplanung: B. Weldishofer, Neusäß (Quelle: Weldishofer Planungsbüro für Brandschutz, Neusäß)

Besonderheiten

Geltungsbereich der VStättV

Es sind keine Räume für Veranstaltungen mit mehr als 200 Personen vorgesehen. Um mit der Nutzung im Erdgeschoss nicht in den Geltungsbereich der VStättV zu fallen, wurde die Rettungswegführung für Hörsaal, Seminarräume und Foyer so gestaltet, dass auch keine gemeinsamen Rettungswege für mehr als 200 Besucher vorliegen (siehe Abb. 8.7 und Abb. 8.8).

Der Rettungsweg für die Nutzer des Foyers führt unmittelbar ins Freie.

Abb. 8.9: Foyer im Institut für Material Ressource Management (Quelle: CODE UNIQUE Architekten GmbH, Dresden)

Der Hörsaal verfügt im Erdgeschoss über einen Ausgang ins Foyer, dieser dient aber nur zur Sicherstellung eines der beiden Rettungswege. Aufgrund der absteigenden Stuhlreihen wird der weitere Rettungsweg über den Ausgang zum notwendigen Flur im Kellergeschoss zu einem Treppenraum nachgewiesen. Die Rettungswegbreiten im Kellergeschoss nehmen die komplette Besucherzahl des Hörsaals auf.

Beide Rettungswege der Seminarräume im Erdgeschoss führen über einen notwendigen Flur. Die erforderlichen Rettungswegbreiten werden von dort zum Ausgang ins Freie nachgewiesen. Der weitere Rettungsweg führt über einen Treppenraum zum Ausgang ins Freie. Im notwendigen Flur befinden sich Getränkeautomaten und Schließfächer. Um auf die Brandlasten zu reagieren, wurden in den Seminarräumen Fenster als Notausstiege vorgesehen (siehe Abb. 8.7).

Foyer

Innerhalb des Foyers führt vom Erdgeschoss bis zum zweiten Obergeschoss die Haupterschließung (siehe Abb. 8.9). Das Foyer, dem in jedem Geschoss Teeküchen zugeordnet sind, dient den Studenten und Mitarbeitern der Institute als Aufenthalts- und Kommunikationsbereich. Dieser wird aufgrund der festgelegten Personenzahl unter 200 Besucher nicht als Versammlungsraum beurteilt. Wegen der Brandlasten wurde der Raum nicht als Treppenraum behandelt, sondern es wurden die Deckenöffnungen mit feuerbeständigen Wänden und mit der Brandwand zu den angrenzenden Nutzungen abgeteilt. Die Türen einschließlich der Zugänge zu notwendigen Fluren wurden als feuerhemmende, rauchdicht- und selbstschließende Abschlüsse ausgeführt. Dies stellte eine abweichende Ausführung von der Anforderung feuerbeständig in Bezug auf die Deckenöffnung und auch hinsichtlich der Öffnungen in der Brandwand dar.

Das Foyer dient mit Ausnahme des Hörsaals und eines unmittelbar angrenzenden Besprechungsraumes im zweiten Obergeschoss nicht als Rettungsweg. Unter der Maßgabe, dass das Foyer zu den angrenzenden Nutzungen feuerbeständig abgeteilt ist und an oberster Stelle eine Rauchabzugsöffnung mit 1 % der Grundfläche in Anlehnung an § 16 VStättV ausgeführt wurde, wurde die Rettungswegführung als ausreichend sicher erachtet.

Als Kompensation konnte in diesem Beispiel das Foyer mit automatischen Rauchmeldern überwacht werden, da aufgrund der Objektgröße und der Labornutzungen ohnehin eine Brandmeldeanlage geplant war.

Anlagentechnische Maßnahmen

Das Gebäude verfügt über eine Blitzschutzanlage, welche auch die sicherheitstechnischen Einrichtungen schützt. Die Zentralbatterie für die Notstromversorgung der sicherheitstechnischen Einrichtungen wurde entsprechend der Verordnung über den Bau von Betriebsräumen für elektrische Anlagen (EltBauV) geplant. Alle Flure und Treppenräume sowie das Foyer sind mit einer Sicherheitsbeleuchtung ausgestattet.

Die aufgeschaltete Brandmeldeanlage einschließlich interner Alarmierung in allen Aufenthaltsräumen wurde auf Basis der DIN 14675 und VDE 0833 als Teilschutz-Kategorie 2 vorgesehen. Dabei wurden u. a. Hohlräume unter dem Gestühl des Hörsaals und der Zwischendecke im Hörsaal vom Überwachungsumfang ausgenommen. Die automatischen Melder werden im Regelfall auf die Kenngröße Rauch ausgelegt, in den Versuchshallen waren alternative Brandmelder zulässig.

Alle Aufzüge erhalten eine dynamische Brandfallsteuerung in Anlehnung an die VStättV mit einem 30-minütigen Funktionserhalt.

Zur Unterstützung der Feuerwehr wurde eine trockene Steigleitung in den Treppenräumen vorgesehen. Das Objekt verfügt über eine Feuerwehrumfahrt.

Organisatorische Maßnahmen

Aufgrund der verschiedenen Nutzergruppen wurde die Erstellung einer Brandschutzordnung und die Stellung eines Brandschutzbeauftragten für das Gebäude erforderlich.

Ebenfalls wurde die Erstellung von Feuerwehrplänen sowie Flucht- und Rettungsplänen aufgrund der Gebäudegröße und der besonderen Nutzungen im Brandschutznachweis mit aufgenommen.

Ferner wurden sicherheitsrelevante Kennzeichnungen für die Rettungswege, Feuerlöscher, Flächen für die Feuerwehr sowie das Rauchverbot wurden im Brandschutznachweis verlangt.

8.2 Grundschule mit zentraler Mitte

Abb. 8.10: Außenansicht des Neubaus; Entwurf: v-architekten GmbH, Köln

Bautafel

Bauherr Landeshauptstadt München Referat für Bildung und Sport Bayerstraße 28 80335 München	**Projektdaten Erweiterung** max. Ausdehnung: ca. 85 m × 41 m max. Fläche: ca. 2.850 m² Anzahl der Brandabschnitte: 2 Anzahl der Geschosse: KG + EG + 3 Gebäudeklasse: 5 Sonderbautatbestand: Schule und Versammlungsstätte
Entwurfsverfasser v-architekten GmbH Huhnsgasse 42 50676 Köln	
Nachweisersteller Dipl.-Ing. K. Leiermann Architekt Staatl. anerkannter Sachverständiger für die Prüfung des Brandschutzes Raabestraße 5 41541 Dormagen-Zons	**Rechtsgrundlagen** BayBO, VStättV und MSchulbauR in Anlehnung

Planung

Die Erweiterung einer bestehenden Grundschule wurde im Jahr 2018 fertiggestellt. Die Planung beinhaltete den Anbau eines Unterrichtgebäudes mit Mensa sowie einer Sporthalle und Tiefgarage. Das neue Unterrichtsgebäude ist viergeschossig und stellt einen eigenen Brandabschnitt dar (siehe Abb. 8.10). Dieser ist über einen Verbindungsbau mit dem Altbau verbunden. Die im Erdgeschoss freistehende Sporthalle ist nur über das Untergeschoss mit dem Unterrichtsgebäude verbunden und stellt einen eigenen Brandabschnitt dar. Der Gebäudekomplex wurde in die Gebäudeklasse 5 eingestuft.

Die Haupterschließung aller Geschosse erfolgt über einen Treppenraum. Über diesen wird auch die ebenerdige Mensa mit 224 Sitzplätzen mit einem

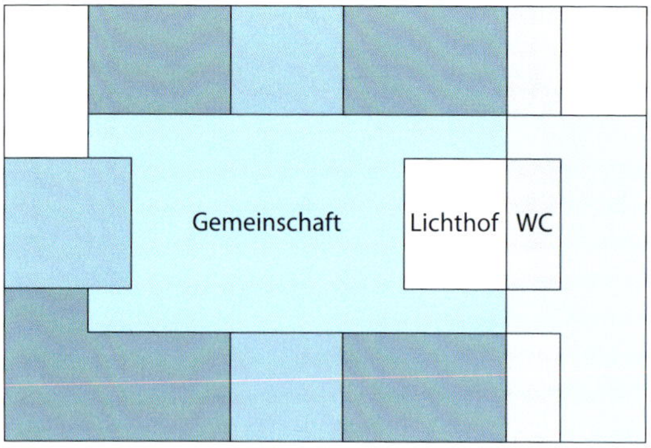

Abb. 8.11: Vereinfachte Gebäudetypologie mit Nutzungen

zuschaltbaren Mehrzweckraum und einem Musikraum erreicht. Dieser Bereich wird brandschutztechnisch als ein Versammlungsraum beurteilt.

In den Obergeschossen befinden sich die Klassenzimmer.

Der Unterricht im Neubau, der auch als „Lernhaus" bezeichnet wird, ist als Ganztageskonzept angelegt. Jedes Geschoss bildet einen Lernbereich, in dem jeweils 4 Klassen einer Jahrgangsstufe zusammen unterrichtet werden. Zur Umsetzung des pädagogischen Konzeptes sind die Unterrichtsräume um eine zentrale Mitte angeordnet, welche an einem überdachten Lichthof liegt. Aufenthaltsräume für den Ganztagesbetrieb, das Team und die Garderoben ergänzen das Raumprogramm. Jedem „Cluster" ist ein eigener Sanitärbereich zugeordnet (siehe Abb. 8.11).

Bauteile allgemein

Das Gebäude wurde als Stahlbetonkonstruktion konzipiert. Die tragenden und raumabschließenden Bauteile einschließlich der Decken wurden feuerbeständig ausgeführt. Das Dach der Sporthalle wurde als Stahlfachwerk mit Trapezblech ohne Anforderung geplant.

Trennwände zu Lagerräumen sowie zwischen Mensa und Küche wurden feuerbeständig vorgesehen.

Für die nichttragenden Außenwände und Außenwandbekleidungen wurde einschließlich der Dämmstoffe und Unterkonstruktionen die Anforderung nichtbrennbar eingehalten.

Alle Flachdächer führte man mit einer harten Bedachung aus. Für Lichtkuppeln und Oberlichter wählte man Produkte aus schwerentflammbaren und nicht brennend abtropfenden Materialien.

Für die Brandwände und den Bereich der VStättV wurden nichtbrennbare Baustoffe verwendet, wo diese erforderlich waren.

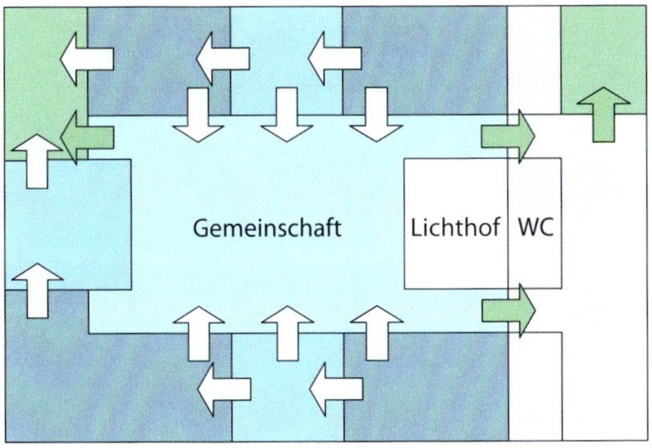

Abb. 8.12: Vereinfachte Darstellung der Rettungswegstrategie

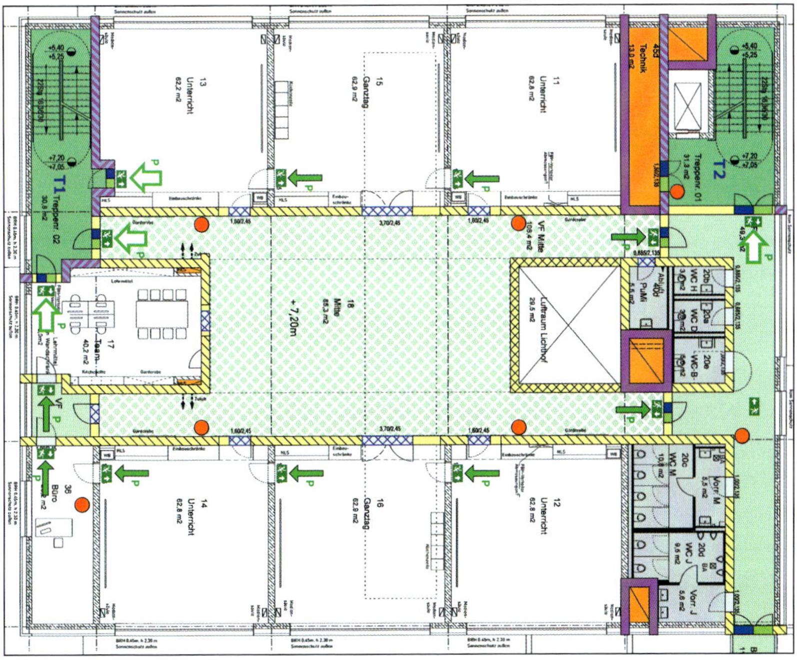

Abb. 8.13: Rettungswegführung im Lernbereich, Brandschutzplanung: K. Leiermann, Dormagen-Zons (Quelle: K. Leiermann, Dormagen-Zons)

Rettungswegführung

Jeder Lernbereich umfasst mit ca. 770 m² das gesamte Geschoss des Lernhauses. Die Gemeinschaftsfläche erschließt die Unterrichtsräume, wie die Abb. 8.12 zeigt.

In den Lernbereichen werden aufgrund der Möblierung keine echten notwendigen Flure ausgebildet. Die Rettungswege werden über die zentrale Mitte zum Treppenraum und über Bypässe in den entgegengesetzt liegenden Treppenraum geführt (siehe Abb. 8.13). Die Treppenräume wurden entsprechend der Gebäudeklasse 5 ausgeführt.

Abb. 8.14: Zentrale Mitte im Lernhaus; Entwurf: v-architekten GmbH, Köln (Foto: Stefan Müller-Naumann, München)

Abb. 8.15: Mehrgeschossige Deckenöffnung als Lichthof; Entwurf: v-architekten GmbH, Köln (Foto: Stefan Müller-Naumann, München)

In diesem Beispiel wurde die Mitte als möblierter notwendiger Flur geplant (siehe Abb. 8.14). Innerhalb des Clusters führte man die Wände zwischen der zentralen Mitte und den angrenzenden Räumen feuerhemmend als Flurwände aus. Die Türen in diesen Wänden wurden dichtschließend vorgesehen und aufgrund der Bypässe in den dahinterliegenden Räumen auch „selbstschließend" geplant. Da die Türen im Tagesablauf meist offenstehen, waren Freilauftürschließer erforderlich.

Aufgrund der Brandlasten erhielten die entgegengesetzt liegenden Ausgänge von der zentralen Mitte zum Treppenraum und zum notwendigen Flur hin feuerhemmende, rauchdicht- und selbstschließende Abschlüsse. In der Mitte ist eine Rettungswegbreite von 1,5 m zu den Ausgängen freizuhalten.

Als Kompensationsmaßnahme wurde im Unterrichtsgebäude eine flächendeckende, automatische Brandmeldeanlage vorgesehen.

Besonderheiten

Überdachter Lichthof

Über dem Lichthof im Lernhaus sollte eine lichtdurchlässige Bedachung ausgeführt werden. Der über 3 Geschosse führende Lichthof war deshalb als Deckenöffnung in feuerbeständigen Decken zu beurteilen. Als Fassade zwischen der zentralen Mitte und dem brandlastfreien Lichthof wurden Glaswände mit der Feuerwiderstandsklasse G30 genehmigt (siehe Abb. 8.15). Aus Gründen der Durchsturzsicherung kam eine F30 Brandschutzverglasung zum Einsatz. Der Lichthof wurde mit einer rauchmeldergesteuerten Rauchabzugsanlage mit Sicherheitsstromversorgung versehen. Das Dach über dem Lichthof wurde aus schwerentflammbaren Baustoffen geplant, die nicht brennend abtropfen. Die angrenzende zentrale Mitte ist mit automatischen Rauchmeldern der Brandmeldeanlage überwacht.

Brandabschnittsausbildung

Der Schulkomplex besteht aus 3 Brandabschnitten. Die Brandausbreitung wird dabei durch Gebäudeabstände und Brandwände verhindert. Der Bestand wurde als ein separater Brandabschnitt betrachtet, für den Bestand-

Abb. 8.16: Brandabschnittsausbildung zwischen Altbau und Neubau; Entwurf: v-architekten GmbH, Köln

schutz geltend gemacht werden konnte. Der Neubau ist in 2 Brandabschnitte gegliedert: Lernhaus und Turnhalle. Dennoch überschreiten die einzelnen Brandabschnitte die nach BayBO max. zulässige Ausdehnung von 40 m. Die Abweichung wurde mit Blick auf die Brandabschnittsflächen von max. 1.570 m^2 und der max. Ausdehnung von 52 m ohne weitere Kompensationsmaßnahmen erteilt, da die max. zulässige Brandabschnittsfläche von 1.600 m^2 (40 m × 40 m) nach BayBO und die max. Ausdehnung von 60 m nach MSchulbauR nicht erreicht wurden.

Innerhalb des Neubaus wurde zwischen dem Unterrichtsgebäude und der Sporthalle eine innere Brandwand ausgebildet. Da die Gebäudeteile oberirdisch weiter als 5 m auseinanderliegen, war eine Brandwand nur im Untergeschoss erforderlich. Die Decke über dem Untergeschoss wurde feuerbeständig und öffnungslos ausgeführt. Weil die Brandwand zwischen Treppenraum und Flur verläuft, wurde eine feuerhemmende, rauchdicht- und selbstschließende Tür mit seitlichen Verglasungen in F30 abweichend von Art 28 Abs. 8 BayBO und Art. 33 Abs. 6 BayBO als ausreichend erachtet und genehmigt.

Eine weitere Brandabschnittstrennung wurde zwischen dem Unterrichtsgebäude und dem Altbau erforderlich. Die Baukörper sind zwar in einem Abstand von 5 m angeordnet, jedoch im Erdgeschoss durch einen Verbindungsbau und in den Obergeschossen durch einen Gang miteinander verbunden. Abweichend von der BayBO wurde deshalb folgende Ausführung genehmigt:

Die Verbindungsgänge wurden einschließlich der Dämmstoffe aus nichtbrennbaren Baustoffen erstellt. Nur die Dachdichtungsbahn und Fensterdichtungen wurden als zulässige Ausnahmen erachtet. Die Gänge wurden als brandlastfreie notwendige Flure ausgewiesen und gegenüber dem bestehenden brandlastfreien Treppenraum mit einem rauchdicht- und selbstschließenden Abschluss versehen. Zum Neubau wurde ein feuerhemmender, rauchdicht- und selbstschließender Abschluss vorgesehen (siehe Abb. 8.16).

Im Erdgeschoss wurde zwischen den beiden Brandabschnitten ein Verbindungsbau errichtet. Diesen bildete man als erweiterten Treppenraum mit Wänden in der Bauart Brandwand aus. Zum Neubau wurde eine feuerhemmende, rauchdicht- und selbstschließende Tür als Abschluss vorgesehen und

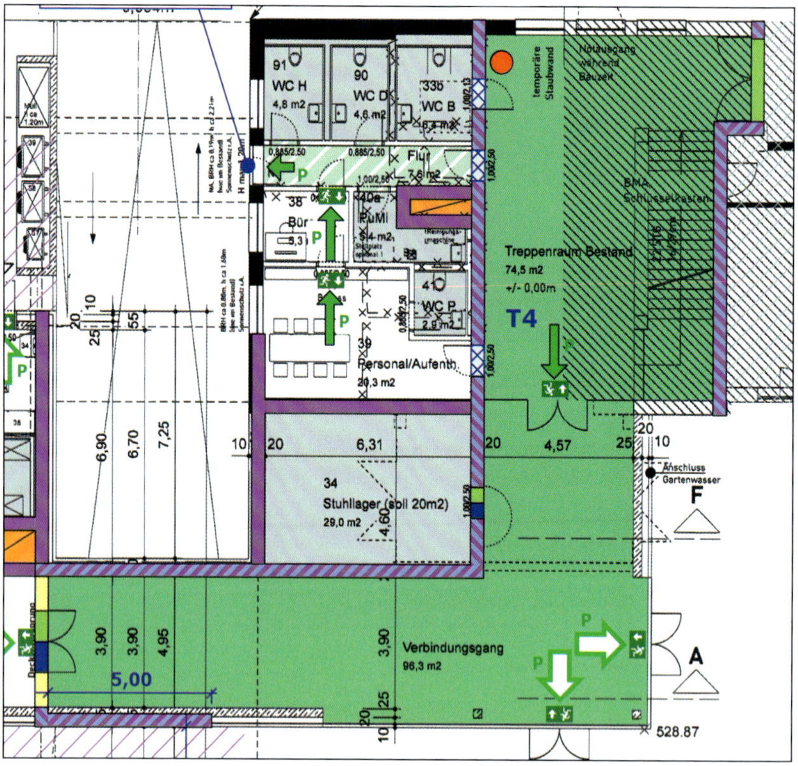

Abb. 8.17: Brandabschnittsausbildung im Erdgeschoss; Brandschutzplanung: K. Leiermann, Dormagen-Zons (Quelle: K. Leiermann, Dormagen-Zons)

alle anderen Türen wurden entsprechend der Anforderungen an Abschlüsse in Treppenräumen ausgeführt. Die Wand zum Versammlungsraum wurde 5 m in der Bauart Brandwand über die Innenecke hinausgeführt, um den einspringenden Winkel zu sichern. Die Decke über dem Verbindungsbau wurde im 5-Meter-Bereich feuerbeständig ausgeführt um einen Brandüberschlag zu verhindern siehe Abb. 8.17).

Anlagentechnische Maßnahmen

Für das Gebäude sind die erforderlichen sicherheitstechnischen Einrichtungen in Anlehnung an die MSchulbauR vorgesehen. Darüber hinaus wurden für den Versammlungsraum die Anforderungen der VStättV beachtet.

Eine Blitzschutzanlage (äußerer und innerer Blitzschutz) wurde geplant. Ferner führte man Regelungen zur Planung der Sicherheits- und Rettungszeichen, der Sicherheitsbeleuchtung und Sicherheitsstromversorgung im Brandschutznachweis aus.

Die interne Alarmierung nach MSchulbauR wird durch das Alarmsignal der Brandmeldeanlage erfolgen.

Diese wird zur „Abwehr von Nachteilen“ gemäß Art. 54 Abs. 3 BayBO aufgrund der Rettungswegführung über mehrere Räume als notwendig erachtet. Im Unterrichtsgebäude wurde eine flächendeckende Brandmeldeanlage mit automatischen und nichtautomatischen Meldern mit Aufschaltung auf die zuständige Leitstelle der Feuerwehr ausgeführt. In der Sporthalle hingegen genügen Handmelder.

Alle sicherheitstechnischen Einrichtungen und die Stromversorgung der Rauchabzugsanlage im überdachten Lichthof hat man mit einer Sicherheitsstromversorgung versehen.

Organisatorische Maßnahmen

Den organisatorischen Maßnahmen wird die Zahl der Nutzer vorangestellt, welche für die Versammlungsstätte und die Unterrichtsbereiche angenommen werden.

Auf die Durchführung von Alarmproben und Evakuierungsübungen – auch unter Beachtung von Personen mit körperlicher Einschränkung – sowie die Schulung des Personals hinsichtlich des betrieblichen Brandschutzes wird hingewiesen.

Für den Bereich der Versammlungsstätte wurde auf die Einhaltung der Betriebsvorschriften der VStättV verwiesen, soweit sie auf das Gebäude zutreffen. Die Beachtung und der Aushang der Bestuhlungspläne der Mensa werden festgehalten. Flucht- und Rettungspläne sind im ganzen Gebäude auszuhängen.

Eine Brandschutzordnung Teil A bis C ist zu erstellen. Wert gelegt wurde dabei insbesondere auf die Freihaltung der Rettungswege über die zentrale Mitte. Ein Sammelplatz wurde vorgeschlagen und festgelegt.

Auf die wiederkehrende Prüfung von sicherheitstechnischen Einrichtungen wurde hingewiesen.

8.3 Horizontale Rettungswege über Hallen – Freie Waldorfschule Weilheim

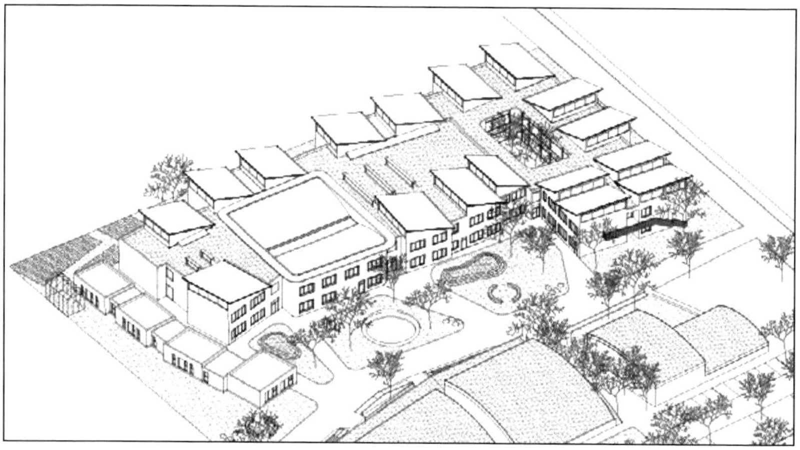

Abb. 8.18: Freie Waldorfschule, Weilheim; Entwurf: Kéré Architecture, Berlin (Quelle: Kéré Architecture, Berlin)

Bautafel

Bauherr Freie Waldorfschule Weilheim gemeinnützige EG Am Bahnhof 6 82386 Huglfing **Entwurfsverfasser** Kéré Architecture GmbH Architekt Diébédo Francis Kéré Arndtstraße 34 10965 Berlin	**Projektdaten Erster Bauabschnitt** max. Ausdehnung: ca. 115 m × 59 m max. Fläche: ca. 4.130 m² Anzahl der Brandabschnitte: 3 Anzahl der Geschosse: EG + 1 Gebäudeklasse: 3 Sonderbautatbestand: > 1.600 m², Schule und Versammlungsraum
Nachweisersteller Dipl.-Ing. Jenny Winter Architektin M. Eng. baul. Brandschutz & Sicherheitstechnik Pariser Straße 16 81669 München	**Rechtsgrundlagen** BayBO, VStättV und MSchulbauR in Anlehnung

Planung

Der Neubau eines Schulzentrums für die Freie Waldorfschule Weilheim befindet sich in Planung (siehe Abb. 8.18). Das Areal soll in mehreren Bauabschnitten bebaut werden. Der hier vorgestellte Bauabschnitt umfasst das Schulgebäude mit allen Unterrichtsbereichen und die Schulverwaltung. Das Schulgebäude ist durchgängig zweigeschossig. Es wird nicht unterkellert. Im Norden befindet sich ein erdgeschossiger Anbau mit den Werkstätten und der Haustechnik.

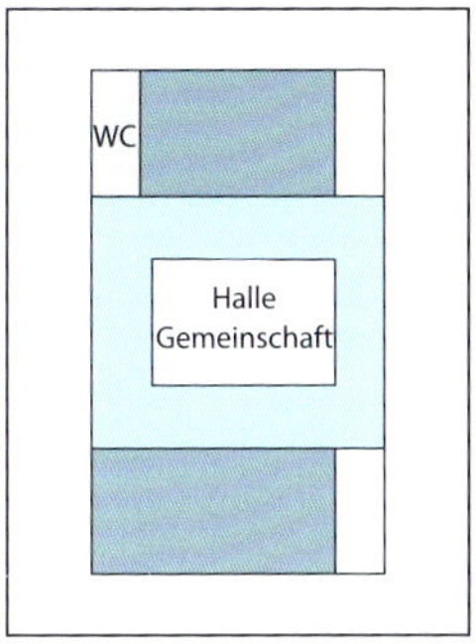

Abb. 8.19: Vereinfachte Gebäudetypologie „Hallentyp"

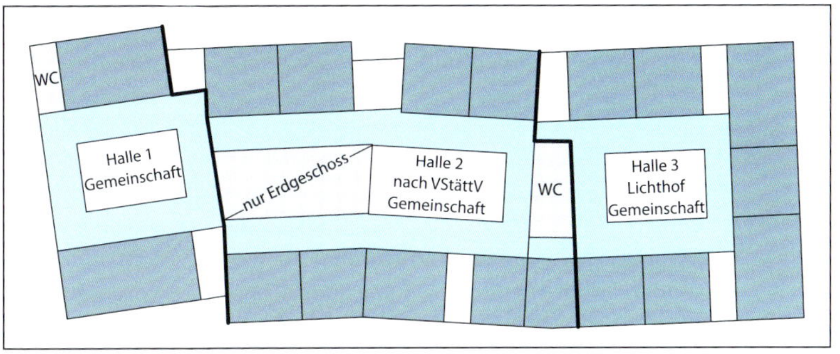

Abb. 8.20: Aneinanderreihung mehrerer „Hallen" als Freiform

Abb. 8.21: Pausenhalle als Versammlungsraum; Entwurf: Kéré Architecture, Berlin (Quelle: Kéré Architecture, Berlin)

Es handelt sich um 3 aneinandergereihte Hallenschulen die das Gebäude in 3 Brandabschnitte gliedern und jeweils über eine eigene Erschließung verfügen (siehe Abb. 8.19 und 8.20). Im Zentrum der Brandabschnitte befindet sich jeweils eine Halle mit Luftraum zum Obergeschoss. Die Hallen werden im Regelfall als Pausenbereich genutzt. Die in Abb. 8.21 dargestellte Halle 2 ist zugleich Versammlungsraum.

Bauteile allgemein

Die tragenden und raumabschließenden Bauteile, einschließlich der Decken- und der Dachkonstruktion, werden überwiegend als vorgefertigte Holz-Konstruktion (Brettsperrholz) errichtet, um die Bauzeiten so kurz wie möglich zu halten. Die Fassaden sind als hinterlüftete Holzkonstruktion konzipiert. Die Flachdächer erhalten eine extensive Begrünung, die Pultdächer und das Tonnendach über dem sog. Kunstturm erhalten eine Blecheindeckung.

Zunächst wurden alle tragenden und aussteifenden Wände und Stützen entsprechend der Gebäudeklasse 3 feuerhemmend vorgesehen. Dies gilt auch für die raumabschließenden Wände zu den Hallen.

Um auf die Anforderungen der Versammlungsstättenverordnung einzugehen, wurden im nächsten Schritt die Bauteilanforderungen für den Bereich des Versammlungsraumes im mittleren Brandabschnitt angepasst. Anstelle der erforderlichen feuerbeständigen Ausführung erfolgt die Ausführung als Brettsperrholzkonstruktion, welche über die Abbrandrate für einen 90-minütigen Feuerwiderstand bemessen wird. Aufgrund der Größe des Versammlungsraumes unter 1.000 m^2 werden die Holzoberflächen als zulässig erachtet. Diese Ausführung wird sowohl für die tragenden als auch für die raumabschließenden Wände des Versammlungsraumes vorgesehen.

Die Brandwände sollen ebenfalls als fertige Brettsperrholzkonstruktion auf die Baustelle geliefert werden. Die Anforderung hochfeuerhemmend kann aus konstruktiven Gründen nicht entsprechend der Richtlinie über brandschutztechnische Anforderungen an hochfeuerhemmende Bauteile in Holzbauweise – HFHHolzR ausgeführt werden. Als Ersatzmaßnahme werden die Brettsperrholzwände für einen 90-minütigen Feuerwiderstand bemessen und mit einer nichtbrennbaren Bekleidung (keine Brandschutzbekleidung im Sinne des Art. 24 Abs. 2 Satz 2 Nr. 3 BayBO) versehen.

Es ist eine umlaufende hinterlüftete Fassadenkonstruktion mit einer brennbaren Holzverschalung geplant. Diese ist in der Gebäudeklasse 3 zulässig. Allerdings sind für den Bereich der Versammlungsstätte die höheren Anforderungen der Gebäudeklasse 5 anzuwenden. Die Erleichterungen im Bereich der Außenwände und der Außenwandbekleidungen der Gebäudeklasse 3 sollen dennoch teilweise in Anspruch genommen werden. Die Außenwände werden deshalb feuerhemmend geplant, während die Dämmung einschließlich Unterkonstruktion nichtbrennbar ausgeführt wird.

Im Bereich der Brandwände werden die Fassadenbahnen nichtbrennbar und mit zusätzlichen vertikalen Brandschutzmaßnahmen im Hinterlüftungsspalt geplant. Damit wird eine seitliche Brandausbreitung in die Holzverschalung behindert, die auch hier abweichend aufgebracht wird. Die Wirksamkeit von Löscharbeiten wird trotz der Holzverschalung als gesichert erachtet. Dies ist damit begründet, dass durch die Grundrissanordnung der Unterrichtsbereiche um die Hallen sowie die Lage der Brandwände, Treppenräume und Außentreppen eine sehr kleinteilige Parzellierung entsteht, die raumabschließend wie Teilnutzungseinheiten wirkt.

Rettungswegführung

Die Hallen dienen, ähnlich den Spielfluren, zur Sicherstellung der vertikalen Rettungswege (siehe Abb. 8.22). Alle Hallen verfügen über Öffnungen zur Rauchableitung, die entsprechend der MSchulbauR bzw. der VStättV bemessen werden.

Der erste Rettungsweg führt für alle Unterrichtsräume über die Halle ins Freie oder zu einer notwendigen Treppe. Der zweite Rettungsweg verläuft – von der Halle brandschutztechnisch unabhängig – zu einer notwendigen Treppe oder unmittelbar ins Freie.

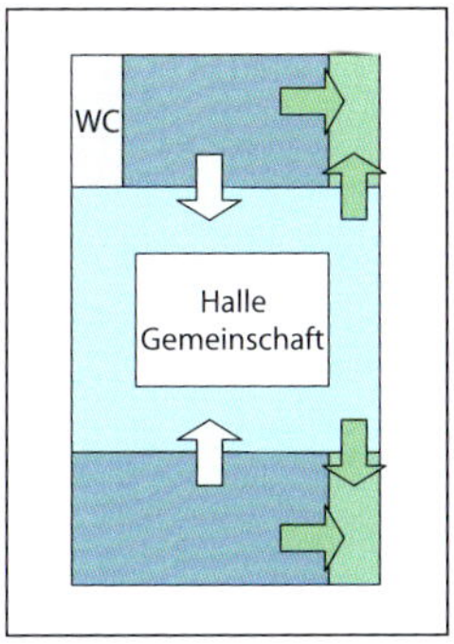

Abb. 8.22: Vereinfachte Darstellung der Rettungswegstrategie

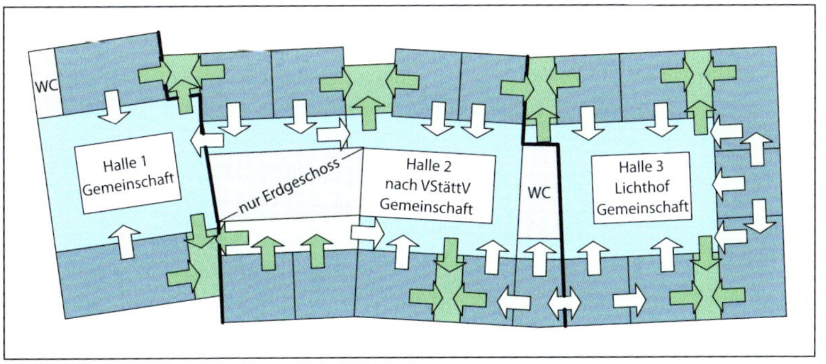

Abb. 8.23: Übereinanderlagerung der Rettungswege

In diesem Beispiel sind 3 Hallentypen mit ihren Rettungswegsystemen gekoppelt (siehe Abb. 8.23). Dabei bleiben die Hallen als horizontale Rettungswege unverändert. Die Anzahl der Treppenräume kann reduziert werden, da sie für beide angrenzende Hallen herangezogen werden können. Aufgrund der geringen Höhenentwicklung sind anstelle von Treppenräumen meist Außentreppen geplant.

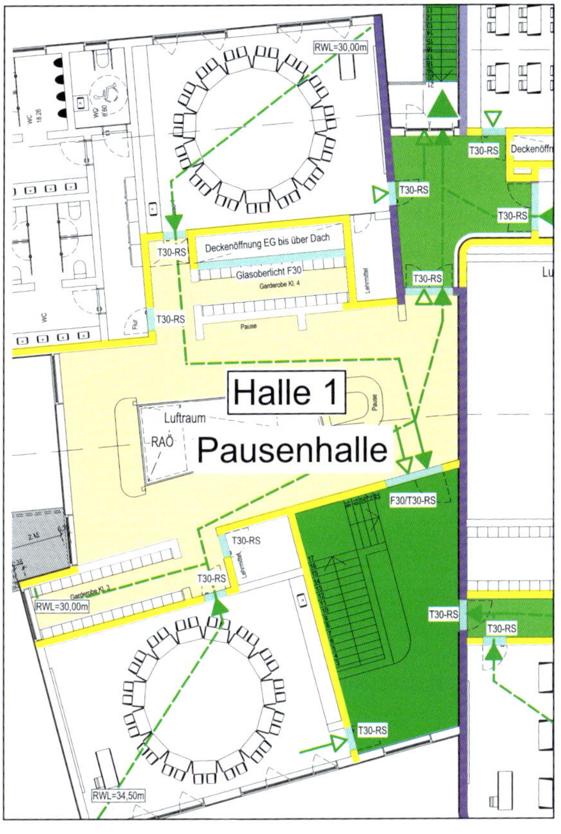

Abb. 8.24: Nachweis der unabhängigen Rettungswege in der Halle; Brandschutzplanung: Jenny Winter, München

Im Zentrum des Schulgebäudes sollten Unterrichtsräume als ein Lernbereich ausgebildet werden. Der erste Rettungsweg führt über einen Spielflur in eine Halle. Der zweite Rettungsweg führt unmittelbar aus den Unterrichtsräumen, unabhängig vom Spielflur, in die jeweils entgegengesetzte Richtung. Der Förderraum verfügt über eine Sichtbeziehung zum Spielflur und eine Bypass-Tür in einen der angrenzenden Unterrichtsräume. Die bereits durch den Entwurf gegebene Gliederung in Anlehnung an Teilnutzungseinheiten wird als Grundlage für den Verzicht auf notwendige Flure herangezogen. Der im Brandschutznachweis dargestellte notwendige Flur wurde von der Halle 1 als brandlastfreie Zone für die lediglich feuerhemmend, rauchdicht und selbstschließenden Türen in den Brandwänden abgeteilt (siehe dazu Abb. 8.25).

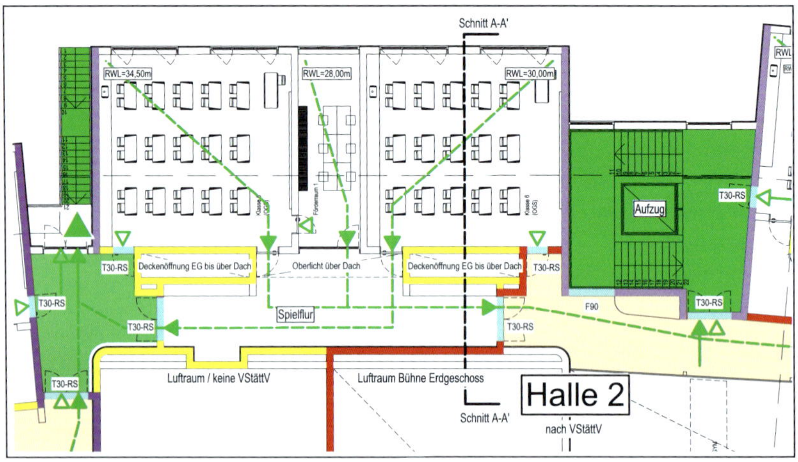

Abb. 8.25: Nachweis Rettungswegführung mit Spielflur in Teilbereich < 400 m² im Obergeschoss; Brandschutzplanung: Jenny Winter, München

Die horizontale Rettungswegführung über den Spielflur wurde als Abweichung beantragt. Als Kompensationsmaßnahme wird auf die Einhaltung der Ausbildung von Teilbereichen unter 400 m² geachtet – analog zu Büro- und Verwaltungsnutzungen.

Da im Erdgeschoss unmittelbare Ausgänge in Freie aus den Unterrichtsräumen vorgesehen werden können, sind diese Aufenthaltsräume nur über den Spielflur erreichbar und verfügen nicht über die zusätzliche, direkte Anbindung an die Hallen (siehe Abb. 8.26).

Das System sieht auch Räume vor, die nicht unmittelbar an einem Treppenraum liegen. Stehen unabhängig von der Halle 2 entgegengesetzte Fluchtwege über Bypässe zu Treppenräumen zur Verfügung, gibt es für die Anordnung keine Bedenken. Bypässe in einen anderen Brandabschnitt werden mit dem Erreichen eines sicheren Treppenraumes gleichgesetzt.

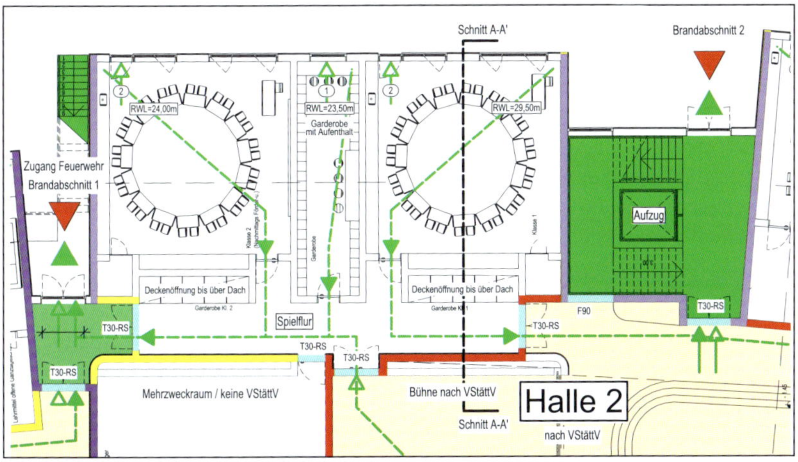

Abb. 8.26: Nachweis Rettungswegführung mit Spielflur in Teilbereich < 400 m² im Erdgeschoss; Brandschutzplanung: Jenny Winter, München

Besonderheiten

Belichtungsschächte

Belichtung und Lüftung der Unterrichtsräume werden im Erdgeschoss über die Fassade und über Lichtschächte im Gebäudeinneren sichergestellt. Diese führen über das Obergeschoss hinweg ins Freie. Einen Raum mit natürlicher Belichtung zeigt die Abb. 8.27.

Abb. 8.27: Klassenraum mit natürlicher Belichtung; Entwurf: Kéré Architecture, Berlin (Quelle: Kéré Architecture, Berlin)

Im Obergeschoss ist meist eine direkte Belichtung der innenliegenden Zonen über Dachflächenfenster möglich, wie Abb. 8.28 zeigt.

Für das Oberlichtband im Erdgeschoss ist innerhalb eines Clusters keine Brandschutzverglasung für die Belichtung des Spielflures vorzusehen. Es handelt sich um die gleiche Teilnutzungseinheit innerhalb desselben Geschosses. Da der Lichtschacht die Decken durchdringt, sind die Wände des Lichtschachtes im Obergeschoss entsprechend der Gebäudeklasse 3 feuerhemmend auszuführen.

Ist ein zusätzliches Oberlichtband im Obergeschoss zur Belichtung des Spielflurs erforderlich, muss auch innerhalb des Clusters eine feuerhemmende Brandschutzverglasung ausgeführt werden, wenn das Oberlichtband die raumabschließende Lichtschachtwand durchdringt (siehe Abb. 8.29).

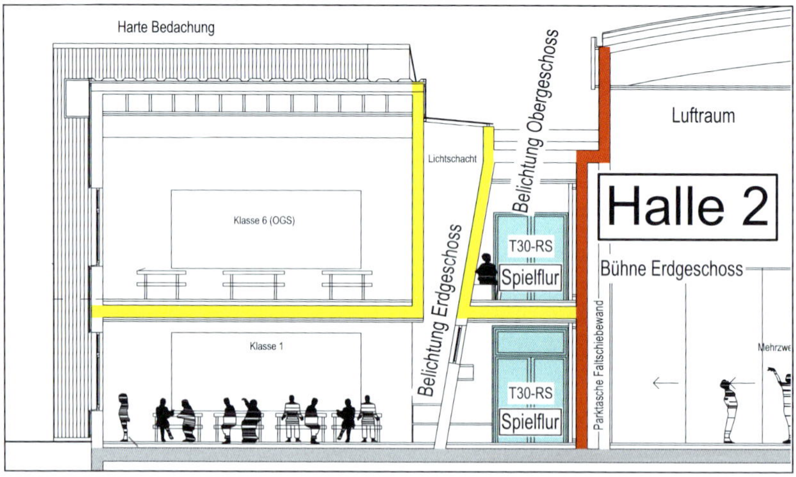

Abb. 8.28: Anordnung der Oberlichter in Teilbereich < 400 m²; Brandschutzplanung: Jenny Winter, München

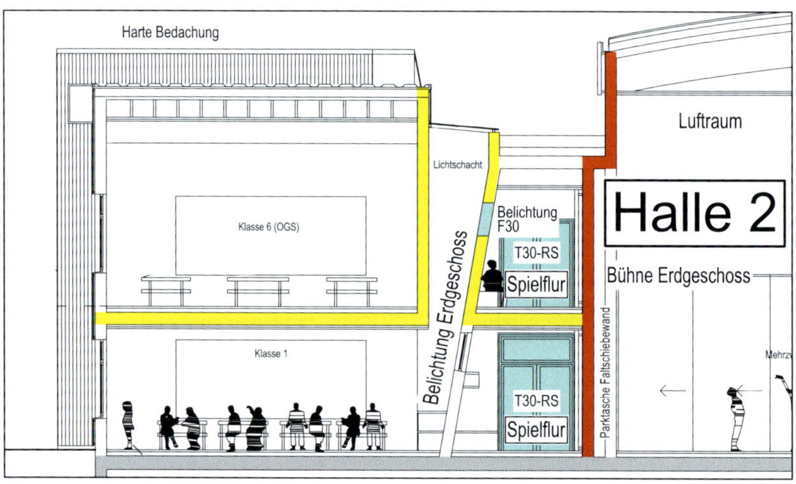

Abb. 8.29: Anordnung der Oberlichter mit Brandschutzverglasung trotz Teilbereich < 400 m²; Brandschutzplanung: Jenny Winter, München

Die Anordnung der Oberlichtbänder wurde mit dem Architekten und den Bauherren im Entwurfsprozess optimiert, um einen möglichst großen Anteil der lichtdurchlässigen Flächen ohne Brandschutzverglasung ausführen zu können. Auch der Winkel der schrägen Lichtschachtwände war hinsichtlich des brandschutztechnisch korrekten Einbaus der Brandschutzverglasung abzustimmen.

Dachverschneidungen

Aufgrund der zahlreichen Dachverschneidungen und der Ausführung von Belichtungsschächten war der Brandüberschlag von den Öffnungen in Decken und Dächern gegenüber den aufgehenden Fassaden zu beurteilen, da im Entwurf unterschiedliche Teilnutzungseinheiten von verschiedenen Geschossen aufeinandertreffen. Im Bereich der Überdachführung ist zu berücksichtigen, dass die Deckenöffnungen teilweise Verbindungen bis zum Erdgeschoss herstellen. Ob ein Brandüberschlag in das Obergeschoss möglich ist, wurde schutzzielorientiert für die verschiedenen Situationen betrachtet.

Die im Schnitt dargestellten Dächer über den Spielfluren wurden als Dächer von Anbauten beurteilt. Im Fall, dass aufgehende Außenwände mit Öffnungen anschließen, müssen die Decken innerhalb eines Abstandes von 5 m als raumabschließendes Bauteil für eine Brandbeanspruchung von innen nach außen die Feuerwiderstandsfähigkeit der Decken des Gebäudeteils erfüllen, an den sie angebaut werden, hier meist feuerhemmend. Im Regelfall wurden aber die aufgehenden Fassaden der Pultdächer als öffnungslose und feuerhemmende Außenwand bis unter das Pultdach geführt.

In den dargestellten Schnitten grenzt an die Decke die aufgehende Außenwand der Szenenfläche der Versammlungsstätte an, die als Abweichung F90-B genehmigt werden soll. Diese wird ebenfalls öffnungslos bis unter die Dachhaut geführt. Der Brandüberschlag wird in beiden Situationen ausreichend begrenzt.

Anlagentechnische Maßnahmen

Für das Gebäude werden in Abstimmung mit dem Bauherrn zur Abwehr von Nachteilen entsprechend Art. 54 Abs. 3 BayBO die nach MSchulbauR erforderlichen sicherheitstechnischen Einrichtungen geplant. Diese werden im Brandschutznachweis auch hinsichtlich der Planung, Inbetriebnahme und wiederkehrenden Prüfung als sicherheitstechnische Einrichtung benannt.

Die Planung der Sicherheitsbeleuchtung, teilweise mit Bereitschaftsschaltung, orientiert sich an der VStättV und wird aufgrund der Lage des Schulkomplexes am Ortsrand auch bis zur öffentlichen Verkehrsfläche geplant. Die Rettungswegzeichen werden in die Sicherheitsbeleuchtung integriert. Die Anordnung und Ausführung richtet sich nach der VStättV.

Die Alarmierungseinrichtung wird als Hausalarmierung entsprechend der Vorgabe der MSchulbauR vorgesehen. Eine Brandmeldeanlage ist nicht vorgesehen. Alle sicherheitstechnischen Einrichtungen einschließlich der Rauchableitungsöffnungen in den Hallen werden mit einer Sicherheitsstromversorgung versehen. Die Blitzschutzanlage ist als äußerer und innerer Blitzschutz geplant.

Organisatorische Maßnahmen

Im Brandschutznachweis wird auf die organisatorischen Maßnahmen hingewiesen, welche im laufenden Betrieb zu beachten sind und die zur Umsetzung des Brandschutznachweises zwingend in einer Brandschutzordnung mit aufgenommen werden müssen. Hierzu gehören z. B. Hinweise zur Alarmorganisation und Besonderheiten zur Rettungswegführung hinsichtlich der Barrierefreiheit sowie die Freihaltung der Rettungswege. Da eine gute Umsetzung des Brandschutznachweises nur gelingen kann, wenn regelmäßige Alarmproben durchgeführt werden, wird vorgegeben, diese mind. zweimal jährlich einzuplanen und für alle Jahrgangstufen eine altersgemäße Brandschutzerziehung durchzuführen. Diese Regelungen sind durch den Nutzer in der Brandschutzordnung zu dokumentieren.

Zudem werden die nach MSchulbauR erforderlichen Einsatzpläne für die Feuerwehr als verbindlich festgelegt.

Da die organisatorischen Maßnahmen für den Bereich des Versammlungsraumes weitergehend sind, werden diese in einem eigenen Punkt aufgeführt.

8.4 Barrierefreie Schule mit mehrgeschossigem Atrium

Abb. 8.30: Ernst-Barlach-Schule, München; Entwurf: BKS & Partner Bauer Reichert Seitz Architekten mbB, München (Foto: Laura Reichert, München)

Bautafel

Bauherr Stiftung Pfennigparade Barlachstraße 26 80804 München	**Projektdaten** max. Ausdehnung: d = max. 50 m max. Fläche Regelgeschoss: ca. 1.950 m^2 Anzahl der Brandabschnitte: 1 Anzahl der Geschosse: KG + EG + 3 Gebäudeklasse: 5 Sonderbautatbestand: > 1.600 m^2, Schule und Großgarage
Entwurfsverfasser BKS & Partner Bauer Reichert Seitz Architekten mbB Saarstraße 7 80797 München	
Nachweisersteller Dipl.-Ing. (FH) Christian Steinlehner Architekt K 33 Brandschutz Kaiserstraße 33 80801 München	**Rechtsgrundlagen** BayBO und MSchulbauR in Anlehnung GaStellV

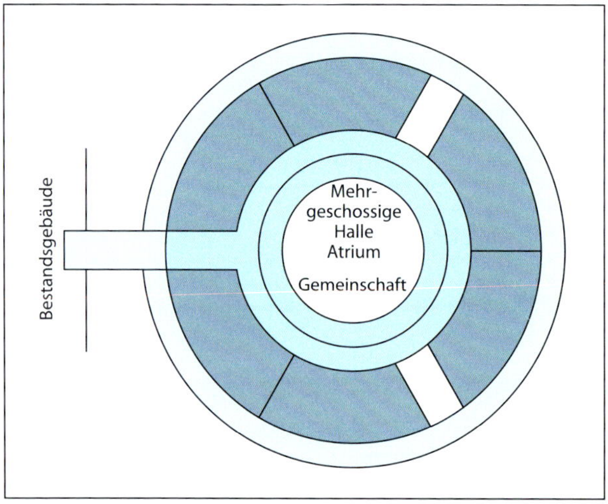

Abb. 8.31: Vereinfachte Gebäudetypologie mit Nutzungen, Regelgeschoss

Abb. 8.32: Nutzung des Atriums als Aufenthalt, Lernbereich und Garderobe; Entwurf: BKS & Partner Bauer Reichert Seitz Architekten mbB, München (Foto: Laura Reichert, München)

Planung

Das bestehende Schulzentrum wurde um einen viergeschossigen Neubau erweitert. Das neue Gebäude ist mit einer Tiefgarage (Großgarage) unterkellert. Im Zentrum des Gebäudes befindet sich ein Atrium, das sich vom Garagengeschoss bis in das dritte Obergeschoss erstreckt. Es dient der barrierefreien vertikalen Haupterschließung aller Geschosse. Alle Räume orientieren sich um das Atrium, wie Abb. 8.31 zeigt.

Das Atrium dient neben der Erschließung auch als Ort der Kommunikation. Es kann als Spielflur oder für Lerngruppen ebenso herangezogen werden wie für die Pausenzeiten (siehe Abb. 8.32). Im Neubau befindet sich keine

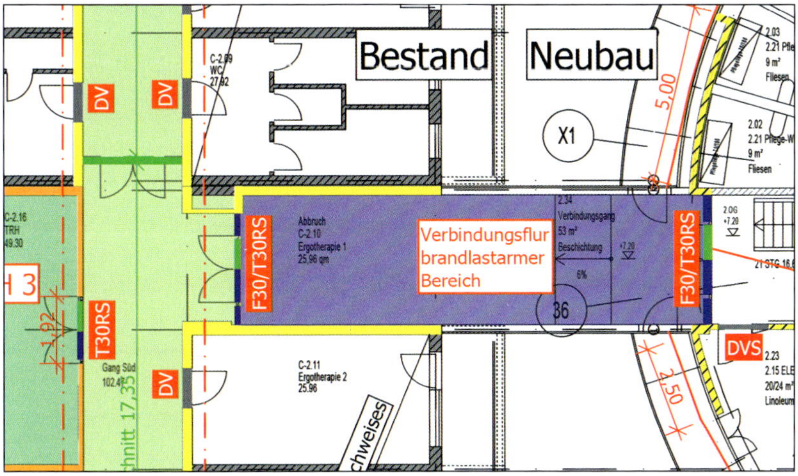

Abb. 8.33: Verbindungsflur zwischen den Brandabschnitten; Brandschutzplanung: C. Steinlehner, München (Quelle: C. Steinlehner, München)

Mensa o. Ä., die nach VStättV beurteilt werden müsste. Auch das Atrium dient nicht als Versammlungsraum.

Zur Umsetzung des pädagogischen Konzeptes sind alle Unterrichtsräume um das Atrium als eine zentrale Mitte mit gemeinschaftlich genutzten Räumen angeordnet. In jedem Geschoss befinden sich Sanitärbereiche, Teamräume und Räume für individuelle Förderung, welche das Raumprogramm ergänzen und sich ebenfalls zum Atrium hin orientieren. Der Unterricht findet nach Jahrgangsstufen getrennt in Klassenräumen statt.

Die Schule besuchen Kinder und Jugendliche mit und ohne körperliche Behinderung. Ziel ist es, Schülerinnen und Schülern mit körperlichen Einschränkungen intensiv und individuell zu fördern um ihnen einen selbständigen Schulbesuch zu ermöglichen.

Bauteile allgemein

Das Gebäude wurde als Stahlbetonkonstruktion konzipiert. Die tragenden Bauteile, einschließlich der Decken, werden feuerbeständig ausgeführt. Die Anforderung der raumabschließenden Wände zwischen Atrium und Aufenthaltsräumen wurde gegenüber der Gebäudeklasse 5 erheblich reduziert. Innerhalb der Geschosse befinden sich keine weiteren Trennwände. Auf die Ausbildung einer Brandwand innerhalb des Neubaus wurde verzichtet.

Der Neubau stellt einen eigenständigen Brandabschnitt dar. Der Abstand zum Bestand, der ebenfalls einen eigenen Brandabschnitt darstellt, beträgt mehr als 5 m. Die Verbindungsflure zwischen den Baukörpern wurden als „Sicherheitsschleuse“ feuerhemmend und aus nichtbrennbaren Baustoffen ausgebildet. Die Türen in diesen Bereich wurden als feuerhemmende, rauchdicht- und selbstschließende Abschlüsse ausgeführt (siehe Abb. 8.33).

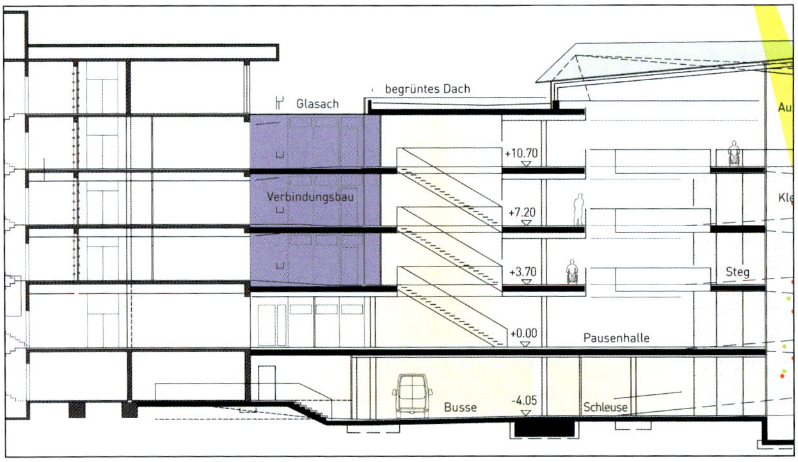

Abb. 8.34: Schnitt durch Verbindungsflur zwischen Bestand und Neubau (Quelle: BKS & Partner Bauer Reichert Seitz Architekten mbB, München)

Die Sicherheitsschleuse wird bei der Ermittlung der Rettungsweglängen als sicherer Bereich herangezogen, der mit dem Erreichen eines Treppenraums vergleichbar ist (siehe Abb. 8.34).

Teilbereiche im Erdgeschoss und Untergeschoss, in denen der Abstand von 5 m nicht eingehalten werden konnte oder eine unmittelbare Verbindung ausgeführt wurde, wurden mit einem verdichteten Sprinklerschutz ausgerüstet. Das Schutzziel, eine Brandausbreitung auf andere Gebäudeteile ausreichend lang zu verhindern, wurde sichergestellt.

Die Außenwände und die nichttragenden Teile tragender Außenwände wurden aus nichtbrennbaren Baustoffen erstellt. Die Oberflächen der Außenwände und Außenwandbekleidungen wurden mind. schwerentflammbar vorgesehen. Da die Rettungswege entlang der Außenfassaden führen, wurden die Bekleidungen und Sonnenschutzvorrichtungen entlang der Rettungsbalkone aus nichtbrennbaren Baustoffen vorgesehen.

Den Flachdachbereich führte man feuerhemmend und aus nichtbrennbaren Baustoffen aus. So konnte der brandschutztechnisch korrekte Anschluss der Trennwände des Atriums an das Dach gewährleistet werden. Das Dach versah man in diesem Bereich mir einer extensiven Dachbegrünung. Nach Art. 30 Abs. 4 Nr. 2 BayBO sind *„begrünte Bedachungen zulässig, wenn eine Brandentstehung bei einer Brandbeanspruchung von außen durch Flugfeuer und strahlende Wärme nicht zu befürchten ist oder Vorkehrungen hiergegen getroffen werden.“* Die Eignung als harte Bedachung wurde entsprechend der damals gültigen Vollzugshinweisen zur BayBO nachgewiesen.

Der obere Abschluss des Atriums ist ohne Feuerwiderstandsfähigkeit als reine Stahl- und Glaskonstruktion ausgeführt. Hier befinden sich die Rauchableitungsöffnungen, die von der Feuerwehr manuell bedient werden.

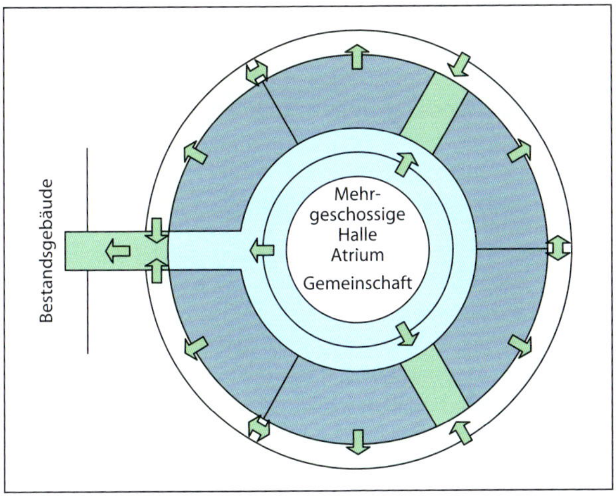

Abb. 8.35: Vereinfachte Darstellung der Rettungswegstrategie

Abb. 8.36: Umlaufende Rettungsbalkone als erster und zweiter Rettungsweg; Entwurf: BKS & Partner Bauer Reichert Seitz Architekten mbB, München (Foto: David Reichert, München)

Rettungswegführung

Die vertikale Rettungswegführung der Obergeschosse erfolgt zunächst über 2 Treppenräume im Neubau. Im bestehenden Gebäude erfolgt diese über einen weiteren Treppenraum und eine Rampenanlage, die in einem Treppenraum geführt wird. Alle Treppenräume wurden entsprechend der Gebäudeklasse 5 ausgeführt. Aufgrund der gemeinsamen Nutzung der Rettungswege wurde das bestehende Rettungswegesystem im Altbau brandschutztechnisch ertüchtigt.

Das Atrium, welches als Aufenthaltsbereich dient, ist unmittelbar an die Treppenräume und die Sicherheitsschleuse angebunden. Im Untergeschoss und Erdgeschoss wird das Atrium analog einer Halle nach MSchulbauR auch als Rettungsweg herangezogen.

In den Obergeschossen verfügen alle Aufenthaltsräume einen unmittelbaren Zugang zu den umlaufenden Rettungsbalkonen (siehe Abb. 8.35). Diese sind so angeordnet, dass 2 Fluchtrichtungen bestehen und stets beide Treppenräume und die Sicherheitsschleuse erreicht werden können. Damit übernimmt der Rettungsbalkon die Funktion des notwendigen Flures als erster und zweiter Rettungsweg (siehe Abb. 8.36).

Der Rettungsbalkon wurde aus nichtbrennbaren Baustoffen ohne Feuerwiderstandsfähigkeit ausgeführt. Gegen diese von der BayBO abweichende Ausführung bestanden zum einen keine Bedenken, weil die Bauteile statisch so ausgelegt wurden, dass beim Versagen eines Segmentes der Einsturz aller Elemente ausgeschlossen wurde und weil stets 2 Fluchtrichtungen bestehen. Zum anderen konnte die automatische Brandmeldeanlage und die selbsttätige Löschanlage als Kompensationsmaßnahmen herangezogen werden.

Für Personen, die die Treppenräume nicht benutzten können, ist das Konzept der horizontalen Evakuierung vorgesehen. Über den Rettungsbalkon und die Sicherheitsschleuse wird ein anderer Brandabschnitt erreicht. Um die Barrierefreiheit sicherzustellen, wurden die Rettungsbalkone mit einer Breite von ca. 1,6 m konzipiert. Das ermöglicht Rangiervorgänge und berücksichtigt zudem die Gleichzeitigkeit von Rollstuhlfahrern und Fußgängern nebeneinander.

Das Atrium ist als Halle im Sinne der MSchulbauR dafür geeignet, als Rettungsweg herangezogen zu werden. Für den Neubau dient die dort befindliche Rampenanlage als erster Rettungsweg für das Erdgeschoss und für die Tiefgarage. Für die Obergeschosse steht ein zusätzlicher barrierefreier Rettungsweg zur Verfügung (siehe Abb. 8.37).

Die Grundrissanordnung bietet den Vorteil, dass alle Aufenthaltsräume über 2 bauliche Rettungswege verfügen (Rettungsbalkone) und diese zudem über die entgegengesetzt liegenden Ausgänge zum Atrium schnell verlassen werden können.

Besonderheiten

Atrium

Im Zentrum des Gebäudes befindet sich als Herzstück der Schule ein Atrium, das vom Garagengeschoss bis zum Dach führt. Belichtet wird es wird über ein Glasdach mit einem Durchmesser von fast 23 m. An oberster Stelle befinden sich die Öffnungen zur Belüftung und Rauchableitung.

Im Brandschutznachweis wurde das Atrium als Deckenöffnung über mehrere Geschosse beurteilt. Um eine direkte Brandbeaufschlagung zwischen den Geschossen zu verhindern, sind die Decken der Galerien im Atrium als nichtbrennbare, feuerbeständige Kragplatten ausgeführt (siehe Abb. 8.38).

Entsprechend der Gebäudeklasse 5 wären die Wände feuerbeständig und die Türen in Bezug zu den Anforderungen an Türen in Trennwänden mind. feuerhemmend, dicht- und selbstschließend auszuführen gewesen. Im Brandschutznachweis sollten jedoch zwischen dem Atrium und den angrenzenden Aufenthaltsräumen Sichtbeziehungen berücksichtigt werden. Da die meisten Schülerinnen und Schüler zudem die Schule mit dem Schulbus oder dem PKW über die Tiefgarage erreichen, dient die dortige Vorfahrtszone der Haupterschließung des Gebäudes. Deshalb sollte auch die Belichtung der Tiefgarage über das Atrium erfolgen. Außerdem sollten eine hohe Transparenz und direkte Zugänglichkeit von der Garage zum Atrium geschaffen werden (siehe Abb. 8.39).

Abb. 8.37: Atrium mit barrierefreier Erschließung; Entwurf: BKS & Partner Bauer Reichert Seitz Architekten mbB, München (Foto: Laura Reichert, München)

Abb. 8.38: Atrium mit feuerhemmenden Wänden und feuerbeständigen Kragplatten; Entwurf: BKS & Partner Bauer Reichert Seitz Architekten mbB, München (Foto: Laura Reichert, München)

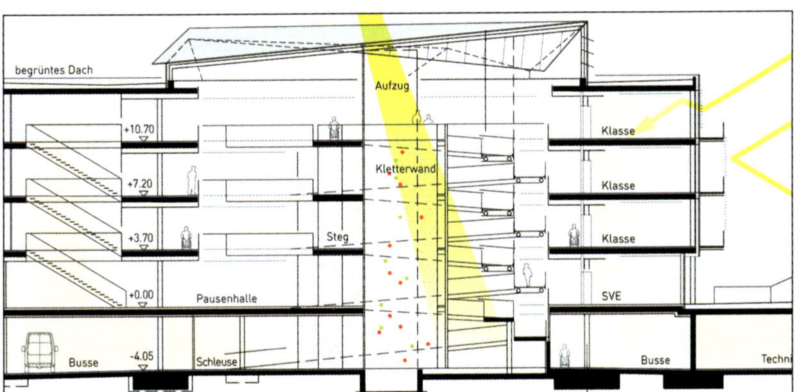

Abb. 8.39: Schnitt durch das Atrium; Entwurf: BKS & Partner Bauer Reichert Seitz Architekten mbB, München (Quelle: BKS & Partner Bauer Reichert Seitz Architekten mbB, München)

Für den Raumabschluss zum Atrium konnte – abweichend von der Anforderung an die Gebäudeklasse 5 und der GaStellV – eine Abweichung für die Wände auf feuerhemmend und aus nichtbrennbaren Baustoffen mit einer schwerentflammbaren Wandverkleidung erreicht werden. Hierfür sah man MDF-Platten mit HPL-Deckschicht vor, welche auch der Akustik dienen. Die Glasflächen waren somit als feststehende Brandschutzverglasung in F30 möglich. Die Schleusenwände zwischen Tiefgarage und Atrium wurden ebenfalls mit einer Brandschutzverglasung in F30 und feuerhemmenden, rauchdicht- und selbstschließenden Tür-Elementen ausgeführt. In den Obergeschossen wurden die Türen lediglich als vollwandige, dicht- und selbstschließende Türen mit Glasausschnitt und Glasoberlicht geplant, die mit G30-Brandschutzverglasung ausgeführt wurden. Alle Türen zum Atrium und zur Garage sind mit zugelassenen Feststellanlagen versehen.

In der Trennwand zwischen Atrium und Aufenthaltsräumen befinden sich zudem Öffnungen für die Nachtkühlung. Diese wurden analog zu Türöffnungen vollwandig und dichtschließend ausgeführt. Die Schließung der Öffnungen erfolgt bei Stromausfall und Auslösen der Brandmeldeanlage automatisch.

Die wesentliche Herabstufung der Anforderungen an die raumabschließenden Bauteile des Atriums konnten mit der flächendeckenden Sprinkleranlage kompensiert werden.

Anlagentechnische Maßnahmen

Für das Gebäude wurden zunächst die erforderlichen sicherheitstechnischen Einrichtungen in Anlehnung an die MSchulbauR vorgesehen, wie z. B. eine Blitzschutzanlage (äußerer und innerer Blitzschutz). Ferner wurde eine Sicherheitsbeleuchtung für die Halle, die Rettungsbalkone und die Treppenräume sowie für die Sicherheitsschleuse geplant.

Das Gebäude besitzt eine elektroakustische Alarmierungsanlage.

Im Bereich der Glaskuppel verfügt das Atrium über mehrere Rauchableitungsöffnungen. Die Flächen wurden über ein Entrauchungskonzept nachgewiesen. Die Steuerung der Rauchableitungsöffnung für das Atrium mit Bedienvorrichtungen erfolgt analog zur Ansteuerung in Treppenräumen der Gebäudeklasse 5.

Zusätzlich wurden folgende sicherheitstechnische Einrichtungen im Gebäude als erforderlich erachtet und im Brandschutznachweis näher beschrieben:

Zu Abwehr von Nachteilen aufgrund des besonderen Nutzerkreises wurde der Einbau einer flächendeckenden Brandmeldeanlage mit Hausalarm und Aufschaltung auf die Feuerwehr vorgesehen. Neben der akustischen Alarmierung ist auch eine optische Alarmierung ausgeführt. Als Kompensationsmaßnahme wurde eine selbsttätige Löschanlage geplant, die als flächendeckende, automatische Wasserlöschanlage nach VdS CEA 4001 in der Schutzklasse 1 auszulegen war.

Ferner wurden im Gebäude Wandhydranten Typ F in der Tiefgarage und Steigleitungen „trocken" in den Treppenräumen vorgesehen.

Die erforderliche Sicherheitsstromversorgungsanlage übernimmt bei Ausfall der Stromversorgung den Betrieb der sicherheitstechnischen Anlagen und Einrichtungen einschließlich der Rauchableitungsöffnung im Atrium. Es wurde ein elektrischer Betriebsraum nach EltbauV erforderlich.

Organisatorische Maßnahmen

In Bezug auf die Personenrettung wird darauf verwiesen, dass aufgrund des hohen Anteils von Nutzern mit Mobilitätseinschränkung die Evakuierung und die Personenrettung im Brandfall Gegenstand nur mit organisatorischen Maßnahmen sichergestellt werden kann. Diese müssen vom Bauherrn und Nutzer entwickelt werden. Hierfür ist eine Brandschutzordnung verpflichtend erforderlich.

Darüber hinaus wurden Feuerwehrpläne als erforderlich erachtet und mit der zuständigen Brandschutzdienststelle abgestimmt.

9 Anhang

9.1 Wichtige Begriffe

Bildungseinrichtungen

Schulen, Hochschulen und Kindergärten sind Bildungseinrichtungen. Es handelt sich um Institutionen, welche auf Basis einer gesetzlichen Grundlage einen Bildungsauftrag – in der Regel zur Wissensvermittlung – haben. Auch Einrichtungen der Erwachsenenbildung, wie z. B. Volkshochschulen, sind Bildungseinrichtungen, ebenso wie Berufsakademien, Wirtschaftsschulen oder auch Verwaltungsschulen.

Brandschutzplaner

Alle im Sinne der jeweiligen Landesbauordnung (LBO) zur Erstellung eines Brandschutznachweises als Bauvorlage berechtigten Personen.

Brandgefahr

Eine Brandgefahr besteht dann, wenn ein brennbarer Stoff und ausreichend Sauerstoff in einem Mischungsverhältnis vorliegen, dass eine hinzukommende Zündquelle eine exotherme Reaktion, also einen Brand, auslösen kann. Im Regelfall besteht kein Einfluss auf die Sauerstoffkonzentration in der Umgebung, sodass die Brandgefahr nur hinsichtlich der brennbaren Stoffe und der möglichen Zündquellen beeinflusst werden kann.

Brandrisiko

Zwei Faktoren beeinflussen das Brandrisiko maßgeblich: die Eintrittswahrscheinlichkeit eines Brandes und das wahrscheinliche Ausmaß des Brandschadens. Die Musterbauordnung (MBO) ist ein Regelwerk, das dem durchschnittlichen Brandrisiko begegnet. Sie trifft Regelungen, die die Eintrittswahrscheinlichkeit regulieren sowie Brandschäden eindämmen und minimieren. Das Schadensausmaß wird von der Bevölkerung als sog. Restrisiko hingenommen.

Erdgeschossiges Schulgebäude

Erdgeschossige Schulgebäude sind Schulgebäude mit nur einem Geschoss, dessen Aufenthaltsräume über direkte Ausgänge ins Freie verfügen. Kellergeschosse, die ausschließlich der Unterbringung technischer Anlagen und Einrichtungen dienen, bleiben außer Betracht.

Erschließungsbereiche

Flächen, die Unterrichtsräume erschließen und zugleich dem Aufenthalt von Schülern und Lehrern – auch zu Unterrichtszwecken – dienen, werden Erschließungsbereich genannt. Diese können nicht mit notwendigen Fluren gleichgesetzt werden, da sie nicht über einen Raumabschluss verfügen und nicht frei von Brandlasten sind.

Halle

Ein über mehrere Geschosse hinwegführender Raum, welcher der Erschließung dient und auch zu Aufenthaltszwecken genutzt wird. Nur unter bestimmten Voraussetzungen kann die Halle auch als Rettungsweg herangezogen werden.

Hauptgang

„Hauptgänge sind Erschließungswege innerhalb eines Lernbereichs, die zu Ausgängen ins Freie oder zu Ausgängen aus dem Lernbereich führen" (Punkt 3.5 SchulbauR NRW).

Klassenraum

Unterrichtsraum mit einer Fläche bis 80 m^2, der unmittelbar über einen notwendigen Flur erschlossen wird.

Klassenraum Plus

Miteinander verbundene Unterrichtsräume mit einer Fläche bis 200 m^2. Dabei können die Unterrichtsräume wie einzelne Klassenräume erschlossen oder als Lernbereich über einen gemeinsamen Erschließungsbereich zusammengefasst werden.

Korridorschule

Darunter versteht man eine Schule mit einer Mittelflurerschließung, von der aus zu beiden Seiten Klassenzimmer angeordnet sind.

Lernbereich

Lernbereiche sind, im Sinne von Teilnutzungseinheiten, baulich abgeschlossene Unterrichtsbereiche mit einer ihnen zugeordneten Erschließung, die kein notwendiger Flur ist, sondern zu Aufenthaltszwecken genutzt werden kann (vgl. Punkt 3.2 SchulbauR NRW).

Lerncluster

Bei einem Lerncluster handelt es sich um einen Lernbereich mit einer Fläche zwischen 400 m^2 und 600 m^2. Dabei werden die Unterrichtsräume, welche Schulklassen zugeordnet sind, über den Erschließungsbereich, der als gemeinsame Mittelzone für alle Schüler eines Lernclusters dient, zu einer Einheit zusammengefasst. Eine Ähnlichkeit zum Kombibüro ist gegeben.

Lernlandschaften

Einen größeren Lernbereich, in dem Schüler in der Gemeinschaft eigenständig lernen – mit meist um die 1.000 m² Fläche – bezeichnet man als Lernlandschaft. Lernlandschaften setzen sich aus einer Lernzone und fachspezifischen Unterrichtsräumen zusammen. Dabei wird die Lernzone als gemeinsamer Lernort von allen Schülern genutzt und dient meist gleichzeitig als Erschließungsbereich für Unterrichtsräume, in denen fachbezogen Wissen für Schüler in Einzelgruppen oder im Klassenverband vermittelt wird. Es gibt keine Unterrichtsräume, die einzelnen Schulklassen zugeordnet sind. Eine Ähnlichkeit zum Großraumbüro ist gegeben.

Raum mit gehobener Brandgefahr

„Räume mit gehobener Brandgefahr sind Räume, die im Vergleich zu Lern- und Unterrichtsräumen ein höheres Risiko der Brandentstehung oder Brandausbreitung aufweisen, zum Beispiel Räume zum Brennen von Ton oder Räume, in denen Chemikalien gelagert oder vorbereitet werden und die kein Gefahrstofflager sind. Sie sind keine Räume mit Explosions- oder erhöhter Brandgefahr im Sinne des § 29 Absatz 2 Nummer 2 und § 31 Absatz 2 Satz 2 Nummer 1 BauO NRW 2018“ (Punkt 3.4 SchulbauR NRW).

Sichtbeziehung

„Eine ausreichende Sichtbeziehung kann angenommen werden, wenn von den Lern- und Arbeitspositionen aus ein Brandereignis innerhalb eines Lernbereichs frühzeitig erkannt werden kann“ (Punkt 4.6 SchulbauR NRW).

Teilbereich oder Teilnutzungseinheit

Da ein Vergleich von Büro- und Verwaltungsgebäuden mit Schulgebäuden hinsichtlich der Unterteilung in Teilnutzungseinheiten vorstellbar ist, sollen diese wie folgt definiert werden: Teilnutzungseinheiten sind Teile einer Nutzungseinheit, die durch Trennwände im Sinne des § 29 MBO brandschutztechnisch getrennt sind und unabhängig von anderen Teilnutzungseinheiten über 2 bauliche Rettungswege verfügen.

Unterrichtsraum

Unterrichtsräume sind alle Räume, die dem Aufenthalt von Schülern und Lehrern zur Wissensvermittlung dienen. Auch Räume und Flächen, die zur Vor- und Nachbereitung sowie zur Vertiefung von Wissen durch die Schüler und Lehrer genutzt werden, sind Unterrichtsräume.

9.2 Normen, Rechtsvorschriften und Literatur

Normen

DIN 14095:2007-05 Feuerwehrpläne für bauliche Anlagen

DIN 14096:2014-05 Brandschutzordnung – Regeln für das Erstellen und das Aushängen

DIN 18040-1:2010-10 Barrierefreies Bauen Planungsgrundlagen – Teil 1: Öffentlich zugängliche Gebäude

DIN 18065:2020-08 Gebäudetreppen – Begriffe, Messregeln, Hauptmaße

DIN 277-1:2016-01 Grundflächen und Rauminhalte im Bauwesen – Teil 1: Hochbau

DIN 4102-1:1998-05 Brandverhalten von Baustoffen und Bauteilen – Teil 1: Baustoffe, Begriffe, Anforderungen und Prüfungen

DIN 4102-4:2016-05 Brandverhalten von Baustoffen und Bauteilen – Teil 4: Zusammenstellung und Anwendung klassifizierter Baustoffe, Bauteile und Sonderbauteile

DIN EN 1991-1-2:2010-12 Eurocode 1: Einwirkungen auf Tragwerke – Teil 1-2: Allgemeine Einwirkungen – Brandeinwirkungen auf Tragwerke

DIN EN 13501-1:2019-05 Klassifizierung von Bauprodukten und Bauarten zu ihrem Brandverhalten

DIN VDE 0833 Gefahrenmeldeanlagen für Brand, Einbruch und Überfall

TGL 10685 Blatt 2. Bautechnischer Brandschutz. Feuerwiderstandsklassen, Feuerwiderstand von Baukonstruktionen. Ausgabe November 1965

TGL 10685/04. Bautechnischer Brandschutz. Evakuierungswege für Menschen in Bauwerken. Ausgabe April 1982

TGL 10734. Schulen. Bautechnische, hygienische und brandschutztechnische Forderungen. Ausgabe Dezember 1968

Rechtsvorschriften und Regelwerksreihen

Arbeitsschutzgesetz: Gesetz über die Durchführung von Maßnahmen des Arbeitsschutzes zur Verbesserung der Sicherheit und des Gesundheitsschutzes der Beschäftigten bei der Arbeit (Arbeitsschutzgesetz – ArbSchG) v. 07.08.1996, zuletzt geändert November 2019

Arbeitsstättenverordnung: Verordnung über Arbeitsstätten (Arbeitsstättenverordnung – ArbStättV) v. 12.08.2004, zuletzt geändert Oktober 2017

ASR A2.2. Technische Regeln für Arbeitsstätten. Maßnahmen gegen Brände. Ausgabe: Mai 2018. Berlin: Bundesanstalt für Arbeitsschutz und Arbeitsmedizin, Ausschuss für Arbeitsstätten, 2018, GMBl 2018, S. 446

ASR A2.3. Technische Regeln für Arbeitsstätten. Fluchtwege und Notausgänge, Flucht- und Rettungsplan. Ausgabe: August 2007. Berlin: Bundesanstalt für Arbeitsschutz und Arbeitsmedizin, Ausschuss für Arbeitsstätten, 2007, zuletzt geändert: GMBl 2017, S. 8

Bayerische Bauordnung (BayBO) in der Fassung der Bekanntmachung vom 14. August 2007 (GVBl. S. 588, BayRS 2132-1-B), zuletzt geändert am 24. Juli 2020

[Bayerische VStättV 1969]: Landesverordnung über den Bau und Betrieb von Versammlungsstätten (Versammlungsstättenverordnung – VStättV) v. 07.08.1969

[Bayerische VStättV]: Verordnung über den Bau und Betrieb von Versammlungsstätten (Versammlungsstättenverordnung – VStättV) v. 02.11.2007, zuletzt geändert August 2018

[Behindertenrechtskonvention]: Übereinkommen über die Rechte von Menschen mit Behinderungen v. 13.12.2006 [online]. New York: Generalversammlung der Vereinten Nationen. Internet: https://www.behindertenrechtskonvention.info/uebereinkommen-ueber-die-rechte-von-menschen-mit-behinderungen-3101/ [Zugriff 20.01.2020]

DGUV Regel 102-601. Branche Schule. Stand: August 2019. Berlin: Deutsche Gesetzliche Unfallversicherung e. V. (DGUV), 2019

DGUV Vorschrift 1. Unfallverhütungsvorschrift. Grundsätze der Prävention. Stand: November 2013. München: Kommunale Unfallversicherung Bayern Bayerische Landesunfallkasse (KUVB Bayer. LUK), 2013

DGUV Vorschrift 81. Unfallverhütungsvorschrift. Schulen. Mit Durchführungsanweisungen vom Juni 2002. Stand: Mai 2001. München: Kommunale Unfallversicherung Bayern Bayerische Landesunfallkasse (KUVB Bayer. LUK), 2001

Honorarordnung für Architekten und Ingenieure: Verordnung über die Honorare für Architekten- und Ingenieurleistungen (Honorarordnung für Architekten und Ingenieure – HOAI) v. 10. Juli 2013

Landesbauordnung Rheinland-Pfalz (LBauO) v. 24.11.1998, zuletzt geändert am 18.06.2019

[MBASchulR 1976]: Muster Bauaufsichtliche Richtlinie für Schulen (BASchulR) v. Juni 1976

MBauVorlV: Muster einer Verordnung über Bauvorlagen und bauaufsichtliche Anzeigen (Musterbauvorlagenverordnung) – MBauVorlV – v. Februar 2007

MBO: Musterbauordnung – MBO– v. November 2002, zuletzt geändert durch Beschluss der Bauministerkonferenz vom 13.05.2016

MLAR: Muster-Richtlinie über brandschutztechnische Anforderungen an Leitungsanlagen (Muster-Leitungsanlagen-Richtlinie MLAR) v. 10.02.2015, zuletzt geändert April 2016

[MSchulbauR 1998]: Muster-Richtlinie über bauaufsichtliche Anforderungen an Schulen (Muster-Schulbau-Richtlinie – MSchulbauR) v. 10.07.1998

MSchulbauR: Muster-Richtlinie über bauaufsichtliche Anforderungen an Schulen (Muster-Schulbau-Richtlinie – MSchulbauR) v. April 2009

Muster einer Verordnung über den Bau von Betriebsräumen für elektrische Anlagen (EltBauVO), Stand Januar 2009

Muster-Feuerungsverordnung (MFeuV) v. September 2007, zuletzt geändert durch Beschluss der Fachkommission Bauaufsicht vom 28.01.2016 und 27.09.2017

Muster-Verordnung über Prüfungen von technischen Anlagen nach Bauordnungsrecht – MPrüfVO – (Muster-Prüfverordnung) v. März 2011

MVStättVO: Musterverordnung über den Bau und Betrieb von Versammlungsstätten (Muster-Versammlungsstättenverordnung – MVStättVO) v. Juni 2005, zuletzt geändert Juli 2014

MVV TB: Muster-Verwaltungsvorschrift Technische Baubestimmungen (MVV TB) v. 15.01.2020 mit Druckfehlerberichtigung v. 07.08.2020

Prüfverordnung: Verordnung über die Prüfung technischer Anlagen und wiederkehrende Prüfungen von Sonderbauten (Prüfverordnung – PrüfVO NRW) v. 24.11.2009, Stand: 12.12.2020

SchulbauR NRW: Richtlinie über bauaufsichtliche Anforderungen an Schulen (Schulbaurichtlinie –SchulBauR) v. 22.07.2020

[VstättVO NRW]: Verordnung über den Bau und Betrieb von Versammlungsstätten (Versammlungsstättenverordnung – VStättVO) v. 20.09.2002 [außer Kraft gesetzt am 28.12.2009)

Literatur

Abraham, R.; Dittmar, W.: Über die Aufschlagrichtung von Notausgangstüren. Leserbrief zum gleichnamigen Artikel. In: Feuertrutz Brandschutz-Magazin für Fachplaner, Ausgabe 5.2019, S. 38 f.

Aktionsprogramm Schul- und Kita-Bau 2020 [online]. München: Landeshauptstadt München, Referat für Bildung und Sport, 2020. Internet: https://www.muenchen.de/rathaus/Stadtverwaltung/Referat-fuer-Bildung-und-Sport/Aktionsprogramm.html [Zugriff 15.12.2020]

[Auslegungshilfe: Sonderbauten]: Was sind bauliche Anlagen, deren Nutzung durch Umgang oder Lagerung von Stoffen mit Explosions- oder erhöhter Brandgefahr verbunden ist und die daher nach § 2 Abs. 4 Nr. 19 MBO Sonderbauten sind? Berlin: Geschäftsstelle der Bauministerkonferenz [online]. Internet: https://www.is-argebau.de/Dokumente/MBO-FAQ/%C2%A7%202%20Abs.%204.%20Nr.%2019%20MBO%20-%20Sonderbauten%20-%20Explosions-%20oder%20erh%C3%B6hte%20Brandgefahr.pdf [Zugriff: 20.01.2020]

Battran, L.; Mayr J. (Hrsg.): Brandschutzatlas. Köln: Feuertrutz Network GmbH, 2020

Bauprüfdienst (BPD) 6/2011. Anforderungen an den Bau und Betrieb von Schulen. Hamburg: Behörde für Stadtentwicklung und Umwelt – Amt für Bauordnung und Hochbau, 2011 [online]. Internet: https://www.hamburg.de/contentblob/3201994/4f3c1aa7ede3651ed54207b5457a2086/data/bpd-6-2011-anforderungen-an-den-bau-und-betrieb-von-schulen.pdf [Zugriff: 15.12.2020]

Bauprüfdienste [online]. Hamburg: Behörde für Stadtentwicklung und Umwelt, 2020. Internet: https://www.hamburg.de/baugenehmigung/152950/start-baupruefdienste [Zugriff: 15.12.2020]

[Begründung zur MVStättVO]: Musterverordnung über den Bau und Betrieb von Versammlungsstätten (Muster-Versammlungsstättenverordnung – MVStättVO) – Begründung der Änderungen. Stand: Juli 2014. Berlin: Geschäftsstelle der Bauministerkonferenz, 2014 [online]. Internet: https://www.is-argebau.de/Dokumente/42317621.pdf [Zugriff: 15.12.2020]

[Begründung und Erläuterung zur MVStättV 2005]: Begründung und Erläuterung zur Musterverordnung über den Bau und Betrieb von Versammlungsstätten (Muster-Versammlungsstättenverordnung – MVStättV) v. Juni 2005, zuletzt geändert Februar 2010. Berlin: Geschäftsstelle der Bauministerkonferenz, 2010 [online]. Internet: https://www.bauministerkonferenz.de/Dokumente/4235648.pdf [Zugriff: 15.12.2020]

[Begründung zur MBauVorlV]: Muster einer Verordnung über Bauvorlagen und bauaufsichtliche Anzeigen (Musterbauvorlagenverordnung) – MBauVorlV – Fassung Februar 2007, Begründung. Berlin: Geschäftsstelle der Bauministerkonferenz [online]. Internet: https://www.bauministerkonferenz.de/Dokumente/4239303.pdf [Zugriff: 15.12.2020]

Dietrich, M.: Räume mit erhöhter Brandgefahr. In: Feuertrutz Brandschutz-Magazin für Fachplaner, Ausgabe 01/2015, S. 32–35

Dietrich, M.; Pillar, F.: Über die Aufschlagrichtung von Notausgangstüren. In: Feuertrutz Brandschutz-Magazin für Fachplaner, Ausgabe 04/2019, S. 6–11

Drews, H. H.: Die Schule brennt. Und was lernen wir daraus? In: Schadenprisma. Zeitschrift für Schadenverhütung und Schadenforschung der öffentlichen Versicherer, Ausgabe 01/2012, S. 4–9

Dudek, M. (Hrsg.): Entwurfsatlas Schulen und Kindergärten. 3., überarbeitete Auflage. Basel: Birkhäuser GmbH, 2015

Empfehlungen zu Anforderungen an Interne Alarmierungsanlagen/-einrichtungen (2014-6). Stand: Oktober 2014. München: Arbeitskreis Vorbeugender Brand- und Gefahrenschutz (AGBF bund), 2014 [online]. Internet: http://www.agbf.de/downloads-fachausschuss-vorbeugender-brand-und-gefahrenschutz/category/28-fa-vbg-oeffentlich-empfehlungen.html [Zugriff: 20.01.2020]

Empfehlungen zur Anwendung von Rauchwarnmeldern, Alarmierungsanalgen sowie Brandmeldeanlage- und Alarmierungsanalgen (2014-7). Stand: Oktober 2014. München: Arbeitskreis Vorbeugender Brand- und Gefahrenschutz (AGBF bund), 2014 [online]. Internet: http://www.agbf.de/downloads-fachausschuss-vorbeugender-brand-und-gefahrenschutz/category/28-fa-vbg-oeffentlich-empfehlungen.html [Zugriff: 20.01.2020]

Empfehlungen zur Risikoeinschätzung von Brandlasten in Rettungswegen (2014-5). Stand: Oktober 2014. München: Arbeitskreis Vorbeugender Brand- und Gefahrenschutz (AGBF bund), 2014 [online]. Internet: http://www.agbf.de/downloads-fachausschuss-vorbeugender-brand-und-gefahrenschutz/category/28-fa-vbg-oeffentlich-empfehlungen.html?download=218:2014-10-brandlasten-in-rettungswegen [Zugriff: 15.12.2020]

[Erläuterungen zur MSchulbauR]: Muster-Richtlinie über bauaufsichtliche Anforderungen an Schulen (Muster-Schulbau-Richtlinie – MSchulbauR) – Fassung April 2009 – Erläuterungen. Berlin: Geschäftsstelle der Bauministerkonferenz, 2009 [online]. Internet: https://www.is-argebau.de/Dokumente/42312660.pdf [Zugriff: 15.12.2020]

Erläuterungen zur Richtlinie über die bauaufsichtliche Behandlung von Hochhäusern (HHR). Fassung März 2015. München: Oberste Baubehörde Bayern, 2015 [online]. Internet: https://www.stmb.bayern.de/assets/stmi/buw/baurechtundtechnik/erl%C3%A4uterungen_3.pdf [Zugriff: 20.01.2020]

[Erläuterungen zur Sonderbauverordnung]: Verordnung über Bau und Betrieb von Sonderbauten (Sonderbauverordnung – SBauVO) vom 2. Dezember 2016 – Erläuterungen. Stand: 04.04.2018. Düsseldorf: Ministerium für Heimat, Kommunales, Bau und Gleichstellung des Landes Nordrhein-Westfalen, 2018 [online]. Internet: https://www.mhkbg.nrw/sites/default/files/media/document/file/Sonderbauverordnung_Erlaeuterungen.pdf [Zugriff: 20.01.2020]

Festschrift 50 Jahre ARGEBAU. Hrsg.: Arbeitsgemeinschaft der für das Bau- und Siedlungswesen zuständigen Minister und Senatoren der Länder (ARGEBAU). Bremen, 1998

Fragen und Antworten zum Bauordnungsrecht. München: Bayerisches Staatsministerium für Wohnen, Bau und Verkehr [online]. Internet: https://www.stmb.bayern.de/assets/stmi/buw/baurechtundtechnik/baybo_h%C3%A4ufig_gestellte_fragen_17.pdf [Zugriff: 23.06.2019]

Gerber, G.: Mindestangaben zur Sicherheitsstromversorgung und Sicherheitsbeleuchtung im Brandschutzkonzept, 2018. In: Battran, L.; Mayr J.: Brandschutzatlas. Köln: Feuertrutz Network GmbH, 2020, Kapitel 6.12.5

Großbrand in Berchtesgaden: Schule brennt nieder [online]. München: Bayerischer Rundfunk, 2019. Internet: https://www.br.de/nachrichten/meldung/in-berchtesgaden-ist-ein-feuer-im-christophorus-schulzentrum-ausgebrochen,30025031e [Zugriff: 15.12.20]

Halbzeitbilanz des Senats vom 5. März 2019 [online]. Berlin: Senatskanzlei Berlin, 2019. Internet: https://www.berlin.de/rbmskzl/aktuelles/fuer-alle/ [Zugriff 27.09.2019]

Handlungsempfehlungen zur Hessischen Bauordnung. Anhang 3 – Checkliste. Stand: 01.03.2013. Wiesbaden: Hessisches Ministerium für Wirtschaft, Energie, Verkehr und Wohnen, 2013 [online]. Internet: https://wirtschaft.hessen.de/sites/default/files/media/hmwvl/checkliste_he-hbo.pdf [Zugriff: 27.09.2019]

Heilmann, S.: Brandschutz in Kindergärten, Schulen und Hochschulen. 2., akt. u. erw. Aufl. Pirna: Verlag für Brandschutzpraxis – vfbp, 2012

[Hinweise zu Veranstaltungen in Schulen]: Versammlungsstättenverordnung (VStättV). Veranstaltungen in Schulen. 28.03.2011. München: Oberste Baubehörde Bayern, 2011 [online]. Internet: https://www.stmb.bayern.de/assets/stmi/buw/baurechtundtechnik/iib7_hinweise_schulveranstaltungen_20110328.pdf [Zugriff: 15.12.2020]

Hinweise zum Vollzug der Versammlungsstättenverordnung (VStättV). 17.02.2012. München: Oberste Baubehörde Bayern, 2012 [online]. Internet: https://www.stmb.bayern.de/assets/stmi/buw/baurechtundtechnik/iib7_hinweise_vollzug_versammlungsstaettenverordnung_20120217.pdf [Zugriff: 15.12.2020]

[Klarstellung zur Auslegung der ArbStättV]: Klarstellung zur Auslegung der ArbStättV (in Absprache mit StMAS) in Bezug zur Aufschlagrichtung von Türen. München: Kommunale Unfallkasse Bayern. Bayerische Landesunfallkasse (KUVB Bayr. LUK), 2017 [online]. Internet: https://kuvb.de//fileadmin/daten/dokumente/RFOE/Informationsblaetter/Stellungnahme_Fluchtwege_Kitas_und_Schulen_StMAS.PDF [Zugriff: 15.12.2020]

Koerrenz, R.; Kenklies, K.; Kauhaus, H.; Schwarzkopf, M.: Geschichte der Pädagogik. Stuttgart: UTB Verlag, 2017

Kohte, W.: Rechtsgutachten zum Zusammenwirken von Arbeitsstättenrecht und Bauordnungsrecht. Dortmund/Berlin/Dresden: Bundesanstalt für Arbeitsschutz und Arbeitsmedizin (BAuA), 2018 [online]. Internet: https://www.baua.de/DE/Themen/Arbeitsgestaltung-im-Betrieb/Arbeitsstaetten/Arbeitsstaettenrecht-Bauordnungsrecht.html [Zugriff: 04.10.2019]

Kurz, D.: Entwicklungen im Schulbau. In: Hönig, R; Nashed, L. (Hrsg.): Grundrissfibel Schulbauten. 30 Architekturwettbewerbe in der Schweiz 2001–2015. Zürich: Edition Hochparterre (2015) S. 8–19

Leistungen für Brandschutz. AHO Heft Nr. 17. Stand: Juni 2015. Hrsg.: Ausschuss der Verbände und Kammern der Ingenieure und Architekten für die Honorierung e. V. (AHO). 3., vollst. überarb. Aufl. Köln: Bundesanzeiger Verlag, 2015 (Leistungen und Honorierung)

Leitlinien für leistungsfähige Schulbauten in Deutschland. Bonn: Montag Stiftung Jugend und Gesellschaft; Montag Stiftung Urbane Räume gAG; Bund Deutscher Architekten BDA; Verband Bildung und Erziehung (VBE), 2013

Leitlinien für leistungsfähige Schulbauten in Deutschland. 3. Überarb. Aufl. Bonn: Montag Stiftung Jugend und Gesellschaft; Montag Stiftung Urbane Räume gAG; Bund Deutscher Architekten BDA; Verband Bildung und Erziehung (VBE), 2017

Lichtenauer, Gabriele: Schulen, 2013. In: Battran, L.; Mayr J.: Brandschutzatlas. Köln: Feuertrutz Network GmbH, 2020, Kapitel 8.16.1

Löhr, V; Gröger, G.: Bau und Betrieb von Versammlungsstätten. MVStättVO – Kommentar. 3. Aufl. Frankfurt am Main: Deutscher Fachverlag GmbH, 2010 (Fachmedien Recht und Wirtschaft)

Lorenz, Dirk; Höhne, Thomas: Bericht zum Forschungsprojekt: Brandschutz im Schulbau. Kaiserslautern: Technische Universität Kaiserslautern, 2017

Mit zweierlei Maß: TGL und DIN. Industrienormen in Ost und West [online]. Leipzig: Mitteldeutscher Rundfunk (MDR), 2019. Internet: https://www.mdr.de/zeitreise/ddr/tgl-norm-din-ddr-100.html [Zugriff: 20.01.2020]

Moderne Schulbau- und Unterrichtskonzepte. Empfehlungen zur Sicherstellung der Rettungswege aus Lernbereichen. Stand: Oktober 2014, aktualisiert Mai 2015. München: Arbeitskreis Vorbeugender Brand- und Gefahrenschutz (AGBFbund), 2014 [online]. Internet: http://www.agbf.de/downloads-fachausschuss-vorbeugender-brand-und-gefahrenschutz/category/28-fa-vbg-oeffentlich-empfehlungen.html?download=221:2015-05-empfehlungen-moderne-schulbau-unterrichtskonzepte [Zugriff: 20.01.2020]

Monatsblatt für Bauwesen und Landesverschönerung in Bayern. März 1821. München: Gesellschaft für nützliche Verschönerung des bairischen Landes (Hrsg.): Verlag der E. A. Fleischmannschen Buchhandlung, 1821

Neufert, E: Bauentwurfslehre. Berlin: Bauwelt Verlag, 1936

Positionspapier zum Vorbeugenden Brand- und Gefahrenschutz. Empfehlungen der Arbeitsgemeinschaft der Leiter der Berufsfeuerwehren und des Deutschen Feuerwehrverbandes (2017-1). Stand: März 2017. München: Arbeitskreis Vorbeugender Brand- und Gefahrenschutz (AGBFbund), 2017 [online]. Internet: http://www.agbf.de/downloads-fachausschuss-vorbeugender-brand-und-gefahrenschutz/category/29-fa-vbg-oeffentlich-grundsatzpapier.html [Zugriff: 20.01.2020]

Pressemitteilung Nr. 228 vom 25. Juni 2018. 7,8 Millionen schwerbehinderte Menschen leben in Deutschland. Wiesbaden: Statistisches Bundesamt (Destatis), 2018 [online]. Internet: https://www.destatis.de/DE/Presse/Pressemitteilungen/2018/06/PD18_228_227.html [Zugriff: 15.12.2020]

Regelwerk für den Schulbereich. Infoportal Arbeits- und Gesundheitsschutz für Lehrkräfte in Baden-Württemberg. Stuttgart: Land Baden-Württemberg, vertreten durch das Ministerium für Kultus, Jugend und Sport Baden-Württemberg, o. J. [online]. Internet: http://arbeitsschutz-schule-bw.de/,Lde/Startseite/Grundlagen/Regelwerk+fuer+den+Schulbereich [Zugriff: 04.10.2019]

Richtlinie zur Sicherheit im Unterricht (RiSU). Empfehlung der Kultusministerkonferenz. Beschluss der KMK v. 09.09.1994 in der Fassung v. 14.06.2019

Schneider, J.; Meyer, U. M.: Empfehlungen für einen zeitgemäßen Schulbau in Baden-Württemberg. Stuttgart/Überlingen: Dr. Otto Seydel Institut für Schulentwicklung, 2013

Schneider, R.: Die Suche nach dem idealen Schulbau im 20. Jahrhundert. In: Müller, T.; Schneider, R. (Hrsg.): Das Klassenzimmer – Schulmöbel im 20. Jahrhundert. München – New York: Prestel Verlag, 1998

Schulbau in Hamburg: Grundlageninformationen 2019. Hamburg: Pressestelle des Senats, 2019 [online]. Internet: https://www.schulbau.hamburg/contentblob/10628500/f46c6fd650ef07f5caf9c5934876fae1/data/basispressemitteilung-sbh.pdf [Zugriff 27.09.2019]

Schulbauprogramm – Ausbau von Schulkapazitäten [online]. Leipzig: Stadtverwaltung Leipzig, Referat für Jugend, Familie und Soziales, o. J. Internet: https://www.leipzig.de/jugend-familie-und-soziales/schulen-und-bildung/schulen/schulbauprogramm [Zugriff 27.09.2019]

Schulen auf einen Blick. Ausgabe 2018. Wiesbaden: Statistisches Bundesamt (Destatis), 2018

Seidel, O.: Das Münchner Lernhaus. Stand: August 2014. München: Landeshauptstadt München, Referat für Bildung und Sport (Hrsg.), 2014 [online]. Internet: http://www.schulentwicklung-net.de/images/stories/Anlagen/516_Lernhaus_121014.pdf [Zugriff: 27.09.2019]

Sichere Schule [online]. Berlin: Deutsche Gesetzliche Unfallversicherung e. V. (DGUV)., o. J. Internet: https://www.sichere-schule.de/ [Zugriff: 20.01.2020]

Sonderpädagogische Förderung in Schulen 2009 bis 2018. Statistische Veröffentlichungen der Kultusministerkonferenz. Dokumentation Nr. 223. Februar 2020. Berlin: Sekretariat der Ständigen Konferenz der Kultusminister der Länder in der Bundesrepublik Deutschland, 2020 [online]. Internet: https://www.kmk.org/fileadmin/Dateien/pdf/Statistik/Dokumentationen/Dok223_SoPae_2018.pdf [Zugriff: 12.10.2020]

Taylor, A.P.; Vlastos, G.: School Zone. Learning Environments for Children. New York: Van Nostrand Reinhold Company, 1975

TRGS 800. Technische Regeln für Gefahrstoffe. Brandschutzmaßnahmen. Ausgabe: Dezember 2010. Berlin: Bundesanstalt für Arbeitsschutz und Arbeitsmedizin, Ausschuss für Gefahrstoffe (AGS), 2010, GMBl 2011 Nr. 2, S. 33–41

Typenschulbauten in den neuen Ländern – Modernisierungsleitfaden. Berlin: Sekretariat der Ständigen Konferenz der Kultusminister der Länder in der Bundesrepublik Deutschland (Hrsg.), 1999 [online]. Internet: https://www.kmk.org/fileadmin/veroeffentlichungen_beschluesse/1999/1999_01_01-Typenschulbauten-in-den-neuen-Laendern-komplett.pdf [Zugriff: 04.10.2019]

[Vollzugshinweise zur BayBO]: Vollzug der Bayerischen Bauordnung (BayBO) – Brandschutzanforderungen an Schulen: Anwendung der Mustervorschriften der ARGEBAU, hier: Muster-Schulbaurichtlinie. 4. Juni 2003. München: Oberste Baubehörde Bayern, 2003.

[Vollzugshinweise zu Brandschutz in bestehenden Gebäuden]: Vollzug der Bayerischen Bauordnung (BayBO); Brandschutz in bestehenden Gebäuden. 25.07.2011. München: Oberste Baubehörde Bayern, 2011 [online]. Internet: https://www.stmb.bayern.de/assets/stmi/buw/baurechtundtechnik/brandschutz_in_bestehenden_geb%C3%A4uden2.pdf [Zugriff: 15.12.2020]

Weber-Ebnet, J.: Mikroprojekte. P-Seminar Schulhausgestaltung am Gymnasium Neubiberg, 2019/2020. München, 2020

9.3 Stichwortverzeichnis

Immer auf dem neuesten Stand – **mit dem FeuerTrutz Newsletter „Brandaktuell“**

Der Newsletter informiert Sie 14-täglich über folgende Themen:

- Nachrichten aus der Branche und Fachbeiträge zum Brandschutz
- Vorstellung neuer Produkte und Techniklösungen
- Regelmäßige Übersicht neuer Normen und Richtlinien
- Interessante Forschungsergebnisse, Arbeitshilfen und Infoblätter zum Brandschutz
- Vorstellung von Brandschutzkonzepten
- Ankündigungen zu Terminen der Brandschutzbranche

Newsletter abonnieren unter:
www.feuertrutz.de/newsletter

FeuerTrutz
Network für Brandschutz

RM Rudolf Müller